U0248666

图解

TUJIE
MUGONG CAOZUO
RUMEN

木工操作入门

陈峰 夏兴华 李庆德 著

化学工业出版社

·北京·

本书满足从事木工工作和木制品加工企业从业人员的需求，以手工木作操作和机械木工操作为主线，以木工操作入门入手，通过介绍材料、设备、操作方法，体现木工操作实际情况，帮助读者了解木工操作的各方面知识、技巧，并为读者提供木工操作案例以帮助读者了解和进行木工操作。

本书按照木工操作过程中的木制品成品分类讲解，基本涉及常见的木制品的加工工艺，帮助读者多维度地掌握实操所需的技能，以应对不同木制品加工工艺的要求。

图书在版编目（CIP）数据

图解木工操作入门/陈峰，夏兴华，李庆德著. —北京：化学工业出版社，2020.1（2022.10 重印）
ISBN 978-7-122-35758-8

Ⅰ.①图… Ⅱ.①陈… ②夏… ③李… Ⅲ.①木工-图解 Ⅳ.①TU759.1-64

中国版本图书馆 CIP 数据核字（2019）第 266664 号

责任编辑：邢　涛　　　　　　　　　　文字编辑：吴开亮
责任校对：栾尚元　　　　　　　　　　装帧设计：韩　飞

出版发行：化学工业出版社（北京市东城区青年湖南街 13 号　邮政编码 100011）
印　　装：涿州市般润文化传播有限公司
710mm×1000mm　1/16　印张 19¾　字数 366 千字　2022 年 10 月北京第 1 版第 2 次印刷

购书咨询：010-64518888　　　　　　　售后服务：010-64518899
网　　址：http://www.cip.com.cn
凡购买本书，如有缺损质量问题，本社销售中心负责调换。

定　　价：69.00 元

　　本书为木工操作的专业用书，主要适合从事木工工作和木制品加工企业从业人员使用。本书对木工操作基础知识和实用案例进行了详细讲解，可辅助相关专业学生和木工爱好者更好地学习。

　　本书共分为 11 章，分别是：木工基础知识、木工常用材料、手工木作操作基础、木工常用机床设备与结构、木制品接合方法与五金件安装、实木家具制作、木工涂饰操作、板式家具制作、软体家具操作、室内装修木工操作、木制品产品质量检测。本书特点包括以下几个方面。

　　（1）贴近实际操作，注重现场应用。本书主要为满足实际工作需要而编写，针对木工操作教学的基础性和应用性，结合木工在实际操作时操作安全、质量的要求，以介绍手工木作和木工设备操作为主，着重讲解，介绍材料、设备、操作方法，体现木工操作实际情况，帮助读者了解木工操作的各个方面知识、技巧，使读者在实际木工操作案例中了解和学习木工操作。

　　（2）简单易学，让首次接触木工操作的读者能够轻松掌握。本书针对零基础的初学者，深入浅出，循序渐进，通过学习木工设备操作及产品加工，能够使初学者一学就会，是初学者入门的良师益友。

　　（3）大量实用案例贴近实际情况，极大地丰富了教材的内容，加强了教材的实用性。书中除了结合基本内容给出木工操作实例外，还对实例进行了解释说明与分析，着重讲解木制品的制作技巧，希望能够进一步提高读者的木制品制作能力。

　　（4）将每章节的教学概述、训练要求与目标通过直观的方式体现在每章的开头，非常明确地阐述了本章的重点与难点。在章节中通过实例与重点难点结合的方式进行阐述，内容清晰明了，结构布局合理，方便课堂教学。

　　在此要特别感谢在本书编写过程中给予大力支持和指导的木工操作方面的老师和同仁们。限于著者的水平，书中难免存在不妥之处，恳请使用本书的读者给予批评指正！

第1章 木工基础知识

　　木工操作需要从业人员具备良好的素质和过硬的实践技能，前提是掌握扎实的木工基础知识。本章从木工操作的计算、识图等基本操作讲起，配合木材的相关特性，让从业人员有个良好的认知开端。本章首先介绍木工操作中的关于计算和图形的基础知识，包括量的单位与换算，木工图例与符号，木工识图方法等；其次介绍木材的基础知识，包括木材的含水率，力学特性，防虫、防腐、防火处理等。

1.1　量的单位与换算

1.1.1　长度单位换算

　　长度单位换算见表1.1。

表 1.1　公制与市制、英美制长度单位换算表

单位	公制				市制	
	米（m）	毫米（mm）	厘米（cm）	千米（km）	市寸	市尺
1m	1	1000	100	0.0010	30	3
1mm	0.0010	1	0.1000	10^{-6}	0.0300	0.0030
1cm	0.0100	10	1	10^{-5}	0.3000	0.03000
1km	1000	1000000	100000	1	30000	3000
1市寸	0.0333	33.3333	3.3333	3.3333×10^{-5}	1	0.1000
1市尺	0.3333	333.3333	33.3333	0.0003	10	1
1市丈	3.3333	3333.3333	333.3333	0.0033	100	10
1市里	500	500000	50000	0.5000	15000	1500
1in	0.0254	25.4000	2.5400	2.5400×10^{-5}	0.7620	0.0762
1ft	0.3048	304.8000	30.4800	0.0003	9.1440	0.9144
1yd	0.9144	914.4000	91.4400	0.0009	27.4320	2.7432
1mile	1609.3440	1.6093×10^{6}	1.6093×10^{5}	1.6093	4.8280×10^{4}	4828.0320

续表

单位	市制		英美制			
	市丈	市里	英寸 (in)	英尺 (ft)	码 (yd)	英里 (mile)
1m	0.3000	0.0020	39.3701	3.2808	1.0936	0.0006
1mm	0.0003	2×10^{-6}	0.0394	0.0033	0.0011	0.6214×10^{-6}
1cm	0.0030	2×10^{-5}	0.3937	0.0328	0.0109	0.6214×10^{-5}
1km	300	2	3.9370×10^{4}	3280.8398	1093.6132	0.6214
1市寸	0.0100	6.6667×10^{-5}	1.3123	0.1094	0.0365	2.0712×10^{-5}
1市尺	0.1000	0.0007	13.1233	1.0936	0.3645	0.0002
1市丈	1	0.0067	131.2333	10.9361	3.6454	0.0021
1市里	150	1	1.9685×10^{4}	1640.4167	546.8055	0.3107
1in	0.0076	5.0800×10^{-5}	1	0.0833	0.0278	1.5783×10^{-5}
1ft	0.0914	0.0006	12	1	0.3333	0.0002
1yd	0.2743	0.0018	36	3	1	0.0006
1mile	482.8032	3.2187	63360	5280	1760	1

1.1.2 面积单位换算

面积单位换算表见表1.2。

表1.2 公制与日制、俄制面积单位换算表

单位	公制				日制	
	平方米 (m^2)	公亩 (a)	公顷 (ha,hm^2)	平方千米 (km^2)	平方日尺	日坪
$1m^2$	1	0.0100	0.0001	10^{-6}	10.8900	0.3025
1a	100	1	0.0100	0.0001	1089	30.2500
1ha	10000	100	1	0.0100	108900	3025
$1km^2$	1000000	1000	100	1	1.0890×10^{7}	302500
1平方日尺	0.0918	0.0009	0.9183×10^{-5}	0.9183×10^{-7}	1	0.0278
1日坪	3.3058	0.0331	0.0003	3.3058×10^{-6}	36	1
1日亩	99.1736	0.9917	0.0099	0.0001	1080	30
1平方日里	1.5423×10^{7}	1.5423×10^{5}	1542.3471	15.4235	1.6796×10^{8}	4665600
1平方俄尺	0.0929	0.0009	0.9290×10^{-5}	0.9290×10^{-7}	1.0116	0.0281
1平方俄丈	4.5522	0.0455	0.0005	0.4552×10^{-6}	49.5700	1.3769
1俄顷	1.0925×10^{4}	109.2540	1.0925	0.0109	1.1897×10^{5}	3304.6699
1平方俄里	1.1381×10^{6}	1.381×10^{4}	113.8062	1.1381	1.2393×10^{7}	3.4424×10^{5}

续表

单位	日制		俄制			
	日亩	平方日里	平方俄尺	平方俄丈	俄顷	平方俄里
$1m^2$	0.0101	0.6484×10^{-7}	10.7639	0.2197	0.0001	0.8787×10^{-6}
1a	1.0083	0.6484×10^{-5}	1076.3910	21.9672	0.0092	0.8787×10^{-4}
1ha	100.8333	0.0006	1.0764×10^5	2196.7164	0.9153	0.0088
$1km^2$	10083.3333	0.0648	1.0764×10^7	2.1967×10^5	91.5299	0.8787
1平方日尺	0.0009	0.5954×10^{-8}	0.9885	0.0202	0.8406×10^{-5}	0.8069×10^{-7}
1日坪	0.0333	0.2143×10^{-6}	35.5860	0.7262	0.0003	0.2905×10^{-5}
1日亩	1	0.6430×10^{-5}	1067.5802	21.7874	0.0091	0.8715×10^{-4}
1平方日里	155520	1	1.6603×10^8	3.3884×10^6	1411.8203	13.5535
1平方俄尺	0.0009	0.6023×10^{-8}	1	0.204	0.8503×10^{-5}	0.8163×10^{-7}
1平方俄丈	0.0459	0.2951×10^{-6}	49	1	0.0004	0.4000×10^{-5}
1俄顷	110.1557	0.0007	117600	2400	1	0.0096
1平方俄里	1.1475×10^4	0.0738	1.2250×10^7	250000	104.1667	1

1.1.3　重量单位换算

重量单位换算见表 1.3。

表 1.3　公制与市制、英美制重量单位换算表

单位	公制			市制	
	千克（kg）	克（g）	吨（t）	市两	市斤
1kg	1	1000	0.0010	20	2
1g	0.0010	1	10^{-6}	0.0200	0.0020
1t	1000	1000000	1	20000	2000
1市两	0.0500	50	0.5000×10^{-4}	1	0.1000
1市斤	0.5000	500	0.0005	10	1
1市担	50	50000	0.0500	1000	100
1oz	0.0283	28.3495	0.2835×10^{-4}	0.5670	0.0567
1lb	0.4536	453.5920	0.0005	9.0718	0.9072
1 UK ton	1016.0461	1.0160×10^6	1.0160	2.0321×10^4	2032.0922
1 US ton	907.1840	907184	0.9072	1.8144×10^4	1814.3680

续表

单位	市制	英美制			
	市担	盎司 (oz)	磅 (lb)	英(长)吨 (UK ton)	美(短)吨 (US ton)
1kg	0.0200	35.2740	2.2046	0.0010	0.0011
1g	0.2000×10^{-4}	0.0353	0.0022	0.9842×10^{-6}	1.1023×10^{-6}
1t	20	3.5274×10^{4}	2204.6244	0.9842	1.1023
1市两	0.0010	1.7637	0.1102	0.4921×10^{-4}	0.5512×10^{-4}
1市斤	0.0100	17.6370	1.1023	0.0005	0.0006
1市担	1	1763.6995	110.2312	0.0492	0.0551
1oz	0.0006	1	0.0625	0.2790×10^{-4}	0.3125×10^{-4}
1lb	0.0091	16	1	0.0004	0.0005
1 UK ton	20.3209	35840	2240	1	1.1200
1 US ton	18.1437	32000	2000	0.8929	1

1.2 木工图例与符号

1.2.1 图线

图线是起点和终点间以任意方式连接的一种几何图形，形状可以是直线或曲线、连续线或不连续线。木工图纸中常用的图线及图线应用见表1.4、表1.5。推荐图线的宽度系列为：0.18mm、0.25mm、0.35mm、0.50mm、0.7mm、1mm、1.4mm、2mm。

表1.4 木工图纸中常用的图线

图线名称	图线形式	图线宽度	画法	常用颜色
实线	————————	$b(0.3\sim1mm)$	—	蓝色
粗实线	————————	$1.5b\sim2b$	—	白色
细实线	————————	$b/3$		绿色
波浪线	〜〜〜〜	$b/3$ 或更细		
折断线	——√——√——	$b/3$ 或更细		
虚线	————	$b/3$ 或更细	按 GB/T 18686 有关规定进行	黄色
点划线	—·—·—·—	$b/3$ 或更细		红色
双点划线	—··—··—	$b/3$ 或更细		粉红色

表 1.5　图线应用

序号	图线名称	一般应用
1	实线	基本视图中可见轮廓线； 局部详图索引标志
2	粗实线	剖切符号； 局部结构详图可见轮廓线； 局部结构详图标志； 图框线及标题栏外框线
3	细实线	尺寸线及尺寸界线； 引出线； 剖面线； 各种人造板、成型空芯板的内轮廓线； 小圆中心线、简化画法表示连接件位置线； 圆滑过渡的交线； 重合剖轮廓线； 表格的分格线； 局部结构详图中,榫头端部断面表示用线； 局部结构详图中,连接件轮廓线
4	波浪线	假想断开线； 回转体断开线； 局部剖视分界线
5	双折线	假想断开线； 阶梯剖视分界线
6	虚线	不可见轮廓线,包括玻璃等透明材料后面的轮廓线
7	点划线	对称中心线； 回转体轴线； 半剖视分界线； 可动零部件的外轨迹线
8	双点划线	假想轮廓线； 表示可动部分在极限位置或中间位置的轮廓线

1.2.2　字体

书写字体必须做到：字体端正、笔画清楚、间隔均匀、排列整齐。字体高度（用 h 表示）的公称尺寸系列为：1.8mm、2.5mm、3.5mm、5mm、7mm、10mm、14mm、20mm。字体高度也称为字号，如 5 号字的字高为 3.7mm。如果要书写更大的字，其字体高度应以 $\sqrt{2}$ 倍的幅度递增。图纸中字体可分为汉字、字母和数字。

(1) 汉字

汉字应写成长仿宋体，并应采用国家正式公布的简化字。汉字的高度 h 应不小于 3.5mm，其字宽一般为 $h/\sqrt{2}$。书写长仿宋体的要点为：横平竖直、注意起落、结构匀称、填满方格。长仿宋体字的示例如下：

10号字

字体工整 笔画清楚 间隔均匀 排列整齐

7号字

横平竖直注意起落结构均匀填满方格

5号字

技术制图机械电子汽车航空船舶土木建筑矿山井坑港口纺织服装

3.5号字

螺纹齿轮端子接线飞行指导驾驶舱位挖填施工引水通风闸阀坝棉麻化纤

(2) 字母和数字

字母和数字分为 A 型和 B 型。A 型字体的笔画宽度为字高的 1/14；B 型字体的笔画宽度为字高的 1/10。在同一图纸上，只允许选用一种字型。一般采用 A 型斜体字，斜体字字头向右倾斜，与水平基准线呈 75°角。拉丁字母大写斜体、拉丁字母小写斜体、阿拉伯数字斜体、拉丁字母大写正体、拉丁字母小写正体示例如下：

① 拉丁字母大写斜体：

ABCDEFGHIJKLMNOP

QRSTUVWXYZ

② 拉丁字母小写斜体：

abcdefghijklmnop

qrstuvwxyz

③ 阿拉伯数字斜体：

$$0123456789$$

④ 拉丁字母大写正体：

$$ABCDEFGHIJKLMNOP$$

$$QRSTUVWXYZ$$

⑤ 拉丁字母小写正体：

$$abcdefghijklmnop$$

$$qrstuvwxyz$$

1.2.3　剖面符号与图例

(1) 基本图例与剖面符号

当木制品或零部件画成剖视图及剖面图时，被剖切部分一般应画出剖面符号，以表示被剖切木制品或零部件材料的类别。剖面符号用线（剖面线）均为细实线，见表1.6。

(2) 木质拼板画法图例

木质拼板在木制品制作中经常使用，包括使用结合件和不使用结合件两种拼板形式，见表1.7。

(3) 木制品连接画法

在绘制木制品图过程中，连接部位可以采用简化的绘图方法画出连接方式，常见木制品连接件及连接简化画法图例，见表1.8。

表 1.6　常用材料图例及剖面符号

材料	剖面符号	材料	剖面符号
木材 横剖 方材	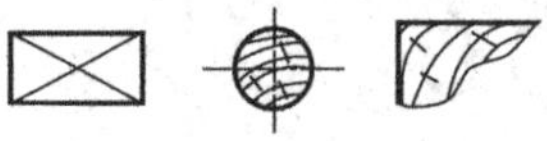	纤维板	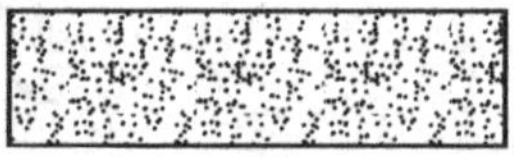
木材 横剖 板材	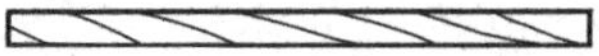	金属	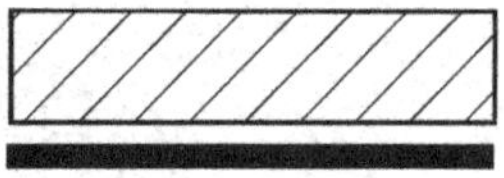
木材 纵剖	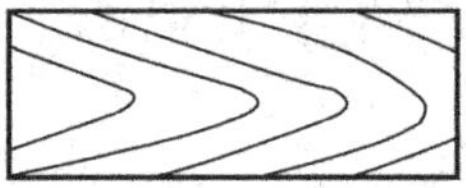		
胶合板	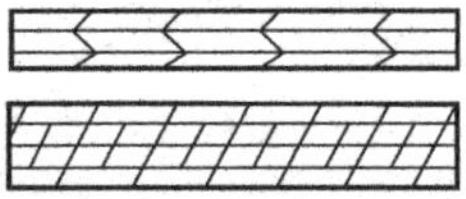	塑料 有机玻璃 橡胶	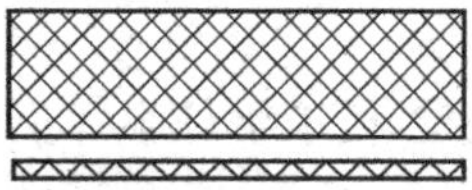
刨花板	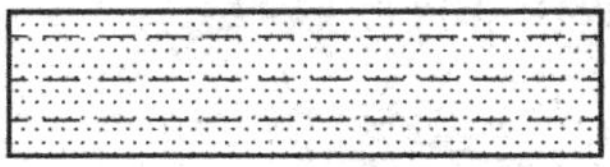	软质填充料	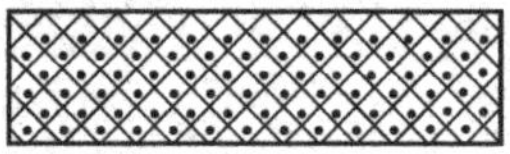
细木工板 横剖	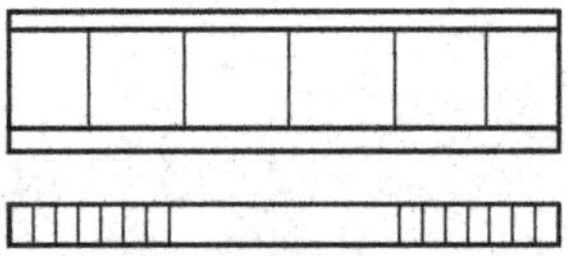	空心板 图例	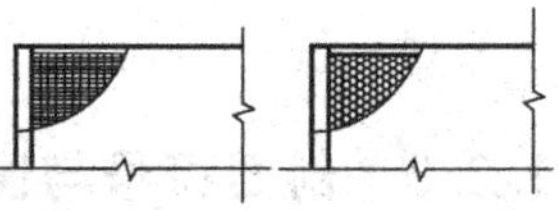
细木工板 纵剖	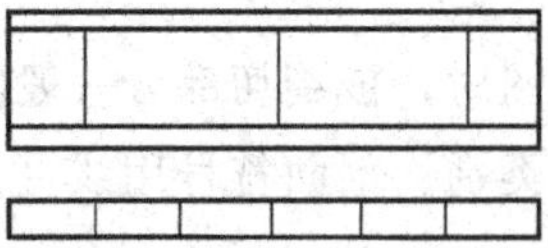	空心板 剖面符号	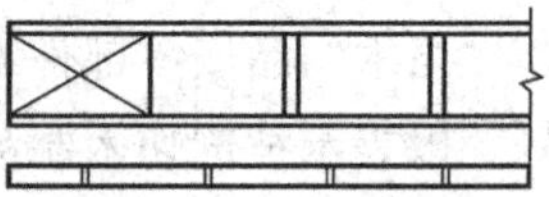
木材切片	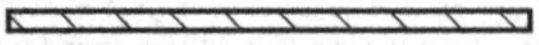	薄木板	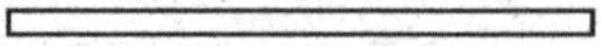

注：1. 木材横剖的剖面符号，方材以相交两直线为主，板材不应用相交两直线。在基本视图中木材纵剖时，若影响图面清晰，可省略剖面符号。

2. 胶合板层数应用文字注明，在视图中很薄时可以不画剖面符号。剖面符号细实线倾斜方向均与主要轮廓线成 30°。

3. 基本视图中，基材表面贴面部分可与轮廓线合并，不必单独表示。

表 1.7 常见木质拼板画法图例

名称	图例符号	名称	图例符号
明螺钉拼板	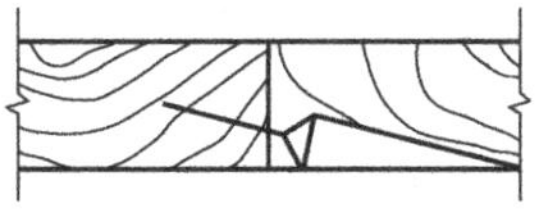	暗螺钉拼板	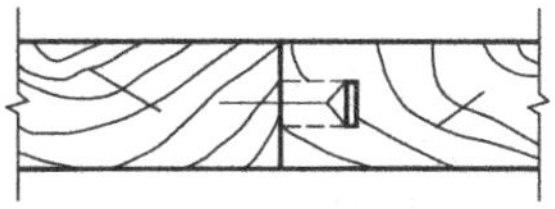
穿条拼板	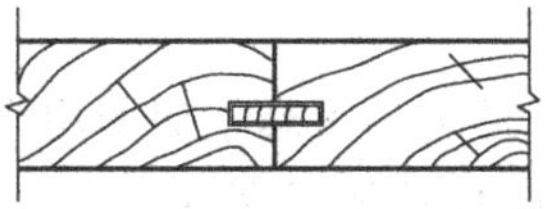	企口拼板	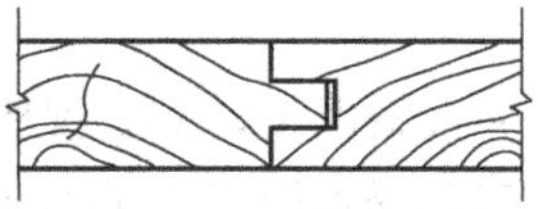
齿形拼板	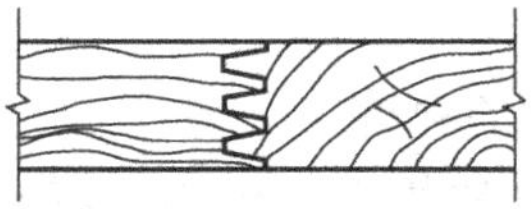	平面拼板	
搭口拼板	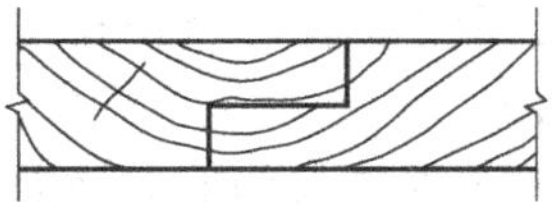	插入榫拼板	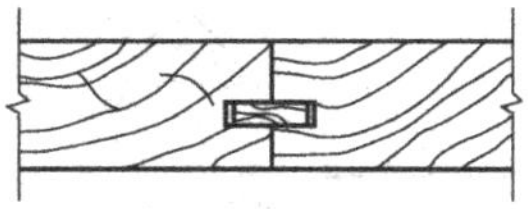

表 1.8 木制品连接件与连接简化画法图例

名称	图例符号	名称	图例符号
螺栓连接	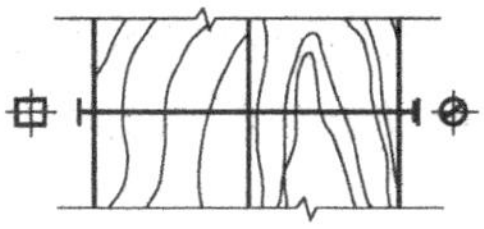	圆钢钉连接	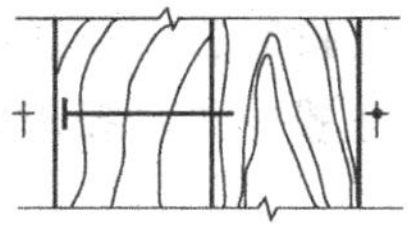
矩形连接板连接	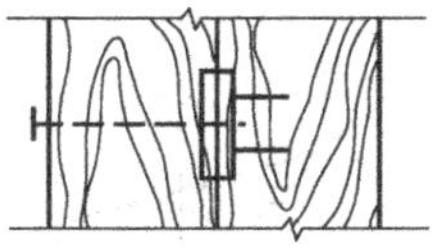	螺栓沉孔连接	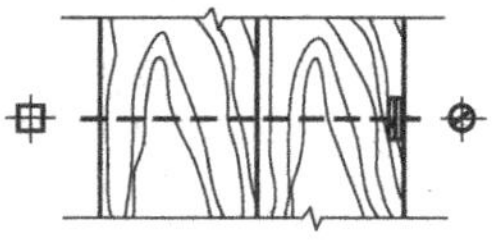
沉头木螺钉连接	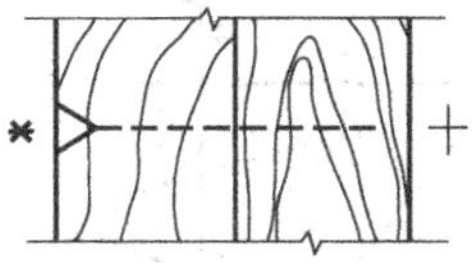	带垫圈铆钉连接	
半圆头木螺钉		羊眼圈	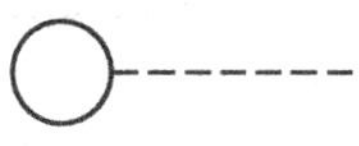
沉头钉		半沉头木螺钉	
泡钉	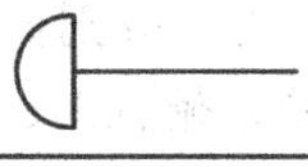	无头钉	

1.3 木 工 识 图

1.3.1 视图

一般情况下，家具视图用第一角正投影画法，家具轴测图用平行斜投影画法，家具透视图用中心投影画法。家具图样具体画法按 GB/T 14692 的规定进行。

(1) 投影法的种类

① 中心投影法指投射中心距离投影面在有限远的地方，投影时投射线汇交于投射中心的投影法，如图 1.1 所示。

② 平行投影法指投射中心距离投影面在无限远的地方，投影时投射线都相互平行的投影法，如图 1.2 所示。根据投射线与投影面是否垂直，平行投影法又可以分为两种：

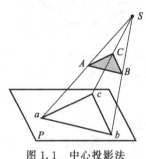

图 1.1 中心投影法

a. 斜投影法：投射线与投影面倾斜的平行投影法，如图 1.2（a）所示。

b. 正投影法：投射线与投影面垂直的平行投影法，如图 1.2（b）所示。

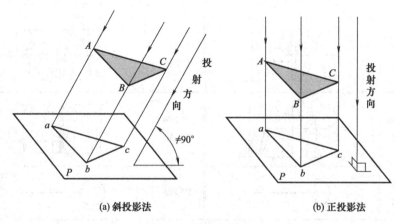

(a) 斜投影法   (b) 正投影法

图 1.2 平行投影法

(2) 常用家具视图的画法

① 基本视图。将家具或零部件置于第一分角内，分别向垂直于 6 个基本投影面投影所得的视图为基本视图，其中主视图、俯视图、左视图为常用视

图，其余3个为右视图、仰视图和后视图，各视图之间的配置关系如图1.3所示。

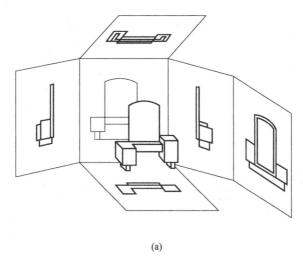

(a)

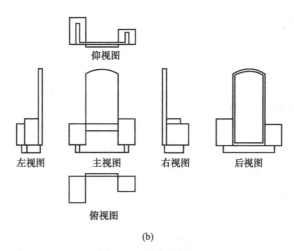

(b)

图1.3 基本视图

② 斜视图。家具或某零部件向不平行于基本投影面投影所得的视图称为斜视图，如图1.4所示。在相应的视图附近需用箭头指明投影方向，并注上字母，如图1.4（a）所示；如需要将图形旋转成水平位置，应加上"旋转"两字，如图1.4（b）所示。

③ 局部视图。家具某部分向基本投影面投影所得的视图称为局部视图。局部视图一般用双折线或波浪线断开，图形应标出名称如"A向"，在相应的视图附近用箭头指明投影方向，如图1.5所示。

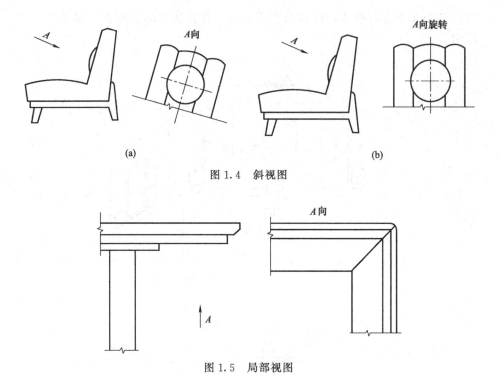

图 1.4 斜视图

图 1.5 局部视图

1.3.2 剖视图的识读

当物体内部构造和形体复杂时，为了能够清楚地反映其自身结构，往往采用绘制剖面图和剖视图的方法来加以表达。

(1) 全剖视图

平面表示，如图 1.6 所示为一框架的全剖视图。

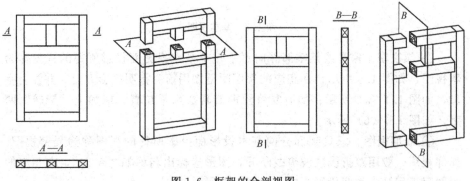

图 1.6 框架的全剖视图

其俯视图为 A—A 全剖视，由水平剖切平面 AA 剖切而得，左视图是用 BB 侧平面剖切而得的 B—B 全剖视图。图中剖到的部分是木材方材的横断面，是用交叉细实线表示出来的。剖视图的标注方法是用两段粗实线表示剖切符号，标明剖切面位置，剖切符号尽量不与轮廓线相交。

(2) 半剖视图

当产品或其零部件对称（或基本上对称）时，在垂直于对称平面的投影面上的投影，可以以对称中心线为分界线，一半画成剖视图，另一半仍画视图。如图 1.7 所示左视图画成了半剖视图。半剖视图利用所画对象的对称性，既反映了内部结构形状，同时也画出了外形，节省了视图数量，也便于识图。半剖视的标注方法同全剖视。剖切符号仍与全剖视一样横贯图形，以表示剖切面位置。

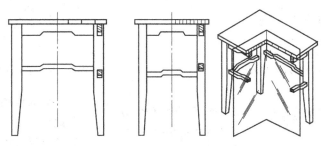

图 1.7 半剖视图

(3) 局部剖视

用剖切平面局部剖开家具或其零部件得到的剖视图就是局部剖视，如图 1.8 所示。

(4) 阶梯剖视

由两个或两个以上相互平行的剖切平面，剖开家具或其零部件所得到的剖视图叫阶梯剖视，如图 1.9 所示。

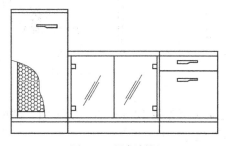

图 1.8 局部剖视

(5) 旋转剖视

当两个剖切平面呈相交位置时，需要通过旋转使之处于同一平面内，由此得到的剖视图称为旋转剖视，如图 1.10 所示。

1.3.3 局部详图

将家具或其零部件的部分结构，用大于基本视图或原图形所采用的比例画出的图形，称为局部详图。局部详图可画成视图、剖视、剖面，它与被放大部分的表达方式无关，如图1.11所示。

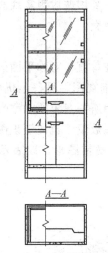

图1.9　阶梯剖视

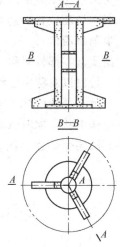

图1.10　旋转剖视

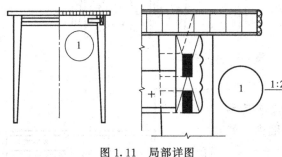

图1.11　局部详图

局部详图应尽量配置在被放大部位的附近，有关部分尽可能以双折线断开连起来画，在视图中被放大部位的附近，应画出直径8mm的实线圆圈，作为局部详图索引标志，圈中写上阿拉伯数字；同时，在相应的局部详图附近则画上直径12mm的实线圆圈，圈中写上同样的阿拉伯数字，作为局部详图标志。

1.3.4　家具图样

家具图样的种类较多，常用家具施工图样有家具零件图、部件图、大样图、剖面图、断面图、家具局部详图、结构装配图等。

(1) 零件图

构成产品的最基本的加工单体，这种单体最主要的特点是由一种材料加工而成的最基本的加工体，如下图1.12所示。零件图能按照投影原理，完整表达家具零件的形态和材质情况，并正确标明零件各部分结构形状的大小及相对位置的尺寸，以及零件相关的尺寸公差、验收条件等技术要求。

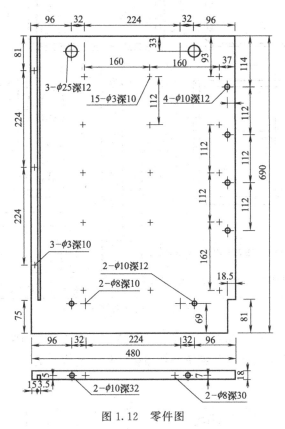

图 1.12 零件图

(2) 部件图

由几个零件构成的组装件，既可以是由一种材料制作的零件组成的，也可以是由几种不同材料制作的零件组成的。家具中常见的部件如抽屉、各种旁板、底座、脚架、柜门、顶板、面板、背板等。

部件图主要用来表达部件之间的各个零件之间的装配关系，如各零件之间的结合和安装方法、零件之间的装配所需尺寸等。部件图上的技术要求除了包括表面加工的粗糙度和零件本身的加工公差以外，更重要的是使各零件之间配合精确的标注，如图 1.13 所示。

(3) 大样图

家具中较复杂又难以用几何弧线表达的曲线形零件，采用各种等比例正方形网格线方法画出的图样叫大样图，如图 1.14 所示。在家具的大样图中常采用 1∶1、1∶2 等比例。

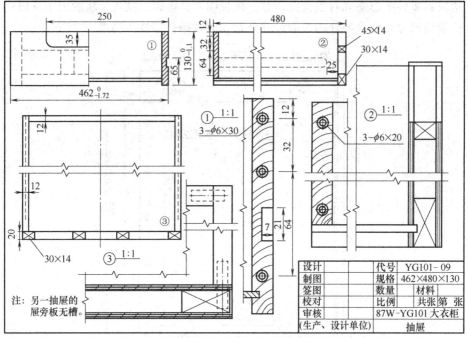

图 1.13 抽屉部件图

大样图在家具的制作和生产中，不仅适用于形状复杂的曲线形零件，而且对于一些曲线形家具也必须把家具的整体结构和整体装配图绘制成大样图来满足加工生产需求。

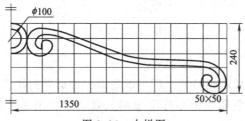

图 1.14 大样图

(4) 结构装配图

结构装配图又称为施工图，是家具或产品图纸中最重要的图纸，是表达家具内外详细结构的图纸，主要是为零件间的结合配装方式、一般零件的选料、零件尺寸的决定等提供依据，在框式家具的生产中应用较多。为满足这些使用要求，结构装配图要求表现家具的内外结构、零部件装配关系，同时还要能表达清楚部分零部件的形状和尺寸。

结构装配图主要包括家具的总体尺寸，各零部件定型、定位尺寸，以及必要的局部详图等。结构装配图如图 1.15 所示。

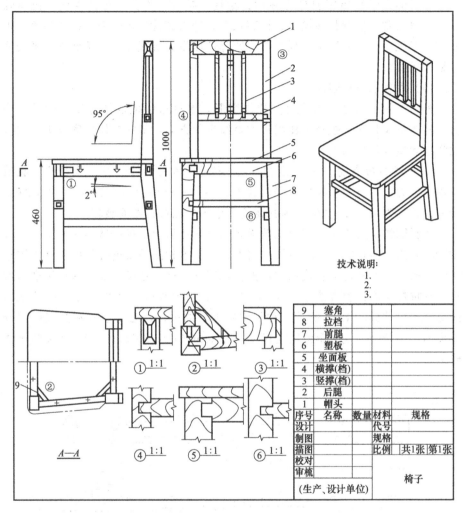

图 1.15 实木椅子结构装配图

1.4 力学基础知识

　　木材的力学性质是指木材抵抗使之改变其大小和形状外力的能力，即木材适应外力作用的能力。现实生活中使用木材大都是利用木材力学性质，例如枕木承受横纹压力；日用家具中桌、椅、板凳等用品的腿承受顺纹压缩载荷；建筑物上桁架、家具横梁承受弯曲载荷；枪托用材要求重量适中，弹性大，缓冲性能好；农业机具要求耐磨，硬度大等。

木材的力学性质主要分为弹性、塑性、蠕变、松弛、抗拉强度、抗压强度、抗弯强度、抗弯弹性模量、抗剪强度、冲击韧性、抗劈力、抗扭强度、硬度和耐磨性等，其中以抗弯强度和抗弯弹性模量、抗压强度、抗剪强度及硬度等较为重要。

(1) 木材的抗拉强度

外力作用于木材，使其发生拉伸变形，木材这种抵抗拉伸变形的最大能力，称为抗拉强度。视外力作用于木材纹理的方向，木材抗拉强度分为顺纹抗拉强度和横纹抗拉强度。

① 顺纹抗拉强度。木材顺纹抗拉强度是指木材沿纹理方向承受拉力载荷的最大能力。木材的顺纹抗拉强度较大，各种木材平均为 117.7～147.1MPa，为顺纹抗压强度的 2～3 倍。木材在使用中很少因被拉断而破坏。

木材顺纹抗拉强度的测定比较困难，试样的形状不仅特殊不易加工，而且试验时容易产生扭曲，对结果影响很大。因为木材的顺纹抗拉强度不低于抗弯强度，所以设计时可以直接用抗弯强度代替顺纹抗拉强度。我国国家标准《木材顺纹抗拉强度试验方法》（GB/T 1938—2009）中规定的木材顺纹抗拉试样的形状和尺寸如图 1.16 所示。对于软质木材的试样，必须在两端受夹持部分的窄面，用胶合剂或木螺钉固定尺寸为 90mm×14mm×8mm 的硬木夹垫于试样上。

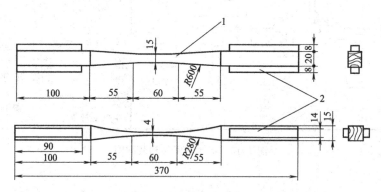

图 1.16　木材顺纹抗拉力学试样及受力方向

1—试样；2—木夹垫

试验时采用附有自动对直和拉紧夹具的试验机进行，试验以均匀速度加荷，在 1.5～2.0min 内使试样破坏。顺纹抗拉强度按下式计算。

$$\sigma_w = P_{max}/(bt)$$

式中　σ_w——试样含水率为 W 时的顺纹抗拉强度，MPa；

　　P_{max}——破坏荷载，N；

　　b——试样宽度，mm；

　　t——试样厚度，mm；

　　W——试样含水率，%。

　　② 横纹抗拉强度。木材横纹抗拉强度是指垂直于木材纹理方向承受拉力载荷的最大能力。木材所能承受的最大横纹拉力比顺纹拉力低得多，一般只有顺纹拉力的 1/40～1/30。因为木材径向受拉时，除木射线细胞的微纤丝受轴向拉伸外，其余细胞的微纤丝都受垂直方向的拉伸；横纹方向微纤丝上纤维素链间是以氢键结合的，这种键的能量比木材纤维素纵向分子间 C—C、C—O 键结合的能量要小得多。此外，横纹拉力试验时，应力不易均匀分布在整个受拉部位上，往往先在一侧被拉劈，然后扩展到整个断面而破坏，因此试验测定的值并非试样的真正横纹抗拉强度（图 1.17），试验参考《木材横纹抗拉强度试验方法》（GB/T 14017—2009）。

图 1.17　木材横纹抗拉试样受力方向

(2) 木材的抗压强度

　　① 顺纹抗压强度。顺纹抗压强度是指木材沿纹理方向承受压力载荷的最大能力，主要用于诱导结构材、建筑材的榫接和类似用途的容许工作应力计算和柱材的选择等，如木结构支柱、框柱和家具中的腿部构件所承受的压力。

　　顺纹抗压强度是木材重要的力学性质指标之一，它比较单纯而稳定，并且容易测定，常用以研究不同条件和处理方式对木材强度的影响。

　　顺纹抗压既可测定其最大抗压强度，又可测定比例极限纤维应力及弹性模量。测定单项或多项材性指标，视用途的需要而定。按照《木材顺纹抗压强度试验方法》（GB/T 1935—2009）规定，其试样尺寸为 30mm×20mm×20mm，长度为顺纹方向；试验时，以均匀速度加荷，在 1.5～2.0min 内使试样破坏，即在此时间内试验机的指针明显退回或数字显示的载荷有明显减少。将破坏载荷记录，载荷允许测得的精度为 100N。顺纹抗压强度按下式计算。

$$\sigma_w = P_{max}/(bt)$$

式中　σ_w——试样含水率为 W 时的顺纹抗压强度，MPa；

　　P_{max}——破坏荷载，N；

　　b——试样宽度，mm；

　　t——试样厚度，mm；

W——试样含水率,%。

我国木材顺纹抗压强度的平均值约为 45MPa;顺纹抗压比例极限与强度的比值约为 0.7,针叶树材该比值约为 0.78,软阔叶树材为 0.70,硬阔叶树材为 0.66。针叶树材具有较高比例极限的原因是,它的构造较单纯且有规律;硬阔叶树环孔材因构造不均一,这一比值最低。

② 横纹抗压强度。横纹抗压强度是指垂直于木材纹理方向承受压力载荷,在比例极限时的纤维应力。木材横纹抗压只测定比例极限时的压缩应力,难以测定出最大压缩荷。木材横向与纵向构造上有着显著的差异,其最大压缩载荷不可能在试样破坏时瞬间测得,主要与木材管状细胞的排列结构有关。由于木材主要是由许多管状细胞组成的,当木材横纹受压时,这些管状细胞很容易被压扁,所以木材的横纹抗压极限强度比顺纹抗压极限强度低。在家具中,束腰线、底线、面材等部件均受横纹压力。

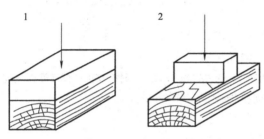

图 1.18　木材横纹抗压强度测定试样与受力方向
1—径向全部抗压;2—径向局部抗压

《木材横纹抗压试验方法》(GB/T 1939—2009)中规定,木材横纹抗压试样尺寸为 30mm×20mm×30mm,局部抗压强度的试样尺寸为 60mm×20mm×20mm,长度为顺纹方向,如图 1.18 所示。

木材横纹全部抗压时,试样含水率为 W 时径向或弦向的横纹全部抗压比例极限应力,按下式计算,精确至 0.1MPa。

$$\sigma_{yw} = P/(bl)$$

式中　σ_{yw}——试样含水率为 W 时径向或弦向的横纹全部抗压比例极限应力,MPa;

　　　P——比例极限载荷,N;

　　　b——试样宽度,mm;

　　　l——试样长度,mm。

木材横压比例极限应力,局部横压高于全部横压。局部横压应用范围较广,故试验测定以它为主。径向和弦向横压值大小差异与木材构造有极其密切的关系,具有宽木射线和木射线含量较高的树种(栎木、米槠等),径向横压比例极限应力高于弦向;其他阔叶树材(窄木射线),径向值与弦向值相近;对于针叶树材,特别是早、晚材区分明显的树种如落叶松、火炬松、马尾松等硬木松类木材,径向受压时其松软的早材易产生变形,而弦向受压时一开始就由较硬的晚材承载,故此类木材绝大多数树种弦向抗压比例极限应力大于径向。

（3）木材的抗弯强度

木材抗弯强度是指木材承受逐渐施加弯曲载荷的最大能力，可以用曲率半径的大小来度量，它与树种、树龄、部位、含水率和温度等有关。

木材抗弯强度亦称静曲强度，或弯曲强度，是重要的木材力学性质之一，主要用于家具中各种柜体的横梁、建筑物的桁架、地板和桥梁等易于弯曲构件的设计。静力载荷下，木材弯曲特性主要取决于顺纹抗拉和顺纹抗压强度之间的差异。因为木材承受静力抗弯载荷时，常常因为压缩而破坏，并因拉伸而产生明显的损伤。对于抗弯强度来说，控制着木材抗弯比例极限的是顺纹抗压比例极限时的应力，而不是顺纹抗拉比例极限时应力。根据国产40种木材的抗弯强度和顺纹抗压强度的分析得知，抗弯比例极限强度与顺纹抗压比例极限强度的比值约为1.72，最大载荷时的抗弯强度与顺纹抗压强度的比值约为2.0。针叶树材的比值低于阔叶树材。密度小的木材，其比值也低。

当梁承受中央载荷弯曲时，梁的变形是上凹下凸，上部纤维受压应力而缩短，下部纤维受拉应力而伸长，其间存在着一层纤维既不受压缩短也不受拉伸长，这一层长度不变的纤维层称为中性层。中性层与横截面的交线称为中性轴。受压和受拉区应力的大小与距中性轴的距离成正比，中性层的纤维承受水平方向的顺纹剪力。由于顺纹抗拉强度是顺纹抗压强度的2～3倍，随着梁弯曲变形的增大，中性层逐渐向下位移，直到梁弯曲破坏为止。图1.19为梁弯曲时的受力方式与应力分布示意。

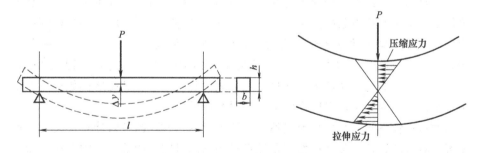

图 1.19　梁弯曲时受力方式与应力分布情况

各树种木材抗弯强度平均值约为90MPa。针叶树材径向和弦向抗弯强度间有一定的差异，弦向比径向高出10%～12%；阔叶树材两个方向上的差异一般不明显。

（4）木材的硬度

木材的硬度，是指木材抵抗其他刚体压入的能力。木材的硬度与木材的密度密切相关，密度大其硬度则高，反之则低，如表1.9所示。

表 1.9　木材密度与硬度的关系

树种	密度/(g/cm³)	端面硬度/MPa	产地
泡桐	0.283	19.5	河南
杉木	0.376	26.5	湖南
紫椴	0.451	20.6	黑龙江
香樟	0.535	40.2	安徽
水曲柳	0.643	59.9	黑龙江
柞木	0.748	72.9	黑龙江
槭木	0.880	108.8	安徽
黄檀	0.923	112.4	浙江
蚬木	1.128	142.3	广西

　　木材的硬度除与木材的密度相关以外，还受木材构造的影响。密度相近的木材，构造不同其硬度也有差异，例如紫椴与黄波罗的密度分别为 0.451（g/cm³）和 0.458（g/cm³），非常相近，但它们的硬度却相差悬殊。黄波罗的硬度，端面为 34.4MPa，径面为 21.4MPa，弦面为 23.5MPa；紫椴，端面硬度为 20.6MPa，径面为 16.0MPa，弦面为 16.6MPa。黄波罗比紫椴三个端面的硬度分别高达 67%、34%、42%，这种现象与黄波罗的晚材率高有关。

　　(5) 木材的冲击韧性

　　木材的冲击韧性，是指木材受冲击力而弯曲折断时，试样单位面积所吸收的能量。单位面积吸收的能量越大，表明木材的韧性越大而脆性越小，因此，冲击韧性是检验木材的韧性或脆性的指标。冲击韧性与其他木材强度性质不同，不是用破坏试样的力来表示，而是用破坏试样所消耗的功（kJ/m²）表示。冲击破坏消耗的功愈大，木材韧性愈大，脆性愈小。试验所得数据不能用于木结构设计的计算，只能作为衡量木材品质的参考。

　　木材韧性不同，其破坏形状不同。韧性大的木材，断裂时伴有较大变形和震颤，断口裂纹长，裂片粗糙，至破坏需较长的时间。中等韧性的木材其断口裂纹较短，裂片在受拉侧比受压侧要长。脆性木材破坏面平坦光滑，偶成波状或梯状，破坏过程时间短，变形也很小。带有髓心的板材，易发生脆性破坏。

　　(6) 影响木材力学性质的因素

　　木材是变异性很大的天然生物高分子材料，其构造和性质不仅因树种而不同，而且随林木的立地条件而变异。木材的力学性质与木材的构造密切相关，同时还受木材水分、木材缺陷、木材密度以及大气温湿度变化的影响，现分别叙述如下。

　　① 木材水分的影响。木材含水率对木材力学性质的影响，是指纤维饱和

点以下木材水分变化时，给木材力学性质带来的影响。含水率在纤维饱和点以下，木材强度随着木材水分的减少而增大，随着水分的增多而减小，主要是由单位体积内纤维素和木素分子的数目增多，分子间的结合力增强所致。含水率高于纤维饱和点，自由水含量增加，其强度值不再减小，基本保持恒定。经过长期的研究证实，含水率在纤维饱和点以下，强度的对数值与含水率呈线性关系。

② 木材密度的影响。木材密度是决定木材强度和刚度的物质基础，是判断木材强度的最佳指标。密度增大，木材强度和刚性增大，木材的弹性模量呈线性增大，木材韧性也成比例地增大。

木材的强度与密度之比称为木材的品质系数，是木材品质优劣的标志之一，通常强度与密度成正相关。但树种和强度性质不同，其变化规律也有变异。另外，应力木的强度与密度的关系不成正相关。

③ 温度的影响。温度对木材力学性质影响比较复杂。一般情况下，室温范围内，影响较小；但在高温和极端低温情况下，影响较大。正温度的变化，在导致木材含水率及其分布产生变化的同时，会造成木材内产生应力和干燥等缺陷。正温度除通过它们对木材强度有间接影响外，还对木材强度有直接影响。木材大多数力学强度随温度升高而降低。温度对木材力学性质的影响程度由大至小的顺序为压缩强度、弯曲强度、弹性模量、拉伸强度。

负温度对木材强度的影响：冰冻的湿木材，除冲击韧性有所减小外，其他各种强度均较正温度有所增加，特别是抗剪强度和抗劈力的增加尤甚。冰冻木材强度增加的原因，对于全干材可能是纤维的硬化及组织物质的冻结；而湿材除上述因素外，水分在木材组织内变成固态的冰，对木材强度也有增大作用。

④ 木材缺陷的影响。木材中由于立地条件、生理及生物危害等因素，使木材的正常构造发生变异，以致影响木材性质，降低木材利用价值的部分，称为木材的缺陷，如木节、斜纹理、裂纹、虫眼、变色和腐朽等。木材缺陷破坏了木材的正常构造，必然影响木材的力学性质，其影响程度视缺陷的种类、质地、尺寸和分布等不同而不同。

a. 木节。木节包被在树干中枝条的基部。木节在树干中呈尖端向着髓心的圆锥形，在成材中看节子被切割的方向可呈圆形、卵圆形、长条形或掌状（图1.20）。根据木节与树干的连生程度，木节分为活节、半活节和死节（图1.21）。与树干紧密连生的木节称为活节；与树干脱离的木节称为死节；与树干部分连生的木节称为半活节或半死节。

从图1.20、图1.21节子的形式可以明显地看出，节子的纤维与其周围的纤维成直角或倾斜，节子周围的木材形成斜纹理，使木材纹理的走向受到干扰。节子破坏了木材密度的相对均质性，而且易于引起裂纹。节子对木材力学性质的影响决定于节子的种类、尺寸、分布及强度。

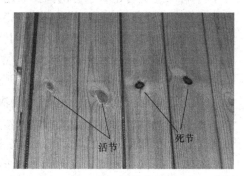

活节   死节

图 1.20   节子   图 1.21   活节和死节

　　木节对横纹抗压强度的影响不明显,当节子位于受力点下方,节子走向与施力方向一致时,强度不仅不减小反而会出现增大的现象。

　　木节对抗剪强度的影响研究结果还不多,当弦面受剪时,节子起到增强抗剪强度的作用。

　　b. 斜纹理。斜纹理是指木材纤维的排列方向与树轴或材面成一角度者。在原木中斜纹理呈螺旋状,其扭转角度自边材向髓心逐渐减小。在成材中呈倾斜状。

　　正常木材,横纹抗压强度约为顺纹抗压强度的 1/10～1/5,斜纹理对顺纹抗压强度的影响比对顺纹抗拉强度的影响小得多。木材的含水率不同,斜纹理对抗压强度的影响也不同。

　　c. 树干形状的缺陷。树干形状的缺陷包括弯曲、尖削、凹兜和大兜。这类缺陷有损于木材的材质,会降低成材的出材率,加工时纤维易被切断,使木材的强度减小,尤其对抗弯、顺纹抗拉和顺纹抗压强度的影响最为明显。

　　d. 裂纹。木材的裂纹,根据裂纹的部位和方向分为径裂和轮裂。裂纹不仅产生于木材的贮存、加工和使用过程,有的树木在立木时期就已产生裂纹。例如东北产的白皮榆,该树种大部分树木在立木时期就已发生轮裂;落叶松树种林分内也会有一部分树木发生轮裂。立木的轮裂在树干基部较为严重,由下向上逐渐减轻。径裂多在贮存期间由于木材干燥而产生。当木材干燥时原来立木中的裂纹还会继续发展。裂纹不仅降低木材的利用价值,而且影响木材的力学性质,其影响程度的大小视裂纹的尺寸、方向和部位的不同而不同。

　　e. 应力木。林分中生长正常的林木,通常其干形通直。但当风力和重力结合作用于树木时,其树干往往发生倾斜或弯曲;或者,当树木发生偏冠时,树干中一定部位会形成反常的木材组织。这类因树干弯曲形成的异常木材被称为应力木。针叶树中，应力木形成于倾斜、弯曲树干或树枝的下方，称之为应压木。阔叶树中，应力木产生于倾斜、弯曲树干或树枝的上方，称之为应拉木。应力木在木段的横断面呈偏心状，年轮偏宽的一侧为应力木部分。

f. 木材的变色和腐朽。木材为天然有机材料，在保管和使用过程中易遭受菌类的危害，发生变色和腐朽，给木材的利用造成极大的不良影响。危害木材的菌类属于真菌类。真菌的种类很多，对于木材的破坏各不相同，通常根据其对木材的破坏形式可分为木腐菌、变色菌和霉菌三类。危害木材的菌类除真菌以外，还有少数的细菌。

真菌危害木材，大都由孢子生长繁殖于木材而引起。孢子类似高等植物的种子。孢子发芽产生单一细胞的菌丝，菌丝分泌酶，使木材细胞中的纤维素、半纤维素、木素以及其他成分，分解为简单的水溶性化合物，如糖，以液体形式通过菌丝壁直接被真菌作为养料吸收与代谢。

木材的变色分为化学性变色、变色性变色和腐朽性变色。化学变色是锯解的木材表面接触大气后，由于物理、化学的作用引起的变色，这类变色对于木材的材质没有影响。变色性变色是变色菌引起的变色，有青（蓝）变色、粉红变色、黄变色和褐变色，其中最常见的是边材青变色。

木材腐朽是指木腐菌危害木材的后期，不仅材色发生显著的变化，而且木材本身遭到严重破坏，变得松软易碎，各种力学性质显著降低，失去利用价值。木材强度减小的程度决定于木材腐朽的程度。

g. 虫眼。虫眼即害虫在木材中蛀食的孔道。危害木材的害虫，常见的有小蠹虫、天牛、吉丁虫、象鼻虫、白蚁和树蜂等的幼虫，主要危害新伐木、枯立木和病腐木，有时也会侵害立木。虫眼给木材造成的危害，其程度大小视虫害的种类、虫眼的尺寸、虫眼的数量和虫眼深入木材的部位而定。虫眼可招致菌害的侵入。白蚁多见于我国的南方，马尾松最易遭受白蚁的侵害。

在木制家具和木结构件中常见有粉虫眼，这种虫眼在木材的表面只有微小的虫孔，但内部破坏严重，一触即破，危害甚大。

1.5 木材的含水率与干燥

1.5.1 木材的含水率

正常状态下的木材及其制品，都含有一定量的水分。我国把木材中所含水分的重量与绝干后木材重量的百分比，定义为木材含水率。含水率以全干木材的重量作为计算基准，算出的数值叫作绝对含水率，简称为含水率（W），计算公式为：

$$W=(G_s-G_{go})/G_{go}\times100\%$$

式中　W——木材绝对含水率；

　　　G_s——湿木材重量；

　　　G_{go}——绝干材重量。

木制品制作完成后，造型、材质都不会再改变，此时决定木制品内在质量的关键因素主要就是木材含水率和干燥应力。生产制造企业需要正确掌握木制品的含水率。当木制品使用时达到平衡含水率以后，这个时候的木材最不容易开裂变形。销售木制品的经销商，也应该对所销售木制品的含水率进行检测，掌握所销售产品的质量状态。

木材置于一定的环境下，经过一定时间后，其含水率会趋于一个平衡值，称为该环境的平衡含水率（EMC）。当木材含水率高于环境的平衡含水率时，木材会排湿收缩，反之会吸湿膨胀。

1.5.2　木材含水率的测量方法

测量木材含水率的方法有烘干法、电测法、干馏法、滴定法和湿度法，在木材加工领域里，烘干法是测量木材含水率最常用的基础方法。

烘干法实验流程：

首先在被测的木材中锯取一片顺纹厚度为 10～12mm 的有代表性的含水率试片。所谓代表性就是这片试片的干湿程度与整块木材相一致，并没有夹皮、节疤、腐朽、虫蛀等缺陷。一般应在距离锯材端头 250～300mm 处截取。将含水率试片刮净毛刺和锯屑后，立即在精确度为 0.01g、量程不小于 200g 的天平上称其重量，将该重量记为 G_s。

然后将试片放入温度为 103℃±2℃ 的恒温箱中烘干 6h 左右，再取出称重，并做记录，之后再放回烘箱中继续烘干。随后每隔 2h 称重一次，直到最后两次称量的重量不变，就是绝干重，记为 G_{go}。这样就可按下式计算出含水率：

$$W=(G-G_{go})/G_{go}\times100\%$$

由于试片暴露在空气中其水分含量容易发生变化，因此测量时要注意截取试片后或自烘箱取出后立即称重，如不能立即称重，须立即用塑料袋包装，防止水分蒸发。

用烘干法测量木材含水率准确可靠，而且不受含水率范围的限制；但测量时需要截取试样，破坏木材，并需要一定的时间。

1.5.3 木材的平衡含水率

木材在一定的空气状态下，最后达到吸湿稳定含水率或解吸稳定含水率，叫作木材的平衡含水率（木材水分稳定状态）。我国主要城市木材平衡含水率年平均值见表1.10。

表1.10 我国主要城市木材平衡含水率年平均值表（W为平衡含水率）

城市	W/%	城市	W/%	城市	W/%
北京	11.4	乌鲁木齐	12.1	合肥	14.8
哈尔滨	13.6	银川	11.8	武汉	15.4
长春	13.3	西安	14.3	杭州	16.5
沈阳	13.4	兰州	11.3	温州	17.3
大连	13.0	西宁	14.3	长沙	16.5
呼和浩特	11.2	成都	16.0	福州	15.6
天津	12.2	重庆	15.9	南宁	15.4
太原	11.7	拉萨	8.6	桂林	14.4
石家庄	11.8	贵阳	15.4	广州	15.1
济南	11.7	昆明	13.5	海口	17.3
青岛	14.4	上海	16.0	台北	16.4
郑州	12.4	南京	14.9		

1.5.4 木材干燥中的热传导

在木材干燥过程中，将热量传递给木材，同时将木材中水分带走的媒介物质，称为干燥介质。干燥开始前，首先要预热。预热木材的介质是饱和湿空气或接近饱和的湿空气，空气中的水蒸气将有一部分穿过界面层到达湿木材的表面，并在表面上凝结成水，此时水蒸气所含的汽化潜热变为显热，传给木材表面，并由表面传入内部，木材温度逐渐升高。当木材表面温度等于介质温度时，木材表面的水蒸气分压力等于循环蒸汽流的分压力，互相传递的水蒸气数量处于平衡状态。同时，由于木材内部的温度低于表面温度，干燥介质中的热量将通过表面向内部传递。

预热过后，开始干燥时，木材蒸发面的自由水和部分吸着水在水蒸气分压差的作用下脱离木材进入干燥介质中然后被排出。木材表层大毛细管的自由水首先蒸发，然后蒸发微毛细管中的吸着水，由于表面水分的蒸发，蒸发面的含水率降低，在木材的表层和内部各层之间出现内高外低的含水率梯度和内低外高的温度梯度情况。在这两种梯度的作用下，使木材内部各层中的水分向表面移动，直到干燥完毕，木材内外层含水率才接近一致。

(1) 含水率梯度

含水率梯度是水分移动的动力，水分移动方向是从高含水率向低含水率方向移动。干燥时，木材表层水分首先蒸发，表层含水率低于内层，形成内高外低的含水率梯度。在含水率梯度的作用下，内层水分向表层移动，含水率梯度越大，移动速度就越快。这种由含水率梯度而引起的水分移动的难易与木材的构造特征和物理学性能有关，密度小的比密度大的容易，边材比心材容易，顺纹比横纹容易，径向比弦向容易，所以在红木类木材干燥过程中，由于木材密度较大，含水率梯度较小，所以干燥就比较困难。

(2) 温度梯度

温度梯度是水分移动的另一种驱动力。木材内部水分向表面移动的同时，表面的水分以水蒸气的形式向空气中蒸发。蒸发的能力随干燥介质的温度、湿度、循环速度的不同而不同，木材水分的蒸发速度随介质温度的增加而增加。但介质的温度不是越高越好，介质温度的高低选用取决于木材的干燥特性。在干燥前，先用高温高湿对木材进行预热处理，提高木材的内部温度后再进行干燥，使温度梯度和含水率梯度一致来提高干燥速度。

干燥过程中材堆间的干燥介质以一定的流速循环对流，将介质的热量传给木材，从而加快木材中水分子的运动，促使木材中水分的排出，气流循环的快慢直接影响木材水分蒸发的快慢，但是气流速度如果过快，木材和干燥介质不能很好地进行热湿交换，不能提高干燥速度，所以干燥过程中的气流速度一般选择为 $1\sim3m/s$。

1.5.5　木材的干缩湿胀和木材干燥三要素

(1) 木材的干缩湿胀

湿木材经过干燥后，它的外形尺寸或体积会缩减，这种现象叫作木材的干缩。干木材吸收水分后，它的外形尺寸或体积会增加，这种现象叫作木材的湿胀。

木材干缩和湿胀的现象都是当木材的含水率在纤维饱和点以下时发生的。当细胞腔的自由水减少时，木材的尺寸不随着改变。当细胞壁的吸着水减少时，木材的尺寸就随着减小。因为细胞壁内的微纤维之间及微胶粒之间具有的空隙在吸着水排除后会缩小，使细胞壁的厚度变薄，所以木材就发生了干缩现象。当木材的含水率很低或达到近似绝干的程度时，木材会从空气中吸收水分，这些水分基本吸着（吸附）在细胞壁上，使细胞壁加厚，木材就发生了湿胀现象。

　　木材的干缩和湿胀是指木材处于一定的温、湿度环境条件下所发生的现象。木材被浸泡在水中所发生的现象则是另外情况，不在本概念解释范围之内。

　　木材的干缩和湿胀是木材的固有特性。由于这种特性的存在，会使木制品的尺寸发生变化，严重时由于木材开裂和变形，甚至导致木制品报废。因此，木材的干缩和湿胀现象是影响木材实木加工的重要因素。常规室干法和其他人工干燥法是解决这个问题的主要途径。根据木材的用途和地区的环境条件，通过常规室干等人工干燥处理的方法把木材干燥到所要求的程度，使木材基本不发生干缩和湿胀的现象，木材的尺寸相对稳定，木材就不会出现开裂和变形等问题，保证了木制品的质量。

　　在木材加工生产中，一般都是把湿木材干燥到符合要求的含水率后再使用，这个含水率数值都低于纤维饱和点，所以木材干缩量的多少是生产中必须考虑的问题。

　　木材沿纵向的干缩极小，由生材到全干材的干缩率只是原尺寸的 $0.1\%\sim0.3\%$，最大为 1%，可以忽略不计。弦向干缩最大，为 $8\%\sim12\%$；径向干缩为 $4.5\%\sim8\%$。边材的干缩大于心材。

　　木材沿着年轮方向的干缩叫作弦向干缩；沿着树干半径方向或木射线方向的干缩叫作径向干缩；整块木材由湿材状态干燥到绝干状态时体积的干缩叫作体积干缩。

（2）木材干燥三要素

　　① 预热阶段。木材干燥开始阶段，在暂时不让木材中的水分向外蒸发的条件下，对木材进行预热处理，把木材的温度从常温加热到干燥所需要温度。一般是沿着木材厚度方向加温，表层到心层的温度要趋于一致，均匀热透。采取的办法是：在提高干燥室内干燥介质（如空气）温度的同时，将干燥介质的湿度提高到饱和或接近饱和状态。由于在这个阶段中木材的含水率不下降，因此干燥曲线是水平的。

　　② 等速干燥阶段。干燥曲线中呈线性状态的曲线表示等速干燥阶段。木材经过预热后，按照干燥的要求，把干燥介质的湿度降低，使木材开始干燥。这个阶段是木材中的自由水蒸发时期，只要干燥介质的温度、湿度和循环气流速度不变，木材含水率下降的速度也保持不变。当等速干燥阶段达到终点时，木材表层的自由水已经全部排出，但木材内部的自由水仍然存在，只是由于水分移动的阻力更大，已不能维持初期的干燥速度。等速干燥阶段内，当干燥介质的温度越高、湿度越低时，自由水蒸发就越快。必须要有足够的气流速度来

吹散并破坏木材表面的饱和蒸汽和蒸汽滞层（界层），以保持相等的干燥速度。

③ 减速干燥阶段。等速干燥阶段结束以后，木材中的自由水分基本被蒸发干净，吸着水开始蒸发。随着蒸发过程的进行，吸着水的数量逐渐减少，水分蒸发时需要的热量越来越多，含水率下降的速度越来越慢，因此称为减速干燥阶段。在这个阶段，要提高木材水分的蒸发速度，必须将干燥介质的温度提高、湿度降低，并保持一定的气流循环速度。当木材中没有被蒸发的吸着水含量达到木材最终含水率要求时，木材干燥过程结束。

1.6　木材防虫、防腐、防火处理

1.6.1　木材的防虫与防腐

腐朽指木材由于木腐菌的侵入，逐渐改变其颜色和结构，使细胞壁受到破坏，物理、力学性质随之改变，最后变得松软易碎，呈筛孔状或粉末状等形态。虫害指因各种昆虫危害造成的木材缺陷。危害木材的昆虫主要有甲虫、白蚁等。最常见的害虫有：小蠹虫、天牛、吉丁虫、象鼻虫、白蚁和树蜂等。

(1) 木材中常见的真菌种类

木材中常见的真菌有三种：霉菌、变色菌和腐朽菌。霉菌只寄生在木材表面，它对木材实质不起破坏作用，通过刨削可以除去。变色菌常见于边材中，它使木材变成青、蓝、红、绿、灰等颜色。变色菌以木材细胞腔内的淀粉、糖类为养料，不破坏细胞壁，对强度影响不大。腐朽菌能够分解细胞壁，并将分解产物作为养料供给自身生长和繁殖，使木材腐朽破坏。

真菌的繁殖和生存必须同时具备适宜的温度、湿度，足够的氧气和养分。温度在 $25\sim30℃$，木材含水率在纤维饱和点以上到 50%，又有一定量的空气，最适宜真菌繁殖。当温度高于 $160℃$ 或低于 $5℃$ 时真菌不能生长。如含水率小于 20%，把木材浸泡在水中或深埋在土中真菌都难以生存。

(2) 木材的防腐与防虫措施

木材的虫害主要是由某些种类的天牛、小蠹虫和白蚁造成的。除在树木生长过程和木材加工、贮运过程外，室内设施及家具在使用中也有可能产生虫害。害虫在木材中钻蛀各种孔道和虫眼，影响木材强度和美观，降低了使用价值，还为木腐菌进入木材内部滋生创造了条件。在危害严重的情况下，木材布满虫眼并伴随严重腐朽，会使木材失去使用价值。

木材的防腐与防虫通常采用两种形式：一种是改变木材的自身状态，使其不适应真菌寄生与繁殖；另一种是采用有毒试剂处理，使木材不再成为真菌或蛀虫的养料，并将其毒死。第一种形式主要是将木材进行干燥处理，使其含水率保持在20％以下；改善木材贮运和使用条件避免再次吸湿；对木制品表面涂刷油漆，防止水分进入。木材始终保持干燥状态就可以达到防腐的目的。第二种形式是使用化学防腐、防虫药剂处理木材，处理方法主要有：表面刷涂法、表面喷涂法、浸渍法、冷热槽浸透法、压力渗透法等。其中表面刷涂法和表面喷涂法适宜于现场施工；浸渍法、冷热槽浸透法和压力浸透法处理批量大，药剂透入深，适于成批重要木构件用料的处理。第二种形式时，构造措施在木结构中的下列部位应采取防潮和通风措施：

① 在桁架和大梁的支座下应设置防潮层；

② 在木柱下应设置柱墩，严禁将木柱直接埋入土中；

③ 桁架、大梁的支座节点或其他承重木构件不得封闭在墙、保温层或通风不良的环境中；

④ 处于房屋隐蔽部分的木结构，应设通风孔洞；

⑤ 露天结构在构造上应避免任何部分有积水的可能，并应在构件之间留有空隙（连接部位除外）；

⑥ 当室内外温度差异很大时，房屋的围护结构（包括保温吊顶），应采取有效的保温和隔气措施。

(3) 药剂处理

为确保木结构达到设计要求的使用年限，应根据使用环境和所使用树种耐腐或抗虫蛀的性能，确定是否采用防腐药剂进行处理。木材结构的使用环境，按《木结构工程施工质量验收规范》（GB 50206—2012），将其分为四类：C1、C2、C3、C4A，定义如下：

① C1：使用条件是户内，且不接触土壤；在室内干燥环境中使用，能避免气候和水分的影响。

② C2：使用条件是户内，且不接触土壤；在室内环境中使用，有时受潮湿和水分的影响，但能避免气候的影响。

③ C3：使用条件是户外，但不接触土壤；在室外环境中使用，暴露在各种气候中，包括淋湿，但不长期浸泡在水中。

④ C4A：使用条件是户外，且接触土壤或浸在淡水中；在室外环境中使用，暴露在各种气候中，且与地面接触或长期浸泡在淡水中。

所用防护剂应具有毒杀木腐菌和害虫的功能，而不致危及人畜和污染环境，因此，对下述防护剂应限制其使用范围：

① 混合防腐油和五氯酚只用于与地（或土壤）接触的房屋构件防腐和防虫，应用两层可靠的包皮密封，不得用于居住建筑的内部和农用建筑的内部，以防与人畜直接接触，并不得用于储存食品的房屋或能与饮用水接触的处所。

② 含砷的无机盐可用于居住、商业或工业房屋的室内，只需在构件处理完毕后将所有的浮尘清除干净，但不得用于储存食品的房屋或能与饮用水接触的处所。

③ 锯材、胶合板材、结构复合木材的防护剂保持量及渗入度见相关专著。

1.6.2 木材的防火

木材的燃烧等级低，通过适当的阻燃处理可使其燃烧性能等级由 B2 级提高到 B1 级。

(1) 木材的阻燃处理

木材经过阻燃剂处理后，可有效降低木材着火概率。阻燃剂的阻燃途径主要有：抑制木材高温下的热分解、抑制热传递和抑制气相及固相的氧化反应。由于阻燃途径是相辅相成、相互补充的，一种阻燃剂往往具有一种以上的阻燃作用，并有侧重，因此，在木材阻燃剂配方中一般都选用两种以上的成分进行复合，各成分相互补充，产生阻燃协同作用。常用的木材阻燃剂主要有：磷系阻燃剂、氮系阻燃剂和硼系阻燃剂等。经过阻燃处理的木材，抗火性明显提高，木构件表面火焰的燃烧速度降低，相应地提高了构件的耐火极限，改变其燃烧性能。因此，建议少数民族聚居区的建筑木材应经过阻燃处理后再使用。

(2) 木材的表面防护

表面防护是在最后加工成型的木材及其制品上涂覆阻燃剂或防火涂料，或者在其表面包覆不燃性材料，通过这层保护层达到隔热、隔氧、抑制燃烧的目的。这是目前对木材进行防火保护最有效的方法。据文献记载：早在 20 世纪 60 年代，我国就已研制出了非膨胀型防火涂料，如过氯乙烯防火漆等，原理都是通过涂料本身的难燃性或不燃性，或者通过涂层在火焰下释放出不燃气体，并在表面形成釉状物的绝氧隔热膜来保护基材的。20 世纪 80 年代，又陆续研制出各种膨胀型防火涂料，用作木质材料的饰面型防火保护层。膨胀型防火涂料受热后，会形成多孔性的海绵状炭化层结构，具有很好的隔氧、隔热、保护作用。将其涂刷在可燃建筑结构上，遇小火不燃烧；火势不大时，具有阻滞延燃能力，从而减缓火焰传播速度；离开明火后能自行熄灭，可提高材料的耐火能力，防止火灾迅速蔓延扩大，但不能完全阻止和消灭火灾。有资料报道，建造木制房屋时，在墙体和天花板上安装防火石膏板，可使整个木结构组合墙体的耐火极限延长至 2h。少数民族聚居区可通过在建筑木材上涂表面防护材料，以此来增加木材的耐火时间，提高材料耐火能力。

(3) 建筑木构件的结构设计

通常情况下，只有在温度达到 250℃时木材才会燃烧。一旦着火，木材在火势凶猛的情况下将以 0.64mm/s 的速度炭化。炭化层将木材内部与外界隔离并可提高木材可承受的温度，使构件内部免于火灾危害。因此，按照相关文献的数据，可以计算得出：在一场持续 30min 的大火中，木构件的每个暴露表面将只有 19mm 因炭化而损坏，其余的绝大部分原始截面则保持完整无损。通常情况下，大型建筑结构中都包含大规格的梁或柱，其本身就具有很好的耐火性能。这是因为木材的导热性能差，且大构件表面燃烧所形成的炭化层会进一步隔绝空气和热量，以延缓木材燃烧的速度并保护其余未烧着的木材，这使得大块木材要燃烧很长时间才会引起结构的破坏，也就是说，当采用大截面构件时，若尺寸达到一定的要求就可以达到较高的耐火极限。一般而言，木构件截面积越大，防火性能越好。木结构的防火设计主要是根据设计载荷的要求，结合不同树种的木材在受到火焰作用时的炭化速度，通过规定结构构件的最小尺寸，利用木构件本身的耐火性能来满足所需的耐火极限要求。

第 2 章　木工常用材料

　　木制品生产及木材加工离不开结构性材料、装饰性材料和辅助材料。本章主要介绍木材、集成材、人造板材等结构性材料和金属配件、胶黏剂等辅助性材料，从原材料的角度进行讲解，有助于更好地把握木工操作。

2.1　木工常用树种性质与识别

　　木材是木工最重要的原材料，其具有质轻、拥有一定强度和弹性能承受冲击和震动、容易加工修饰等优点。但也有一定的缺点如开裂、变形、腐朽、易燃、木节等，其使用范围受到了限制。因此，正确的选材对提高产品质量及降低生产成本起到重要的作用。

2.1.1　木材的组成和木材三切面

　　木材的组成如图 2.1 所示。

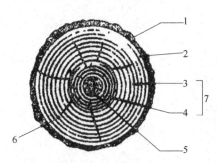

图 2.1　木材的组成

1—树皮；2—形成层；3—边材；4—心材；
5—髓心；6—年轮；7—木质部

　　对木材的研究及观察，通常是在木材的三个典型切面上进行，即木材横切面、径切面和弦切面。通过对三切面（图 2.2）的观察比较，可以全面、充分地了解木材结构。

（1）横切面

　　木材横切面是指与树干主轴相垂直的切面，即树干的端面，可用来观察各种轴向分子的横断面和木射线的宽度，它是识别木材最重要的一个切面。

(2) 径切面

木材径切面是树干的径断面，顺着树干长轴或木材纹理，通过髓心，与木射线平行，和年轮相垂直的切面。在径切面上能清晰显现出边材和心材颜色及大小。

木材加工中，借助横切面将板厚中心线与生长轮切面线间成 60°～90°夹角的板材，叫径切板。

(3) 弦切面

木材弦切面是树干的弦断面，顺着树干

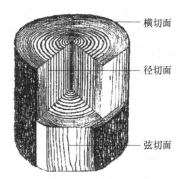

图2.2 木材三切面

长轴或木材纹理，不通过髓心，与木射线垂直，和年轮相切的切面。弦切面上的年轮呈抛物线状，木射线为纺锤形，高度和宽度清晰可见，年轮构成 V 形花纹。

2.1.2 国内常用木材

(1) 银杏（图2.3）——**银杏科银杏属**

主要产地：中国、日本、朝鲜、韩国、加拿大、新西兰、澳大利亚、美国、法国、俄罗斯等国家。

宏观构造及主要材性：胸径可达 4m，幼树树皮近平滑，为浅灰色，大树之皮为灰褐色，不规则纵裂，粗糙。无树脂道。心、边材区别明显，心材为浅红褐色，边材为浅褐色。生长轮明显，早晚材渐变，木射线细。

银杏的气干密度为 $0.55g/cm^3$，木材有纹理直、有光泽、结构细、易加工、不翘裂、耐腐性强、易着漆、握钉力小、抗蛀性强、有特殊的药香味等特点。

图2.3 银杏

　　主要用途：银杏木可制作雕刻匾及木鱼等工艺品，也可制作成立橱、书桌等高级家具。银杏的共鸣性、导声性和弹性都很好，是制作乐器的理想材料。银杏可制作测绘器具、笔杆等文化用品，也是制作棋盘、棋子、体育器材、印章及小工艺品的上等木料。在工业生产上，银杏木最适宜制作X线机滤线板、纺织印染辊、机模及脱胎漆器的木模、胶合板、砧板、木质电话等。

　　(2) 冷杉（图2.4）——**松科冷杉属**

　　主要产地：冷杉分布于欧洲、亚洲、北美洲、中美洲及非洲最北部的亚高山至高山地带。

图2.4　冷杉

　　宏观构造及主要材性：树干端直，枝条轮生，树皮为灰色或深灰色，裂成不规则的薄片固着于树干上，内皮为淡红色。无正常树脂道。心、边材区别不明显，为浅褐色或黄褐色带红色。年轮明显，宽窄不均，早晚材渐变，木射线甚细。纹理直，略均匀，结构适中，有光泽。气干密度为 $0.38 \sim 0.5 g/cm^3$，材质稍硬重，水纹美观，结构细致，无气味，易加工，强度中等，握钉力强。冷杉加工容易，切削面光滑，干燥，机械加工、防腐工艺性良好。

　　主要用途：宜做家具、室内装饰等。

　　(3) 云杉（图2.5）——**松科云杉属**

　　主要产地：云杉为我国特有树种，以华北山地分布为广，东北的小兴安岭等地也有分布。

　　宏观构造及主要材性：高可达45m，胸径可达1m。树皮为淡灰褐色或淡褐灰色，裂成不规则鳞片或稍厚的块片脱落。有正常树脂道。心、边材无区别，为浅黄褐色至黄白色，具有光泽，略有松脂气味。有线条分明的年轮，与季节性山地气候保持一致，早

图2.5　云杉

晚材较急变，木射线细。纹理直，材质细腻、轻软，气干密度为 $0.33 \sim 0.52 g/cm^3$。强度适中，易干燥，易加工，握钉力适中。

　　主要用途：适宜做家具、室内装饰。

　　(4) 铁杉（图2.6）——**松科铁杉属**

　　主要产地：为我国特有树种，产于甘肃白龙江流域、陕西南部、河南西

部、湖北西部、四川东北部和贵州西北部海拔 1200~3200m 地带。

宏观构造及主要材性：高可达50m，胸径可达 1.6m。冠塔形，大枝平展，枝梢下垂。树皮为暗灰色，纵裂，成块状脱落。无正常树脂道。心、边材无区别，为黄白色或浅黄褐色，无光泽，无特殊气味。年轮明显，早晚材

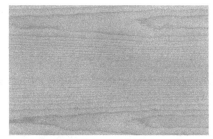

图 2.6　铁杉

略急变，木射线细。气干密度为 $0.45\sim0.66$g/cm^3，木材结构细致，材质坚重，不容易开裂，耐水湿，为优良用材。经过加压防腐处理的铁杉木材既美观又结实；做过烘干后的铁杉，可以保持稳定的形态和尺寸，不会出现收缩、膨胀、翘曲或扭曲。大多数木材经过长期日晒后都会变黑，但铁杉可以在常年日晒后仍保持新锯开时的色泽。铁杉具有很强的握钉力和优异的胶合性能，可以接受各种表面涂料，而且非常耐磨。强度中，易加工，纹理颇直，结构中而匀，质轻软，强度和冲击韧性适中。木材坚实，纹理细致而均匀，抗腐力强，尤耐水湿。

主要用途：原木可作为纸浆、人造丝的原料，又可做胶合板、木桶、枕木、坑木。铁杉适宜做房架、檩条椽子、地板里层、门、窗、柱子、百叶窗、家具、木梯、木纤维工业原料、其他农具等。

(5) 落叶松（图 2.7）——松科落叶松属

主要产地：我国大、小兴安岭海拔 300~1200m 地带。

图 2.7　落叶松

宏观构造及主要材性：高可达35m，胸径可达 90cm。幼树树皮为深褐色，裂成鳞片状块片；老树树皮为灰色、暗灰色或灰褐色，纵裂成鳞片状剥离，剥落后内皮呈紫红色。有树脂道。生长轮明显，早晚材急变。心、边材区别极明显，边材为淡黄色，心材为黄褐色至红褐色，木射线细。纹理直，结构细密，气干密度为 $0.56\sim0.7$g/cm^3，加工难。

主要用途：可作房屋建筑、土木工程、电杆、细木加工及木纤维工业原料等用材。

(6) 红松（图 2.8）——松科松属

主要产地：产于我国东北长白山区、吉林山区及小兴安岭爱辉区以南海拔

图2.8　红松

150～1800m、气候温寒、湿润、棕色森林土地带。

宏观构造及主要材性：树高可达30m，胸径可达1m。幼树树皮为灰褐色，近平滑；大树树皮为灰褐色或灰色，纵裂成不规则的长方鳞状块片，裂片脱落后露出红褐色的内皮。红松为优良的用材树种。有正常树脂道。心、边材区别明显，边材为淡黄白色，心材为淡黄褐色或淡褐红色。生长轮明显，早晚材渐变。质轻软，纹理直，结构细，气干密度为0.38～0.46g/cm^3，耐腐力强，易加工。

主要用途：可作建筑、桥梁、枕木、电杆、家具、板材及木纤维工业原料等用材。木材及树根可提取松节油，树皮可提取栲胶。

(7) 樟子松（图2.9）——松科松属

主要产地：产于我国大兴安岭海拔400～900m的山地及海拉尔以西、以南一带沙丘地区。

宏观构造及主要材性：高可达25m，胸径可达80cm。大树树皮厚，树干下部为灰褐色或黑褐色，深裂成不规则的鳞状块片脱落，上部树皮及枝皮为黄色至褐黄色，内侧为金黄色，裂成薄片脱落。有正常树脂道。心材为淡红褐色，边材为淡黄褐色，较宽。生长轮明显，早晚材急变，木射线细。材质较细，纹理直，气干密度为0.43～0.56g/cm^3。木质

图2.9　樟子松

硬度、密度适中，物性指标中等，握钉力适中。干燥、机械加工、防腐处理性能较好。油漆和胶合性能一般。樟子松防腐处理后易于油漆和染色，是防腐木材主选原材料，一般最长造材料规格为6m。

主要用途：樟子松可作建筑、枕木、电杆、船舶、器具、家具及木纤维工业原料等用材。树干可割树脂，提取松香及松节油，树皮可提取栲胶。

(8) 杉木（图2.10）——**杉科杉木属**

主要产地：为我国长江流域、秦岭以南地区栽培最广、生长快、经济价值高的用材树种。

宏观构造及主要材性：高可达30m，胸径可达2.5～3m，树皮为灰褐色，裂成长条片脱落，内皮为淡红色。无正常树脂道。心、边材区别明显，边材为淡黄褐色，心材为浅或暗红褐色，有杉木香气，生长轮极明显，有时可见假年轮。早晚材急变或渐变。轴向薄壁组织明显，弦带状，木射线细，径切面可见斑纹。质较软，细致，有香气，纹

图2.10　杉木

理直，易加工，气干密度为0.32～0.42g/cm³，耐腐性强，不受白蚁蛀食。

主要用途：杉木可供建筑、桥梁、造船、矿柱、木桩、电杆、家具及木纤维工业原料等用。

(9) 柳杉（图2.11）——**杉科柳杉属**

主要产地：为我国特有树种，分布于长江流域以南至广东、广西、云南、贵州、四川等地。

宏观构造及主要材性：高可达48m，胸径可达2m多。树冠狭圆锥形或圆锥形，树皮为红棕色，纤维状，裂成长条片状脱落。无正常树脂道。心、边材区别明显，心材为红褐色微紫，边材为黄白或浅黄褐色。柳杉有香气，无特殊滋味。生长轮明显，有轻微波浪状，常有假年轮，早晚材渐变，晚材带窄且色深。轴向薄壁组织多分布在晚材带，星散聚合为间断弦带状，木射线细，径切面斑纹明显。气干密度为0.34～0.37g/cm³，材质松软，纹理直，结构适中但不均匀，易干燥，不翘曲，易加工。

主要用途：柳杉可供建筑、桥梁、造船、造纸、家具、蒸笼器具等用。枝叶和木材加工时的废料，可蒸馏芳香泊；树皮入药，治癣疮，也可提制栲胶。

图2.11　柳杉

(10) 红豆杉（图 2.12）——红豆杉科红豆杉属

主要产地：产于甘肃南部，陕西南部，四川、云南东北部及东南部，贵州西部及东南部，湖北西部，湖南东北部，广西北部和安徽南部（黄山），常生于海拔 1000～1200m 以上的高山上部。

图 2.12　红豆杉

宏观构造及主要材性：高可达 30m，胸径可达 60～100cm；树皮为灰褐色、红褐色或暗褐色，薄质，片状剥裂。边材窄，与心材区别明显，心材为橘红色，边材为淡黄色。无树脂道及树脂细胞。生长轮明显，常不规则，为波浪形，常有假年轮，早晚材渐变，木射线细。红豆杉纹理直，结构细致，硬度大，防腐力强，韧性强。

主要用途：为优良的建筑、桥梁、家具、器材等用材。因产量少，一般仅作细木加工、船桨、拱形制品、车旋、雕刻、乐器及箱板等用。

(11) 海南黄花梨（图 2.13）——豆科黄檀属

主要产地：产于我国海南吊罗山、尖峰岭低海拔（100m）丘陵或平原地带。海南黄花梨因其成材缓慢、木质坚实、花纹漂亮，始终位列五大名木之一，现为国家二级保护植物。据《中国树木志》记载，野生海南黄花梨产于海南岛上除万宁、陵水、五指山市以外的各市县，其中白沙、东方、昌江、乐东、三亚、海口为主要产区，它们一般生长于海拔 350m 以下的山坡上。名贵

图 2.13　海南黄花梨

的海南黄花梨则主要生长在黎族地区，其中尤以昌江王下地区的海南黄花梨最为珍贵。

宏观构造及主要材性：海南黄花梨是散孔材，生长轮不明显，管孔少，内常含红褐色抽提物。轴向薄壁组织带状、翼状及轮界状，木射线细，弦切面有波痕。心材红褐色至紫红褐色，久变暗色，常带黑色条纹，荧光感比较强，有辛辣香气。花纹美丽、色泽柔和。纹理斜或交错，结构细腻均匀，气干密度为 $0.93～0.97g/cm^3$。

主要用途：特别适宜制作榫卯，所以它是古代建筑最佳的木料选择。

(12) 水曲柳 （图 2.14）——**木犀科梣属**

主要产地：产于东北、华北等地。

宏观构造及主要材性：高可达 30m 以上，胸径可达 2m。环孔材，树皮厚，为灰褐色，纵裂。边材窄，为黄白色，心材为褐色略黄。年轮明显但不均匀，早材大管孔，木射线细，径切面射线斑纹明显。木质结构粗，纹理直，花纹美丽。材质硬度较大，弹性、韧性好，耐磨，耐湿，但干燥困难，易翘曲。水曲柳加工性能好，但应防止撕裂。切面光滑，油漆、胶合性能好。

图 2.14　水曲柳

主要用途：常用于地板、集成材、中高档家具等。

(13) 柞木 （图 2.15）——**大风子科柞木属**

主要产地：产于我国东北、华北地区。

宏观构造及主要材性：树皮暗灰色，深纵裂。环孔材，心、边材区别明显，边材为浅黄褐色，心材为暗褐色，早晚材急变，早材管孔大，具宽木射线，径切面木射线斑纹极明显。材质坚实，纹理直或斜，结构粗，较难加工，易开裂。

主要用途：柞木是地板的优良用材，也可制作集成材。

图 2.15　柞木

(14) 榆木 （图 2.16）——**榆科榆属**

主要产地：产于温带，树高大，遍及北方各地，尤其是黄河流域，随处可见。

宏观构造及主要材性：树皮为灰色，环孔材，心、边材区分略明显，边材窄，为暗黄色，心材为暗紫灰色。生长轮明显，早晚材急变，早材管孔大，晚

图2.16　榆木

材管孔略小，排列成弦向带或波浪状，轴向薄壁组织傍管状或波浪形带状，木射线较管孔细，径切面可见射线斑。木性坚韧，纹理通达清晰，硬度与强度适中，一般透雕、浮雕均能适应，刨面光滑，弦面花纹美丽。

主要用途：可供家具、装修等用，榆木经烘干、整形、雕磨髹漆，可制作精美的雕漆工艺品。

(15) 黄波罗（图 2.17）**——芸香科黄柏属**

主要产地：产于东北和华北各省。

宏观构造及主要材性：树皮为灰褐色至黑灰色，深纵裂，木栓层发达，柔软，内皮为鲜黄色，味苦。环孔材，花纹明显而美观。心、边材区分明显，边材甚窄，心材为灰褐色带黄或绿褐色，有苦味。年轮明显。纹理直，结构粗，材质轻软，易加工，不易开裂。

主要用途：常用于各种中高档家具、实木门、楼梯等的制造，近来几年经常用于仿古家具，制成家具的使用面材。

图2.17　黄波罗

(16) 核桃楸（图 2.18）**——胡桃科胡桃属**

主要产地：产于东北、华北和西北等地。

宏观构造及主要材性：高可达 20 余米。枝条扩展，树冠扁圆形。树皮为灰色，具浅纵裂。半环孔材。心、边材区分明显，边材狭窄，为浅黄褐色，心材为灰褐色，夹有深色条纹。早晚材渐变，年轮明显。纹理直，结构略粗，材质中，易加工，很少劈裂。

主要用途：常为优质家具用材。

图2.18 核桃楸

(17) 杨木 (图2.19)——**杨柳科杨属**

主要产地：杨树是散生在北半球温带和寒温带的森林树种。在我国分布于北纬 25°～53°、东经 80°～134°之间，即分布于华中、华北、西北、东北等广阔地区。

宏观构造及主要材性：树皮是灰绿色或灰白色。散孔材。心、边材不明显，为黄白色。早晚材不明显，有骚味。纹理斜，其质细软，性质稳定，价廉易得。

主要用途：杨木常作为家具的附料和大漆家具的胎骨在古家具上使用。

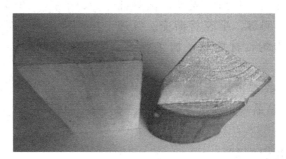

图2.19 杨木

(18) 桦木 (图2.20)——**桦木科桦木属**

主要产地：几乎全国都有分布，而以东北、西北及西南高山地区为最多。

宏观构造及主要材性：树皮平滑，白色或杂色，有横走的皮孔。散孔材。心、边材区别不明显，为浅黄褐色。生长轮明显，有细细的深色轮界线。早晚材渐变，管孔细少。木射线比管孔小，径切面有射

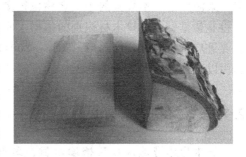

图2.20 桦木

线斑。材质细腻，较硬，纹理直，易加工，切面光滑。

主要用途：桦木常用作地板、家具、纸浆、内部装饰材料、胶合板等。

(19) 色木槭（图 2.21）——**槭树科槭树属**

主要产地：分布在我国东北小兴安岭和长白山林区。

图 2.21 色木槭

宏观构造及主要材性：高可达20m。树皮粗糙，常纵裂，为灰色。散孔材，心、边材区分不明显，为黄白色。生长轮明显，轮间界为褐色细线，木射线细，径切面可见明显深色斑纹。材质甚细而硬，不易加工，易劈裂。

主要用途：色木槭常用作地板、胶合板。

(20) 椴木（图 2.22）——**椴树科椴树属**

主要产地：生长于我国东北、华北地区。

宏观构造及主要材性：树皮为暗灰色，纵裂，成片状剥落。散孔材。心边材区别不明显，为黄白色，有油性光泽，微具油臭味。生长轮不明显，早晚材渐变。纹理直，结构细且均匀，材质软，加工容易，不开裂。

主要用途：椴木多用于制作木线、细木工板、木制工艺品等装饰材料。

图 2.22 椴木

2.1.3 常用进口木材

目前我国已经成为世界林产品十大进口国之一。但由于进口木材种类繁多，来源广泛，不规范的中文名称也很多，木材市场非常混乱，进口木材识别显得非常重要。进口木材识别的依据主要是相关文献资料及国家标准如《中国主要进口木材名称》（GB/T 18513—2001）等。根据产地不同，进口木材主要分为以下几类，如表 2.1 所示。

2.1.4 红木

红木为热带地区豆科檀属木材，多产于热带、亚热带地区，主要产于印度，我国广东、云南及马来群岛也有出产，是常见的名贵硬木。"红木"是江浙及北方流行的名称，广东一带俗称"酸枝木"。根据国家标准《红木》（GB/T 18107—2017），"红木"的范围确定为 5 属、8 类、29 个主要品种，如图 2.23 所示。这 29 个树种，归为紫檀木、花梨木、香枝木、黑酸枝木、红酸枝木、乌木、条纹乌木和鸡翅木 8 类，隶属于紫檀属、黄檀属、柿属、崖豆属及决明属。其中主要是紫檀属和黄檀属，并且绝大多数是从东南亚、热带非洲和拉丁美洲进口。

表 2.1　进口木材分类

类别	主要分布区及其特点	常见输出原木	备注
东南亚、南太平洋木材	世界热带湿润林主要分布区，集中于印度尼西亚、马来西亚、菲律宾等国和地区，为东南亚、南太平洋商品材的主要产地和输出国	东南亚以龙脑香料为主；其次为夹竹桃科、橄榄科、楝科、槭树科、樟科、豆科、棱柱木科、梧桐科、肉豆蔻科、山榄科；巴布亚新几内亚以番龙眼为主，其他木材有海棠木、榄仁木、普纳木等	我国木材进口的主要地区
中美洲、南美洲热带木材	以热带雨林气候为主，兼有热带草原气候、亚热带森林气候、亚热带地中海气候及山地气候，森林资源非常丰富，大部分由热带阔叶林构成，盛产各种珍贵的热带林木	白坚木类、南美红漆木、巴西玉蕊、巴西黑檀、红椿类、蚁木、圭亚那乳桑木、中美大叶桃花心木等	我国进口中高档木材的一个重要途径
非洲热带木材	世界第二大洲，森林面积约占全洲面积的 21%，占世界森林总面积的 19%，非洲西部热带雨林历史上为欧洲阔叶材的供应来源，目前以南部地区的中小径材为主要出口对象	非洲紫檀、奥克榄、绿柄桑、非洲楝等，山榄科、粘木科、樟科、豆科的木材等	我国 20 世纪 50 年代开始从非洲进口木材
欧洲木材	海岸线最曲折、平均海拔最低，冰川地形分布较广，高山峻岭汇集南部，大部分地区气候温和湿润，不同国家和地区之间森林和林地分布不均，俄罗斯是重要木材输出国	除传统的俄罗斯产的雪松、樟子松、落叶松外，产自德国、法国、荷兰、意大利等国的山毛榉、樱桃木、枫木、橡木等贵重木材的进口量呈逐年增加的势头	俄罗斯所产木材业内称为北洋材
北美木材	美国、加拿大和墨西哥的一部分，该区森林工业发达，进口多，出口少，是世界木材产品主要生产国	花旗松、西部铁杉、西加云杉、冷杉、美国西部侧柏、北美山杨等	

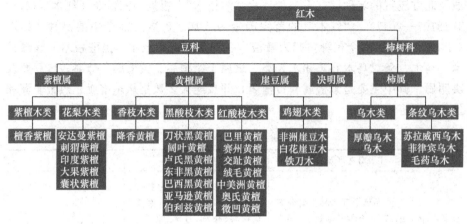

图 2.23　国家标准《红木》5 属、8 类、29 种延伸图

注：《红木》（GB/T 18107—2017）由原来的 33 种更新为现在的 29 种。

具体变化内容如下：

1. 紫檀属花梨木类中的乌足紫檀、越柬紫檀被认定为大果紫檀的异名，未被列入红木树种；

2. 黄檀属黑酸枝类中的黑黄檀被认定是刀状黑黄檀的异名，未被列入红木树种；

3. 柿树属乌木类中的蓬塞乌木被取消；

4. 此外，原属于柿树属乌木类的毛药乌木被归为条纹乌木类；

5. 将原鸡翅木类中的铁刀木属改为决明属。

2.1.5　红木 5 属 8 类 29 种

(1) 檀香紫檀

主要产自印度、菲律宾、广东、马来半岛、泰国。在所有的紫檀中只有檀香紫檀是真正的紫檀，而在所有的檀香紫檀中，只有印度檀香紫檀是最正宗的。它的真正产地是印度南部、西部的山区，特别是迈索尔邦，那里属于亚热带气候，有一些原始森林，雨量充足，阳光好、不易蓄水，很适合檀香紫檀的生长。

(2) 安达曼紫檀

主产于印度安达曼群岛。在原产地分布于接近海平面至约 90m 海拔范围内，在排水良好的丘陵下坡和宽阔河谷生长最好。安达曼紫檀 4 年生时平均树高 8.2m，胸径 5.5cm，优势木胸径 8.6cm。8 年生时平均树高 13.6m，平均胸径 11.3cm，优势木胸径 16.8cm。其人工林生长速度比天然林要快得多。

(3) 刺猬紫檀

主产于热带非洲，广泛分布在热带稀树草原林中。其他产地：冈比亚、科特迪瓦、几内亚比绍、马里、塞内加尔、莫桑比克等非洲国家都有出产，这些地方出产的才是正宗的刺猬紫檀，属于国标红木，其余诸如尼日利亚、加蓬等国家出产的都不是刺猬紫檀，不属于国标红木。

(4) 印度紫檀

紫檀属，花梨木类，产于热带亚洲，一般高 20~25m，生长较快，树荫遮天，是一种园林景观的高级树种。印度紫檀并不是紫檀木，紫檀木材结构甚细，心材红紫，而像印度紫檀这类花梨木平均管孔弦向直径不大于 $200\mu m$，心材材色红褐至紫红，常带深色条纹，非常明显。

(5) 大果紫檀

属蝶形花科紫檀属，花梨木类树种，别名缅甸花梨、草花梨、东南亚花梨。主要产地是中南半岛（缅甸、老挝、泰国、越南、柬埔寨、马来西亚西部）和新加坡等地。

(6) 囊状紫檀

俗称马拉巴紫檀，是紫檀属花梨木类。主产地在印度、老挝、斯里兰卡等国家。散孔材，半环孔材倾向明显。生长轮颇明显。心材金黄褐或浅黄紫红褐色，常带深色条纹，划痕未见，木屑水浸出液红褐色，有荧光。

(7) 降香黄檀

即黄花梨。黄花梨只有越南和我国的海南出产，而且它们的木质都不一样，最好的黄花梨产地在我国海南，详见 2.1.2 国内常用木材中介绍的海南黄花梨。

(8) 刀状黑黄檀

蝶形花亚科黄檀属，黑酸枝木类树种。别名英檀木、缅甸黑木、黑玫瑰木、刀状玫瑰木、缅甸黑酸枝、缅甸黑檀。分布或主要产地：缅甸、泰国东北部、老挝、柬埔寨、越南南部及我国云南南部、广东南部、广西南部的原始森林。目前，我国云南、广东、广西等地的刀状黑黄檀原材已经被砍伐一空，原材主要依靠进口。

(9) 阔叶黄檀

豆科，蝶形花亚科，黄檀属。主产地一说为喜马拉雅山脉以南的尼泊尔、巴基斯坦到孟加拉湾一带；另一说为印度、印度尼西亚的爪哇等地，多产于东南亚国家以及东非和印尼等地。印度从 1980 年起禁止出口，因此目前国内市场主要从印尼进口。生长在印度北部的本德尔汗德，主干高 3~4m，直径达 1m，而在爪哇高可达 43m，直径 1.5m。树干通常不直，大部有沟槽，无板根。

(10) 卢氏黑黄檀

俗称大叶紫檀，属于黑酸枝木类。分布区域：马达加斯加北部、东北部。散孔材，生长轮不明显。心材新切面橘红色，久则转为深紫或黑紫色，划痕明显。管孔在肉眼下几不得见，主为单管孔，散生，弦向直径最大 $206\mu m$，平均 $149\mu m$，数少，$1\sim4$ 个$/mm^2$。

(11) 东非黑黄檀

豆科，黄檀属，黑酸枝木类。乔木，树高 $4.5\sim7.5m$。分布于热带非洲东部的坦桑尼亚、塞内加尔、莫桑比克等地。散孔材，心材黑褐至深紫褐，常伴有黑色条纹，边材主为白色，很薄。生长轮不明显。管孔在肉眼下可见，很细小，数少至略少。木材有光泽，无酸香气或很微弱，无特殊滋味，稍有油性感，纹理变化很大，结构甚细，均匀。

(12) 巴西黑黄檀

黄檀属黑酸枝木类。大乔木，树高可达 $38m$，直径 $0.9\sim1.2m$，主干干形不规则，高可至 $14m$，常具板根，老树树干常中空。产于巴西，常生长在沿河两岸阔叶林中。

(13) 伯利兹黄檀

产地中美洲，主产于伯利兹，常生长在沿河两岸及干旱地区。大乔木，高可达 $15\sim30m$，直径 $0.9m$，主干常具凹槽，距地面 $7m$ 高左右常分枝。

(14) 亚马孙黄檀

主产于巴西。散孔材。生长轮明显。心材红褐、深紫灰褐，常带黑色条纹。管孔在肉眼下可见，弦向直径最大 $323\mu m$，平均 $192\mu m$，数甚少至少，$1\sim5$ 个$/mm^2$。轴向薄壁组织在放大镜下明显，细线状（宽多数 1 细胞），环管束状明显。木纤维壁甚厚。木射线在放大镜下可见，波痕不明显，射线组织同形单列及多列（多数 2 列）。酸香气无或很微弱，结构细，纹理直至略交错，气干密度 $0.90g/cm^3$。

(15) 巴里黄檀

豆科、黄檀属下的一个植物种。别名红酸枝、紫酸枝、花枝等。产地范围在中南半岛的北纬 $10°\sim18°$，东经 $100°\sim109°$ 的区域，生长于海拔 $900m$ 以下的低山常绿、半常绿湿润阔叶林和稀疏的半落叶林中。为区别于交趾黄檀"大红酸枝"，它与奥氏黄檀并称为"红酸枝"。

(16) 赛州黄檀

分布区域在巴西联邦共和国东北部，具体的范围位于南纬 $5°\sim15°$，西经 $38°\sim45°$的地带。这个树种的主要产地在塞阿腊州，其次是皮奥伊山区，包括伯南布哥和帕拉伊巴两州的西部及皮奥伊州南部，再向南分布到巴伊亚州内地沿圣弗朗西斯科河流域延伸至米纳斯吉拉斯州北部。

(17) 交趾黄檀

俗称大红酸枝，属于豆科家族黄檀属之树种。交趾黄檀生长于中南半岛北纬 $10°\sim22°$的地区。遍布泰国各地和柬埔寨的大多数地区。在老挝从上寮的琅勃拉邦省到中寮的甘蒙至下寮的沙湾拿吉省均有分布。

（18）绒毛黄檀

主产于巴西。散孔材至半环孔材。心材浅褐色至栗褐色，木材水浸湿后微具酸味。生长轮明显。管孔在肉眼下可见，放大镜下明显，单管孔，很少数径列复管孔，偶见管孔团，部分管孔含树胶。轴向薄壁组织放大镜下明显，呈环管状、翼状及轮界状、星散聚合状（不明显）。木射线放大镜下明显。波痕略见。胞间道欠缺。

（19）中美洲黄檀

主产于墨西哥南部、中美洲。在国外，微凹黄檀和中美洲黄檀几乎是不分的，都叫 Cocobolo。中美洲黄檀作为一种树种，相对来说是新发现的，是微凹黄檀的近亲。由于中美洲黄檀的颜色深一些，没有微凹黄檀的颜色那么鲜艳、变幻多端，因此中美洲黄檀的受欢迎程度逊于微凹黄檀，价格也比较便宜，需求量也没那么高，导致了中美洲黄檀反而比较难找。

（20）奥氏黄檀

豆科黄檀属，在国家标准《红木》GB/T 18107 中归为红酸枝木类。主产于缅甸、泰国和老挝，红酸枝木类为散孔材，生长轮明显或略明显，心材新切面柠檬红、红褐至深红褐，常带明显的黑色条纹，木屑酒精浸出液红褐色。

（21）微凹黄檀

主要分布在巴拿马、哥斯达黎加、尼加拉瓜、洪都拉斯、危地马拉、墨西哥等中美洲地区。市场上常见的微凹黄檀的产地有巴拿马和尼加拉瓜两个地方。据木材商家实地考察情况反馈，微凹黄檀在当地的产量并不是很多，并且随着资源的逐渐开发，当地政府也开始逐渐限制微凹黄檀出口。货源稀少也使微凹黄檀有了极大的市场升值空间。

（22）非洲崖豆木

主产于刚果、喀麦隆、加蓬等国。俗称非洲鸡翅木。大乔木，高达 30m，胸径达 1m，主干高达 18m。因木材中的轴向薄壁组织呈粗细不均的宽带状，带宽几乎与木纤维带宽相等，且两者颜色区别明显，在木材弦切面上形成一种形似"鸡翅膀"状的花纹而得名。

（23）白花崖豆木

俗称缅甸鸡翅木、黑鸡翅，盛产于缅甸和泰国，国家标准《红木》崖豆属鸡翅木类木材。木材光泽弱，无特殊气味和滋味，纹理直至略交错，结构中，略均匀，甚硬，强度高。干燥性能良好，木材花纹很美观，一般用来制造名贵家具。

（24）铁刀木

别名挨刀木、黑心木、鸡翅木。豆科，决明属。树木性状及产地：落叶乔木，高达 20m，胸径达 40cm，主产我国西南、华南地区，东南亚地区亦产。心、边材区别明显，心材粟褐色或黑褐色，边材黄褐色。生长轮不明显，散孔材。轴向薄壁组织傍管宽带状。木材纹理直，结构细。宜作高档家具、雕刻、船舶骨架用材及装饰材料等。

(25) 乌木

俗称黑木，主产于斯里兰卡及印度南部。散孔材，生长轮不明显。心材全部乌黑，浅色条纹稀见。管孔在肉眼下略见，含褐黑色或黑色树胶，弦向直径最大 $141\mu m$，平均 $98\mu m$，数少至略少，4～12 个/mm^2。

(26) 厚瓣乌木

主产于热带西非，成熟心材色乌黑，有时有空洞。柿属的深黑色心材我国称乌木，日本称黑檀。按木材外观我国习惯分为角厚瓣乌木外观与加工乌、茶乌、乌纹三类，日本须藤彰司的《南洋材》中分为本黑檀、条纹黑檀、青黑檀、斑纹黑檀四类。林仰三先生在《红木考辨》一文中指出柿属的心材不显者只能以柿木称之，不可一概称为"黑檀"。

(27) 苏拉威西乌木

产于印度尼西亚苏拉威西岛，中文商品名为"望加锡黑檀"。苏拉威西乌木材质硬重致密、入水即沉，经久耐磨，防虫耐腐。色泽沉稳高贵，呈黑褐、粟褐色或略带绿玉色，条纹深浅相间。径切有经典大气的直纹，弦切则有优雅美丽的花纹。

(28) 菲律宾乌木

又名菲律宾黑檀木，国家标准《红木》柿树科，柿属，条纹乌木类木材。小乔木，主要分布于菲律宾。干缩甚大，强度高，木材干燥时要慢，反之易反翘和干裂。加工性能良好，油漆性佳，是制作红木家具的上好木材之一。

(29) 毛药乌木

国家标准《红木》柿树科，柿属，条纹乌木类木材。小乔木，主要分布于菲律宾。材色乌黑油亮、密度大、结构细腻、易于车旋与雕刻。

2.2　木材等级以及材质标准

2.2.1　针叶树锯材等级及材质标准

针叶树锯材分为特等、一等、二等和三等四个等级，各等级材质指标见表 2.2，长度不足 1m 的锯材不分等级，其缺陷允许限度不低于三等材，检量与计算方法按照 GB/T 153—2009 执行。

表2.2　针叶树锯材材质指标

检量缺陷名称	检量与计算方法	允许限度			
		特等	一等	二等	三等
活节及死节	最大尺寸不得超过板宽的	15%	30%	40%	不限
	任意材长1m范围内个数不得超过	4	8	12	
腐朽	面积不得超过所在材面面积的	不允许	2%	10%	30%
裂纹夹皮	长度不得超过材长的	5%	10%	30%	不限
虫眼	任意材长1m范围内个数不得超过	1	4	15	不限
钝棱	最严重缺角尺寸不得超过材宽的	5%	10%	30%	40%
弯曲	横弯最大拱高不得超过内曲水平长的	0.3%	0.5%	2%	3%
	顺弯最大拱高不得超过内曲水平长的	1%	2%	3%	不限
斜纹	斜纹倾斜程度不得超过	5%	10%	20%	不限

2.2.2　阔叶树锯材等级及材质标准

阔叶树锯材分为特等、一等、二等和三等四个等级，各等级材质指标见表2.3。

表2.3　阔叶树锯材材质指标

检量缺陷名称	检量与计算方法	允许限度			
		特等	一等	二等	三等
死节	最大尺寸不得超过板宽的	15%	30%	40%	不限
	任意材长1m范围内个数不得超过	3	6	8	
腐朽	面积不得超过所在材面面积的	不允许	2%	10%	30%
裂纹夹皮	长度不得超过材长的	10%	15%	40%	不限
虫眼	任意材长1m范围内个数不得超过	1	2	8	不限
钝棱	最严重缺角尺寸不得超过材宽的	5%	10%	30%	40%
弯曲	横弯最大拱高不得超过内曲水平长的	0.5%	1%	2%	4%
	顺弯最大拱高不得超过内曲水平长的	1%	2%	3%	不限
斜纹	斜纹倾斜程度不得超过	5%	10%	20%	不限

注：长度不足1m的锯材不分等级，其缺陷允许限度不低于三等材，其检量与计算方法参照本表执行。

2.3　常用实木半成品

　　木材经常被加工成一些半成品来进行出售，以此提高木材的利用率。实木半成品主要包括结构性材料如集成材和装饰性材料如薄木、装饰木线条等。

2.3.1　实木集成材

(1) 概念
　　集成材也称胶合木、指接板，是一种沿板材或方材平行纤维方向，用胶黏剂沿其长度、宽度或厚度方向胶合而成的材料，如图2.24。与木质工字梁，单板层积材同为三种主要的工程材产品之一。

图2.24　集成材

　　常用集成材的幅面为2440mm×1220mm，厚度有9mm、12mm、15mm、17mm、18mm、25mm几种规格。常用材质：杉木、松木、香樟木、樟子松、白松、赤松、榆木、硬杂木、枫杨、欧枫。

(2) 集成材的特点
　　① 集成材是由实体木材的短小料制造成要求的规格尺寸和形状，可做到小材大用，劣材优用。

　　② 集成材用料在胶合前剔除节子、腐朽等木材缺陷，这样可制造出缺陷少的材料。配板时，即使仍有木材缺陷也可将木材缺陷分散。

　　③ 集成材保留了天然木材的材质感，外表美观。

　　④ 集成材的原料经过充分干燥，即使大截面、长尺寸材，其各部分的含水率仍均一，与实体木材相比，开裂、变形小。

　　⑤ 在抗拉和抗压等物理力学性能方面和材料质量均匀化方面优于实体木材，并且可按层板的强弱配置，提高其强度性能，其强度性能为实体木材的1.5倍。

　　⑥ 按需要，集成材可以制造成通直形状、弯曲形状。按相应强度的要求，可以制造成沿长度方向截面渐变的结构，也可以制造成工字形、空心方形等截面集成材。

　　⑦ 制造成弯曲形状的集成材，作为木结构构件来说，是理想的材料。

　　⑧ 胶合前，可以预先将板材进行药物处理，即使长、大材料，其内部也

能有足够的药剂，使材料具有优良的防腐性、防火性和防虫性。

⑨ 由于用途不同，要求集成材具有足够强的胶合性能和耐久性，为此，集成材加工需具备良好的技术、设备及良好的质量管理和产品检验体系。

⑩ 与实体木材相比，集成材出材率低，产品的成本高。

（3）集成材的生产工艺流程

原木制材→干燥→锯解刨光→开榫→涂胶→加压胶接→刨光→涂胶→面拼→刨光→纵横锯边→质检→成品标识包装。

（4）集成材的用途

集成材以集成板材、集成方材和集成弯曲材的形式应用到家具制造业。常应用于桌类的面板、柜类的旁板、顶（底）板等大幅面部件，柜类隔板、底板和抽屉底板等不外露的部件及抽屉面板、侧板、底板、柜类小门等小幅面部件。

集成方材应用于桌椅类的支架、柜类脚架等方形或旋制成圆形截面部件。

集成弯曲材应用于椅类支架、扶手、靠背、沙发、茶几等弯曲部件。

在室内装修方面的应用，集成材以集成板材和集成方材的形式作为室内装修的材料。

集成板材用于楼梯侧板、踏步板、地板及墙壁装饰板等。

集成方材用于室内门、窗、柜的横梁、立柱、装饰柱、楼梯扶手及装饰条等。

2.3.2　薄木

用刨切、旋切等加工方法生产的用于表面装饰的薄片状木材，称薄木。薄木通常厚度为 0.1～1mm，因纹理均匀美观、色泽悦目，是一种良好的装饰材料，如图 2.25 所示。

天然薄木装饰板是由珍贵树种制造的薄木贴在人造板基材上，可以得到具有珍贵树种特有的美丽木纹和色调，既节省了珍贵树种木材，又使人们能享受到真正的自然美。

图 2.25　天然薄木

（1）天然薄木的分类

① 按厚度分类。

a. 厚薄木：厚度≥0.5mm，一般指 0.5～3mm 厚的普通薄木，其中厚度

1mm 以上的常称为单板。

b. 薄型薄木：0.2mm≤厚度<0.5mm，一般指 0.2～0.5mm 厚的薄木。

c. 微薄木：厚度<0.2mm，一般指 0.05～0.2mm 且背面粘贴特种纸或无纺布的连续卷状薄木或成卷薄木。

② 按制造方法分类。

a. 锯制薄木：采用锯片或锯条将木方或木板锯解成的片状薄板（根据板方纹理和锯解方向的不同又有径向薄木和弦向薄木之分）。

b. 刨切薄木：将原木剖成木方并进行蒸煮软化处理后，再在刨切机上刨切成的片状薄木（根据木方剖制纹理和刨切方向的不同又有径向薄木和弦向薄木之分）。

c. 旋切薄木：将原木进行蒸煮软化处理后，在精密旋切机上旋切成的连续带状薄木（弦向薄木）。

d. 半圆旋切薄木：在普通精密旋切机上将木方偏心装夹旋切或在专用半圆旋切机上将木方进行旋切形成的片状薄木（根据木方夹持方法的不同可得到径向薄木或弦向薄木），是介于刨切法与旋切法之间的一种旋制薄木。

③ 按薄木纹理分类。

a. 径切纹薄木：由木材早晚材构成的相互大致平行条纹的薄木。

b. 弦切纹薄木：由木材早晚材构成的大致呈山峰状花纹的薄木。

c. 波状纹薄木：由波状或扭曲纹理构成花纹的薄木，又称琴背花纹、影纹，常出现在槭木（枫木）、桦木等树种。

d. 鸟眼纹薄木：由纤维局部扭曲而形成的似鸟眼状花纹的薄木，常出现在槭木（枫木）、桦木、水曲柳等树种。

e. 树瘤纹薄木：由树瘤等引起的局部纤维方向极不规则而形成花纹的薄木，常出现在核桃木、槭木（枫木）、法桐、栎木等树种。

f. 虎皮纹薄木：由密集的木射线在径切面上形成的片状泛银光的类似虎皮花纹的薄木，木射线在弦切面上呈纺锤形，常出现在栎木、山毛榉等木射线丰富的树种。

④ 按薄木树种分类。

a. 阔叶材薄木：由阔叶树材或模拟阔叶树材制成的薄木，如水曲柳、桦木、榉木、樱桃木、核桃木、泡桐等。

b. 针叶材薄木：由针叶树材或模拟针叶树材制成的薄木，如云杉、红松、花旗松、马尾松、落叶松等。

⑤ 按板边加工状况分类。

a. 毛边板：未经切边的薄木。

b. 齐边板：经过切边的薄木。

(2) 组合薄木

组合薄木是利用普通树种木材旋切
（或刨切）成单板，进行染色处理后，按照
天然名贵树种的纹理和色泽经电脑模拟设
计后，层积胶压成木方，再经刨切制成的
仿珍贵树种木材色泽、纹理结构及各种装
饰图案的薄型装饰材料。如图 2.26 所示为
科技木皮，它也属于组合薄木。

科技木皮是一种仿各种天然珍贵木材
的全新概念装饰用材料。目前世界上已几

图 2.26 科技木皮

乎绝迹的白珍珠木、千代松木，其木纹竟也能被仿制得栩栩如生，而它的价格
却比这些真的珍贵木材要便宜得多。

组合薄木既保持了天然木材的天然属性，又克服了天然木材的缺陷，是一
种环保、绿色的装饰材料产品，有着十分广阔的发展前景。

① 组合薄木的特点。

a. 比天然薄木色彩丰富、纹理多样。

组合薄木的色彩和花纹可经电脑人为自由设计，不仅可模仿各种天然薄
木，还可创造出天然薄木不能具有的纹理和色调，色泽更鲜亮，纹理的立体感
更强，图案更具动感及活力，如大理石、花岗石等石纹图案。这类异型花纹图
案的组合薄木，不仅有木材的质感，还有超越木材纹理的美感。组合薄木充分
满足人们多样化的选择需求和个性化的消费心理需求，较天然薄木选择性
更强。

b. 具有木材的一切优良特性，在某些方面产品性能更优越。

由于原材料采用的是天然木材，组合薄木不仅保留了木材的质感和其一切
优良的特性，还能给予柔和的视觉，能吸湿及解吸，调节室内湿度，具有一定
弹性等，同时还剔除了木材天然固有的缺陷，如虫孔、节疤、色变等。

c. 板面不受原木径级的限制，可以制成整张薄木。

天然薄木产品幅面尺寸受原木直径限制，大小不一，而组合薄木可以根据
所需尺寸做成各种规格或整张薄木，克服了天然薄木受木材径级限制的局
限性。

d. 组合薄木高效利用人工速生材，提高了普通树种的价值，产品附加值
高，弥补了天然珍贵树种资源的不足。

组合薄木可使普通材变优质材、小材变大材，经济价值不高的木材制成组
合薄木后身价倍增。组合薄木产品的诞生，是对日渐稀少的天然林资源的绝佳
替代。组合薄木既满足了人们对不同树种装饰效果及用量的需求，又使珍贵的

森林资源得以延续；不仅缓解了珍贵树种需求的压力，还为大量的速生材开辟了新的使用途径。

e. 简化饰面生产工序，并有助于实现连续化生产。

组合薄木宽度大，尺寸均匀一致，因此易于饰面，工效高于天然薄木饰面，饰面质量也易于保证。

f. 效益可观。

组合薄木与对应的天然薄木相比价格低 30%～50%，加之工效高，利用率高，综合成本比天然薄木低 50%～70%。其价格具有与任何一种人造板饰面材料相抗衡的能力。

② 组合薄木的应用。组合薄木可用于人造板、家具饰面和室内墙壁装饰。

a. 人造板贴面装饰。组合薄木可以用于所有的贴面装饰，因为它赋予人造板天然木材的装饰性能，而且组合薄木幅面尺寸大，规格统一，无须修剪缺陷，便于人造板表面装饰的流水线和机械化作业，大大提高了生产效率和生产利用率。

b. 墙壁装饰。将组合薄木贴在具有一定韧性和强度的纸或布上面可制造墙壁装饰材料。它具有较高的柔韧性和强度，可以直接用于墙面装饰，也可以粘贴在其他基板上面使用，减少了薄木运输和使用过程中的破损，方便了施工。

c. 成卷封边材料。将组合薄木拼接好后贴在纸或布上面制成的连续带状的成卷薄木，可以用于机械化人造板封边。

d. 木质壁画和工艺装饰品。利用组合薄木色彩多样、纹理美观、不易变形等优点可制作木质壁画和工艺装饰品。

组合薄木目前已被广泛应用于商场、宾馆、酒楼、家庭装饰和家具行业等，成为新一代墙面饰面材料。

2.3.3 木装饰线条

木装饰线条简称木线。木装饰线条品种较多，主要有压边线、柱脚线、压角线、墙角线、墙腰线、覆盖线、封边线、镜框线等。各种木线立体造型各异，每类木线有多种断面形状，如平线、半圆线、麻花线、十字花线，如图 2.27 所示。

木线条主要用作建筑物室内墙面的腰饰线、墙面洞口装饰线、护壁和勒脚的压条饰线、门框装饰线、顶棚装饰角线、栏杆扶手镶边、门窗及家具的镶边等。

图 2.27 木装饰线条

2.4 常用人造板材

2.4.1 胶合板

胶合板又称夹板,是原木经过旋切或刨切成单板,再按相邻纤维方向互相垂直的原则组成三层或多层(一般为奇数层)板坯,随后涂胶热压而制成的人造板,如图 2.28 所示。

(1) 胶合板制造工艺

原木→原木锯断→木段蒸煮→木段剥皮→单板旋切→单板干燥→单板整理→涂胶组坯→预压→热压→裁边→砂光→检验分等→包装入库。

(2) 胶合板的分类

① 按用途分普通胶合板和特种胶合板。

② 普通胶合板分为Ⅰ类胶合板、Ⅱ类胶合板、Ⅲ类胶合板,分别为耐候、耐水和不耐潮胶合板。

图 2.28 胶合板

Ⅰ类胶合板是能够通过煮沸试验,供室外条件下使用的耐气候胶合板。

Ⅱ类胶合板是能够通过 63℃±3℃ 热水浸渍试验,供潮湿条件下使用的耐水胶合板。

Ⅲ类胶合板是能够通过 20℃±3℃冷水浸泡试验，供干燥条件下使用的不耐潮胶合板。

③ 普通胶合板按表面砂光与否分为未砂光板和砂光板。

④ 按树种分为针叶树材胶合板和阔叶树材胶合板。

(3) 胶合板的技术要求

① 胶合板的构成原则。

a. 对称原则。对称中心平面两侧的单板，无论树种、单板厚度、层数、制造方法、纤维方向和单板的含水率都应该互相对应，即胶合板中心平面两侧各对应层不同方向的应力大小应相等。

b. 奇数层原则。由于胶合板的结构是相邻层单板的纤维方向互相垂直，又必须符合对称原则，因此它的总层数必定是奇数。奇数层胶合板弯曲时最大的水平剪应力作用在中心单板上，因而有较大的强度。偶数层胶合板弯曲时最大的水平剪应力作用在胶层上而不是作用在单板上，易使胶层破坏，降低胶合板强度。

② 胶合板的尺寸规格。《普通胶合板》（GB/T 9846—2015）中规定，胶合板的幅面尺寸应符合表 2.4 的要求。其中，最常用的幅面尺寸为 1220mm×2440mm。

表 2.4　胶合板的幅面尺寸　　　　　　　　单位：mm

宽度	长度				
915	915	1220	1830	2135	—
1220	—	1220	1830	2135	2440

注：特殊尺寸由供需双方协议。

胶合板的厚度尺寸由供需双方协商确定。

③ 胶合板的含水率。胶合板的含水率须符合表 2.5 的规定。

表 2.5　胶合板的含水率要求

胶合板材种	类别	
	Ⅰ、Ⅱ类	Ⅲ类
阔叶树材（含热带阔叶树材）	5%～14%	5%～16%
针叶树材		

④ 甲醛释放量。按《室内装饰装修材料 人造板及其制品中甲醛释放限量》（GB 18580—2017）规定执行。人造板及其制品甲醛释放限量值为 0.124mg/m³，限量标识为 E1。

(4) 胶合板的特点与应用

胶合板既有天然木材的一切优点，如相对密度小、强度高、纹理美观、绝缘等,又可弥补天然木材自然产生的一些缺陷,如节子、幅面小、易变形、纵横力学差异性大等。

胶合板生产能对原木合理地利用。因它没有锯屑,每 $2.2 \sim 2.5 \mathrm{m}^3$ 原木可以生产 $1 \mathrm{m}^3$ 胶合板,可代替约 $5 \mathrm{m}^3$ 原木锯成板材使用,而每生产 $1 \mathrm{m}^3$ 胶合板产品,还可产生剩余物 $1.2 \sim 1.5 \mathrm{m}^3$,这是生产中密度纤维板和刨花板比较好的原料。

由于胶合板有变形小、幅面大、施工方便、不翘曲、横纹抗拉力学性能好等优点,故胶合板主要用在家具制造、室内装修、住宅建筑等。较为特殊的用途是胶合板热压弯曲。

2.4.2 刨花板

刨花板又叫微粒板、颗粒板、蔗渣板,是利用小径木、木材加工剩余物(板坯、截头、刨花、碎木片、锯屑等)、采伐剩余物和其他植物性材料加工成一定规格和形态的碎料或刨花,施加一定胶黏剂,经铺装成型热压而制成的一种板材,如图 2.29 所示。

图 2.29 刨花板

(1) 刨花板制造工艺

削片→刨片→干燥→筛选→刨花打磨→施胶→铺装→预压→热压→冷却→堆放→砂光→截边→检验→入库。

(2) 刨花板分类

① 根据用途分类有干燥状态下使用的刨花板、潮湿状态下使用的刨花板。

② 根据刨花板结构分类有单层结构刨花板、三层结构刨花板、渐变结构刨花板、定向刨花板(OSB)、华夫刨花板、模压刨花板。

③ 根据制造方法分类有平压刨花板、挤压刨花板。

④ 按所使用的原料分类有木材刨花板、甘蔗渣刨花板、亚麻屑刨花板、棉秆刨花板、竹材刨花板、水泥刨花板、石膏刨花板。

⑤ 根据表面状况分类。

a. 未饰面刨花板:砂光刨花板、未砂光刨花板。

b. 饰面刨花板:浸渍纸饰面刨花板、装饰层压板饰面刨花板、单板饰面刨花板、表面涂饰刨花板、PVC饰面刨花板等。

⑥ 刨花板按产品分类有低密度($0.25 \sim 0.45 \mathrm{g/cm}^3$)、中密度($0.45 \sim$

0.60g/cm^3）、高密度（$0.60 \sim 1.3 \text{g/cm}^3$）三种，但通常生产的多是密度为 $0.60 \sim 0.70 \text{g/cm}^3$ 的刨花板。

（3）刨花板的技术要求

《刨花板》（GB/T 4897—2015）中规定刨花板的厚度由供需双方协商确定，幅面尺寸为 1220mm×2440mm，特殊幅面尺寸由供需双方协商确定。

刨花板的含水率范围为 3%～13%，甲醛释放量应符合《室内装饰装修材料 人造板及其制品中甲醛释放限量》（GB 18580—2017）的规定。

（4）刨花板的特点与应用

优点：密度均匀，表面平整光滑，尺寸稳定，冲击强度高，无节疤或空洞，板材无需干燥，易贴面和机械加工，有良好的吸声和隔声性能。

缺点：纤维较粗糙，材质差，家具制品较笨重；握钉力特别是握螺钉力较低，遇水时容易发胀、变形；抗弯性和抗拉性较差；用于横向构件时易有下垂变形。

应用：主要用于办公家具、宾馆家具、民用居室家具、橱柜、音箱、复合门、复合地板、会展用具制作以及室内装修等领域。

图 2.30　纤维板

2.4.3　纤维板

纤维板是以木材或其他植物纤维为原料，经过削片、制浆、成型、干燥和热压而制成的一种人造板材，常称为密度板，如图 2.30 所示。

（1）纤维板生产工艺

纤维板生产工艺分湿法、干法和半干法三种。湿法生产工艺是以水作为纤维运输的载体，其机理是在纤维之间相互交织产生摩擦力、纤维表面分子之间产生结合力和纤维含有物产生的胶接力等的作用下制成一定强度的纤维板。干法生产工艺以空气为纤维运输载体，纤维制备是用一次分离法，一般不经精磨，需施加胶黏剂，板坯成型之前纤维要干燥，热压成板后通常不再进行热处理，其他工艺与湿法同。半干法生产工艺也用气流成型，纤维不经干燥而保持高含水率，不用或少用胶料，因而半干法克服了干法和湿法的主要缺点而能保持其部分优点。其工艺流程是纤维分离→浆料处理→板坯成型→热压→后期处理等。

（2）纤维板分类

① 按密度分为低密度纤维板、中密度纤维板和高密度纤维板，其中中密

度纤维板在家具制作中较为常用（下文主要介绍中密度纤维板的技术要求、特点及应用），密度范围为 $0.65\sim0.80g/cm^3$。

② 按生产工艺分为湿法纤维板、干法纤维板和半干法纤维板。

③ 按原料分为木质纤维板和非木质纤维板。

(3) 中密度纤维板的技术要求

《中密度纤维板》（GB/T 11718—2009）规定中密度纤维板的幅面尺寸为宽度 1220mm 或 1830mm，长度 2440mm。特殊幅面尺寸由供需双方确定。

中密度纤维板的含水率为 $3.0\%\sim13.0\%$。

中密度纤维板的甲醛释放量应符合气候箱法、气体分析法或穿孔法中的任一限量值，由供需双方协商选择。气候箱法测得甲醛释放限量值为 $0.124mg/m^3$，气体分析法测得甲醛释放限量值为 $3.5mg/(m^2 \cdot h)$，穿孔法测得甲醛释放限量值为 $8.0mg/100g$。

(4) 中密度纤维板的特点与应用

特点：密度适中，结构一般为两面光，材质结构均匀对称，尺寸稳定性好，物理力学性能优良，产品幅面大，厚度范围广（2.5~60mm），表面平整，易于进行涂饰和贴面等二次加工，可以方便地铣型边和雕刻，还可以制作各种型材。

板材的机械性能也很理想，可以像木材一样进行锯截、钻孔、开榫、铣槽、砂光等形式的加工。在制造过程中加入适当的添加剂，还可使板材具有一定的耐水耐潮性、阻燃性、防腐性和防虫性等。

应用：在家具生产中，中密度纤维板主要用于普通家具制作用的中厚板材和薄型板材、橱柜制作用防潮板材以及模压门、复合门制作用板材等。另外，中密度纤维板还可作为室内装饰用板材、礼品包装盒用板材、鞋跟制作用板材、胶合板/复合地板芯板用薄型板材以及音箱制作等。

2.4.4 细木工板

细木工板俗称大芯板、木芯板、木工板，是由胶拼或不胶拼木条组成的实木板状或方格板状的板芯，在两个表面上各粘贴一层或两层与板芯纹理互相垂直或平行的单板构成的材料，所以细木工板是具有实木板芯的胶合板，如图2.31所示。

图 2.31 细木工板

(1) 细木工板制造工艺

锯板→刨板→截板→拼板→涂胶→组板→高频热压→砂光→截边→检验→入库。

(2) 细木工板的分类

① 按板芯结构分为实心细木工板、空心细木工板。

② 按板芯拼接状况分为胶拼细木工板、不胶拼细木工板。

③ 按表面加工状况分为单面砂光细木工板、双面砂光细木工板、不砂光细木工板。

④ 按使用环境分为室内用细木工板、室外用细木工板。

⑤ 按层数分为三层细木工板、五层细木工板、多层细木工板。

⑥ 按用途分为普通用细木工板、建筑用细木工板。

(3) 细木工板芯条介绍

芯条占细木工板体积60%以上，与细木工板的质量有很大关系。制造芯条的树种最好采用材质较软，木材结构均匀、变形小、干缩率小，而且木材弦向和径向干缩率差异较小的树种，此类芯条的尺寸、形状较精确，则成品板面平整性好，板材不易变形，重量较轻，有利于使用。

① 芯条含水率。一般芯条含水率为8%～12%，北方空气干燥可为6%～12%，南方地区空气湿度大，但不得超过15%。

② 芯条的生产流程：干板材→双面刨→多片锯→横截锯→芯条。

③ 芯条厚度：木芯板的厚度加上制造木芯板时板面刨平的加工余量。

④ 芯条宽度：芯板的宽度一般为厚度的1.5倍，最好不要超过2倍，一些质量要求很高的细木工板芯条宽度不能大于20mm，芯条越宽，当含水率发生变化时，芯条变形就越大。

⑤ 芯条长度：芯条越长，细木工板的纵向弯曲强度越高，然而芯条越长，木材利用率越低。

⑥ 芯条的材质：芯条不允许有树脂漏出，不允许腐朽，不允许有爬楞。

⑦ 芯板的加工：使用芯条胶拼机。木芯板胶拼后，板面粗糙不平，通常采用压刨加工，芯条加工精度很高的机拼木芯板，可以用砂光加工来代替刨光。

(4) 细木工板的特点与应用

特点：细木工板握螺钉力好，强度高，具有质坚、吸声、绝热等特点，而且含水率不高，在10%～13%之间，加工简便，用途最为广泛。

细木工板比实木板材稳定性强，但怕潮湿，施工中应注意避免用在厨房和卫生间。

细木工板的加工工艺分为机拼与手拼两种。手工拼制是用人工将木条镶入夹板中，木条受到的挤压力较小，拼接不均匀，缝隙大，握钉力差，不能锯切加工，只适宜做部分装修的子项目，如做实木地板的垫层毛板等；而机拼的板材受到的挤压力较大，缝隙极小，拼接平整，承重力均匀，可长期使用，结构紧凑不易变形。

材质不同，质量有异，大芯板根据材质的优劣及面材的质地分为"优等品""一等品"及"合格品"。也有企业将板材等级标为A级、双A级和三A级，但是这只是企业行为，与国家标准不符，市场上已经不允许出现这种标注。

大芯板的材种有许多种，如杨木、桦木、松木、泡桐等，其中以杨木、桦木为最好，质地密实，木质不软不硬，握钉力好，不易变形。泡桐的质地很轻、较软，吸收水分大，握钉力差，不易烘干，制成的板材在使用过程中，当水分蒸发后，板材易干裂变形。松木质地坚硬，不易压制，拼接结构不好，握钉力差，变形系数大。

应用：细木工板经常用来制作家具、门窗（套）、隔断、假墙、暖气罩、窗帘盒等，其防水防潮性能优于刨花板和中密度板。

2.4.5　单板层积材

单板层积材是由厚单板沿顺纹方向层积、组坯、热压胶合再锯割而成的材料，如图2.32所示。

图2.32　单板层积材

（1）单板层积材制造工艺

单板旋切→单板干燥→单板斜接→施胶→组坯→预压→热压→截断和锯剖→堆垛与包装。

（2）单板层积材的分类

按用途可分为以下两种。

① 非结构用单板层积材：可用于家具制作和室内装修，如制作木制品、分室墙、门、门框、室内隔板等，适用于室内干燥环境。

② 结构用单板层积材：能用于制作瞬间或长期承受载荷的结构部件，如大跨度建筑设施的梁或柱，木结构房屋，车辆、船舶、桥梁等的承载结构部件，具有较好的结构稳定性、耐久性，通常要根据用途不同进行防腐、防虫和阻燃等处理。

（3）单板层积材标准要求

《单板层积材》（GB/T 20241—2006）中规定了单板层积材的技术要求。

① 非结构用单板层积材

a. 结构要求。相邻两层单板的纤维方向应互相平行，特定层单板组坯时可横向放置，但横向放置单板的总厚度不超过板厚的 20%。各层单板宜为同一厚度、同一树种或物理性能相似的树种。同一层表板应为同一树种，并应紧面朝外。单板层积材中不得留有影响使用的夹杂物。

b. 规格尺寸。长度为 1830～6405mm；宽度为 915mm、1220mm、1830mm、2440mm；厚度为 19mm、20mm、22mm、25mm、30mm、32mm、35mm、40mm、45mm、50mm、55mm、60mm。

② 结构用单板层积材

a. 结构要求。内层单板拼缝应紧密，且相邻层的拼缝应不在同一断面上；单板为整幅单板或经接长的单板，厚度宜≥2.0mm；内层单板可采用单板对接、斜接等方法；表板可以是整张单板也可以由单板通过板端斜接而成；内层单板可以任意宽度拼接；内层单板不允许腐朽，直径大于 50mm 的孔洞和宽度大于 4mm 的裂缝或离缝应修补。

b. 规格尺寸。长度≥1830mm；宽度为 915mm、1220mm、1830mm、2440mm；厚度≥19mm。

(4) 单板层积材的特点与用途

① 单板层积材特点。

a. 强度性能。单板层积材比强度优于钢材。单板层积材作为木质结构材料，其强度性能对其应用有很大影响。根据实践结果，人们认为单板层积材虽然某些性能不如成材，但可使原木本身的缺陷（节子、裂缝、腐朽等）均匀分布在单板层积材中，平均性能优于成材。

b. 抗蠕变性能。单板层积材有良好的抗蠕变性能。

c. 抗火灾性能。单板层积材抗火灾性能优于钢材。

d. 耐久性。单板层积材经加速老化试验发生的破坏比成材胶合时胶层破坏小。

e. 规格。由于其特殊的生产方法，这种材料的尺寸可以不受原木大小或单板规格的限制，完全可以满足大跨距梁、车辆及船舶的需要，并且规格尺寸灵活多变，可自由选择。

f. 加工性。单板层积材的加工与木材一样方便，可锯切、刨切、凿眼、开榫和钉钉等。

g. 稳定性。单板层积材的层积结构大大减小了发生翘曲和扭曲等变形的可能，因而稳定性好。

h. 抗振减振性。单板层积材具有极强的抗振减振性能，可抵抗周期性应力产生的疲劳破坏，并可作为结构材使用。

i. 阻燃性。由于木材热解过程的时间性和单板层积材的胶合结构特点，作为结构材的单板层积材耐火性比钢材好。日本对美式木结构房屋进行的火灾试验表明，其抗火灾能力不低于 2h，而重量较轻的钢结构会在遇火 1h 内丧失支撑能力。

j. 耐候性。单板层积材的结构是用防水性胶黏剂将单板层积胶合构成，因此，它比其他木质材料有较强的耐候性。如果对单板进行特殊处理后再胶合，也可使其具有耐腐蚀性。

② 单板层积材的用途。单板层积材在建筑行业有着广泛的用途，在经济上可与钢材、胶合梁和锯材竞争。由于单板层积材具有结构完整和阻燃性能，它适用于工业与民用建筑内各种承重结构。

对于住宅建筑，特别是用预制构件的场合，单板层积材是理想的承重结构材，可广泛应用于屋顶、结构框架和地板，如门窗的横梁、内部墙壁和门窗等。由于具有较高的强重比，单板层积材特别适合大跨度梁和一些用木材或钢材无法简单替代的领域。

在家具制造领域，单板层积材也有广阔的应用前景，如框架结构，表面覆盖优质单板或装饰板的单板层积材甚至可直接用于家具表面。另外，单板层积材具有钢琴生产中所需的声学性能，可以制成各种规格和稳定性好的产品。

除上述之外，单板层积材在车船制造业及枕木制造等方面也具有广阔的市场前景。

2.5　常用金属配件

木工常用的金属配件有活动件、紧固件、连接件等。活动件主要有铰链、抽屉滑道等；紧固件主要有钉子、螺钉等；连接件主要有三合一偏心连接件等。本节主要介绍金属配件的种类，金属配件的特性及使用详见第五章内容。

2.5.1　家具五金配件

家具五金配件有木螺钉、合页、拉手、滑道、隔板销、吊挂件、钉、打头机、搓牙机、多工位机、五金脚、五金架、五金拉手、转盘、拉链、气动杆、弹簧、家具机械等。

2.5.2　橱柜五金配件

橱柜五金配件有铰链、抽屉、导轨、钢抽、拉筐、挂架、水槽、拉篮、射灯、踢脚板、刀叉盘、吊柜挂件、多功能柱、柜身组合器等。

2.5.3　门窗五金配件

门窗五金配件有把手、执手、合页、插销、拉手、铰链、风撑、滑轮、门花、喉箍、锁盒、碰珠、月牙锁、多点锁、传动器、提拉器、闭门器、三星锁等。

2.6　木材胶黏剂

木材胶黏剂是将木材与木材或其他物体的表面胶接成为一体的材料。随着新型胶黏剂的出现以及使用胶黏剂方法的不断改进，胶黏剂的定义也在不断发展。胶黏剂按原料来源可分为天然胶黏剂和合成胶黏剂；按胶液受热的物态可分为热固性胶（常温呈液态，遇热凝固固化）、热塑性胶（常温呈固态，遇热变形呈流体）和热熔性胶（固体，加热熔化，冷却固化）；按耐水性可分为耐水性胶（如酚醛树脂胶）、一般耐水性胶（如血胶）和非耐水性胶（如聚乙酸乙烯酯乳液胶等）。

天然胶黏剂包括以下几类：①淀粉类；②蛋白胶类；③天然橡胶；④无机胶黏剂，包括硅酸钠、氧化镁、水泥等。合成胶黏剂包括以下几类：①热固性树脂胶，包括酚醛树脂胶、间苯二酚、环氧树脂、呋喃树脂、氨基树脂胶（包括脲醛、三聚氰胺甲醛）；②热塑性树脂胶，包括聚乙酸乙烯酯、聚丙烯酸酯、聚乙烯醇等；③合成橡胶类，包括氯丁橡胶、丁腈橡胶等。

2.6.1　蛋白胶

蛋白胶是以蛋白质为基料的天然胶黏剂。按来源，蛋白胶可分为五类：①骨胶（包括皮胶）及明胶，骨胶加水分解便转变为明胶；②血液蛋白质胶，从脱纤血或血清中分离出的溶解性高的血质粉；③酪蛋白胶，指来自动物乳汁中的含磷蛋白；④鱼胶，由鱼皮制取的骨胶朊型蛋白质；⑤植物蛋白胶，主要是指大豆脱脂蛋白。蛋白胶是水溶性无毒害的胶黏剂，价格较低，使用方便，能快速黏结木材、金属、皮革等多种材料。蛋白胶的性能取决于蛋白质的分子量。分子量高者耐水性好、强度高。多数蛋白胶的耐久性、耐水性、黏结强度比淀粉胶好得多。鱼胶、骨胶等蛋白质胶的耐水性不足，可以添加甲醛、脲醛等耐水剂予以改进。蛋白胶主要用于黏结皮革、纸制品、木器和装订书籍等。

2.6.2　聚乙酸乙烯酯乳液胶黏剂

聚乙酸乙烯酯乳液胶黏剂是以乙酸乙烯酯作为反应单体在分散介质中经乳

液聚合而制得的，俗称白乳胶或白胶，是合成树脂乳液中产量最大的品种之一。聚乙酸乙烯酯乳液胶黏剂具有许多优点，例如：对多孔材料如木材、纸张、棉布、皮革、陶瓷等有很强的黏结力；室温能够固化，干燥速度快；胶层无色透明，不污染被粘物；对环境无污染，安全无害；单组分，使用方便，容易清洗；贮存期较长，可达 1 年以上。但是，这类胶黏剂却存在着耐水性和耐湿性差的缺点，在相对湿度为 65％ 和 96％ 的空气中的吸湿率分别为 1.3％ 和 3.5％。此外，其耐热性也有待提高。通过共聚、共混、添加保护胶体等方法，可在一定程度上改善其使用性能，扩大其应用范围。

目前，聚乙酸乙烯酯乳液胶黏剂已用于木材加工、香烟制造、织物黏结、家具、印刷装订、纸塑复合、层压波纹纸箱制造、标签贴签、地毯背衬、建筑装潢等领域。

2.6.3　水性高分子异氰酸酯胶黏剂

水性高分子异氰酸酯胶黏剂（API）是以水性高分子聚合物（通常为聚乙烯醇）、乳液（苯乙烯乳液、聚丙烯酸酯乳液、乙烯-乙酸乙烯酯共聚乳液等）、填料（通常为碳酸钙粉末）为主剂，与多异氰酸酯交联构成，又称拼板胶。API 有无有害物质释放、胶接性能优异、常温固化、耐水耐热性好的优点，非常适宜集成材的生产。但是由于 API 是两液型，使用时需要现场混合且胶液适用期短。

使用注意事项：木材含水率应控制在 14％ 以下；保持拼接面的平整，不能有波浪面或弯曲、扭曲面出现，对容易变形的木材（例如橡木、水曲柳等），当天刨平的必须当天拼完，过夜的必须重新刨平；拼接前要先除尽木材表面的木灰尘土。

2.6.4　脲醛树脂胶黏剂

脲醛树脂胶黏剂是一种开发较早的热固性高分子胶黏剂。脲醛树脂胶黏剂有工艺简单、原料廉价、黏结强度高、无色透明等优点，被广泛应用于人造板材的生产、木制品胶接及室内装修等领域。虽然脲醛树脂在加热或室温下也能固化，但固化时间长、固化不完全、胶黏质量差。在实际应用时通常都要加放固化剂和其他助剂，配制成脲醛树脂胶黏剂，以加速固化、改善性能，这种工艺过程称为脲醛树脂胶黏剂的调配。

2.6.5　酚醛树脂胶黏剂

酚醛树脂是酚类与醛类在催化剂作用下形成的树脂的统称。它是工业化最早的合成高分子材料。在近一个世纪的时间里，被用于诸多产业领域，现在仍是重要的合成高分子材料。在木材加工领域中酚醛树脂是使用广泛的主要胶种之一，其用量仅次于脲醛树脂，尤其是在生产耐水、耐候性木制品方面酚醛树脂具有特殊的意义。酚醛树脂胶黏剂具有耐热性好、黏结强度高、耐老化性能好及电绝缘性优良且价廉易用等特点，因此得到了较为广泛的应用。

酚醛树脂胶的优点：极性大、黏结力强；刚性大、耐热性高；耐老化性好；耐水、耐油、耐化学介质、耐霉菌；本身易于改性，也能对其他胶黏剂进行改性。酚醛树脂胶的缺点：颜色较深、有一定的脆性、易龟裂，特别是水溶性酚醛树脂与脲醛树脂相比固化时间较长、固化温度高，对单板含水率要求严格。

使用注意事项：酚醛树脂胶黏剂含有溶剂，一般涂胶 2～3 次，每次均需晾置一定时间，有时还要升温烘烤后趁热黏结。固化时必须施加压力，防止气孔产生，保证胶层致密。升温分段进行，以使温度均匀稳定。达到规定的固化时间后，应缓慢降温冷却，以避免或减少产生内应力。其含有易燃溶剂，加热固化时还会有苯酚和甲醛气味，应注意通风防火。含有无机填料的胶液储存易有沉淀产生，用前一定要搅匀，用后应盖严密封。

2.6.6 EVA 热熔胶

乙烯-乙酸乙烯共聚物，英文简称 EVA。EVA 热熔胶是一种不需溶剂、不含水分、100％的固体可熔性聚合物。它在常温下为固体，加热熔融到一定温度变为能流动且有一定黏性的液体。熔融后的 EVA 热熔胶呈浅棕色或白色。EVA 热熔胶由基本树脂、增黏剂、黏度调节剂和抗氧剂等成分组成。

特点：固体含量 100％，有空隙填充性，避免了边缘卷起、气泡产生和开裂引起的被粘件的变形、错位和收缩等弊病。因无溶剂，木材含水率没有变化，没有引发火灾及中毒的危险。黏结快，涂胶和黏结间隔不过数秒钟，锯头和切边可在 24s 内完成，不需要烘干，可用于连续化、自动化的木材黏结流水线，大大提高了生产效率，节省了厂房费用。用途广，适合黏结各种材料。可以进行几次黏结，即涂在木材上的热熔胶，因冷却固化而未达到要求时，可以重新加热进行二次黏结。

本章主要介绍了木工常用的结构性材料、装饰性材料和辅助性材料。其中结构性材料有木材、集成材、人造板等，装饰性材料有薄木等，辅助性材料有五金配件和胶黏剂等。对各种材料的种类和结构等的介绍，帮助大家深入了解材料的本质和特性。本章的重点在于各种常用材料的加工和使用特性，可以结合今后的实践案例进行反复学习。

第 3 章　手工木作操作基础

　　木工工具一般都有较锋利的刃口，使用时一定要注意安全。使用者主要应掌握好各种工具的正确使用姿势和方法，例如锯割、刨削、斧劈时，都要注意身体的位置和手、脚的姿势正确。在操作木工机械时，尤其要严格遵守安全操作规程。木工刀具需要经常修磨，尤其是刨刀、凿刀，要随时磨得锋利，才能在使用时既省力，又保证质量，所谓"磨刀不误砍柴工"就是这个过程。木工用的锯也要经常修整，要用锉刀将锯齿锉锋利，还要修整"锯路"。锯路是锯齿向锯条左右两侧有规律地倾斜而形成的。使用完毕应将工具整理、收拾好。长期不使用时，应在工具的刃口上油，以防锈蚀。

3.1　常用手工木作设备

3.1.1　量具及其使用

(1) 钢卷尺

　　用于下料和度量部件，携带方便，使用灵活。常选用 2m、3m 或 5m 的规格。

(2) 钢直尺

　　一般用不锈钢制作，精度高而且耐磨损。用于榫线、起线、槽线等方面的画线。常选用 150~500mm 的规格。

(3) 角尺

　　木工用的角尺角度为 90°，古时人们把角尺（或叫方尺）和圆规称作规矩，如图 3.1。俗语有："没有规矩，不成方圆"。规，圆规，圆的规范轨迹靠的是圆规；矩，矩形，矩形的方正靠的是角尺。用圆规和角尺可以完善方形与圆形的家具造型。角尺可用于下料画线时的垂直划线，用于结构榫眼、榫肩的平行划线，用于制作产品角度衡量是否正确与垂直，还用于加工面板是否平整等。角尺有木制的、有钢制的、有铝制的。角尺是木工画线的主要工具，其规格是以尺柄与尺翼的长短比例而确定的。如：小角尺200mm∶300mm；中角尺250mm∶410mm；大角尺400mm∶630mm。角尺的直角精度一定要保护好，不得乱扔或丢放，更不能随意拿角尺敲打物件，造成尺柄和尺翼结合处松动，使角尺的垂直度发生变化而不能使用。

图3.1　角尺

（4）三角尺

用于画45°角。

（5）活动角尺

用于画任意度角。

（6）墨斗

墨斗的原理是由墨线绕在活动的轮子上，墨线经过墨斗轮子缠绕后，端头的线拴在一个定针上，如图3.2所示。使用时，拉住定针，在活动轮的转动下，抽出的墨线经过墨斗沾墨，拉直墨线在木材上弹出需要标记的线。

墨斗多用于木材下料，从事家具制作的木工墨斗可做得较小些，从事建筑木结构制作的木工墨斗可做得大些。可以用墨斗做圆木锯材的弹线，或调直木板边棱的弹线，还可以用于选材拼板的打号、弹线等其他方面。如木板打号或弹线过程中，墨斗有时还用作吊垂线，衡量放线是否垂直与平整。

图3.2　墨斗

墨斗弹线的方法：左手拿墨斗，用少量的清水把线轮浇湿，用墨汁把墨盒内的棉花染黑。使用时左手拇指按住墨盒中的棉花团，拇指还要靠住线轮或是放开线轮来控制轮子的转动或是停止。右手先把墨斗的定针固定在木料的一端点。这时左手放松轮子拉出沾墨的细线，拉紧靠在木料的面上，右手在中间捏墨线向上垂直于木面提起，即时一丢，便可弹出明显而笔直的墨线。

墨斗使用过程中，弹线一定要注意，右手在中间捏墨线提起弹线，保证垂直，不能忽左忽右，避免弹出的墨线不直，形成弯线或是弧线的形式，造成下料的板材出现弯度。

(7) 划子

划子是配合墨斗用于压墨拉线和画线的工具，取材于水牛角，锯削成刻刀样形状。把划线部分的薄刃在磨石上磨薄磨光即可使用。

好的水牛角划子蘸墨均匀，划线清晰。只要使用方法正确，立正划子画线，划子画的线比铅笔画线误差要小得多，只是后来人们逐渐使用铅笔，也有的用竹片制作划子，但误差较大，效果不是太好。

画线要领：下料画线有传承的工艺规范，又是"三分划线七分做"的部分内容。选择材料、搭配材料和加工余量等方面可由下料画线得到正确体现。

① 画线应了解木工的量具和画线工具，结合木结构的画线工艺夯实画线的基础和达到必须的要求。

② 画线的准确度，主要靠量具的正确运用。一是画线的工具，如尺子的规范，角尺和斜尺的角度正确；二是用笔的误差，即铅笔误差一般在 0.25～0.3mm 左右，传统技法一般讲究用前面讲的划子。现在有的用划线刀，划线刀在一些角度结合时画线还是较为准确的。

画线的准确度，还要靠画线的规范。正确的线形是工艺的前提，按线形加工的准确度，常常有工艺的规范要求。如刨料、锯料粗加工时，多为留线；锯料粗加工时可锯线或留线。又如刨料、凿榫眼和锯料细加工时，要根据结合部位的大小尺度讲究吃线和留线。

③ 正确运用吃线和留线的方法，是指加工时去掉线合适还是留下线合适，这就是一线之差。一线之差可以保证家具结构的牢实，一线之差又可以造成家具结构的松动，质量不能保证。工匠在锯、刨、凿的加工中，多运用吃线和留线的一线之差，来保证加工质量的准确度。

3.1.2 手工锯及其锯割

手工锯的锯割工艺，是传统家具制作加工的重要组成部分。

(1) 锯齿与锯路

锯，可以把木材锯割成各种形状，或达到木构件需要的尺寸。锯割的目的就是把木材纵向锯开或者横向截断。锯子进行锯割时，就是锯条在直线形式或在曲线形式的轻压和推进的运动中，对木材进行快速切割的一个工作过程。锯子在这个过程中切削木材，由于锯条的锯齿不断发生作用，木材对锯齿也产生较大的摩擦力或挤压力。由此，锯条必须具备抵抗挤压力强度，具备一定的可塑性和耐热性，使锯条的齿刃不会变钝。

选择锯条时，既要选择刚性好的，又要选择韧性好的，以使锯条容易进行锉磨，又耐用。一般，手工锯条是用碳素工具钢制成的，其刚性和热处理都比较好；机械圆锯片选用的是合金工具钢制成的，能符合圆锯片工作的特性；带锯条选用的是铬钨锰合金钢制成的，其刚性和硬度比较适中。所以，选择锯条还需要在实践中真正认识锯条的优劣状况。

在制作的实践中，伴随着家具产品质量的提高和制作工艺的改进和发展，出现了众多适应加工需要的锯割工具，有的已经淘汰，有的继续使用。但从现阶段传统工匠制作的工艺特点来看，一是传统工艺生产状态还需要手工工具；二是机械化生产的刃磨、修理和维护技术，都和手工工具的维护技术原理相联系、相发展。因此，了解众多锯的传统种类，熟悉手工锯的性能，并且善于正确使用，有益于提高传统工艺的制作水平。

木工用锯的核心是锯齿，不同锯割目的的锯子，其齿形和锯路的设计也各不相同。齿刃形状与锯齿的角度有关，一般情况下，顺锯齿形稍微倾斜，约在90°～95°之间，截锯和弯锯则在80°～85°之间。使用时，锯齿角度和锯条齿根线所形成的角度越大，锯割力越弱，锯末易排出；反之，角度越小，锯割力越强，锯末不易排出。木料材质的软硬及干湿程度也决定着锯齿角度，如硬质或干燥的木料锯割时，锯齿的角度要小一些，而软质或潮湿的木料锯割时，锯齿角度尽量大一些。新制作的锯子或使用后刃钝的锯子，都要用锉刀进行锉齿。锉齿时，应注意齿形的齿背不高于齿刃，齿喉角刃部平直不凸出，齿距远近一致，齿室大小统一，齿喉角应稍弯曲，齿尖锋利光亮。锯子由于锯割目的的不同还要对锯齿进行不同形式的分岔处理，从而形成齿刃左右分开呈或宽或窄的"锯路"。锯路多用特制的"拨料器"辅助完成，拨锯齿时，要注意锯路均匀，大小角度一致，锯路平直，无凸出、凹进或扭曲齿存在，否则在使用时会出现锯子跳动或"跑路走线"的现象而影响正常的锯割。锯路大，宜锯割软质或潮湿木材，而锯路小则适于锯割硬质或干燥木材。

(2) **传统手工锯的种类**

① 框锯，如图 3.3。又名架锯，是由工字形木框架、绞绳与绞片、锯条等组成。锯条两端用旋钮固定在框架上，并可用它调整锯条的角度。绞绳绞紧后，锯条被绷紧，即可使用。框锯按锯条长度及齿距不同可分为粗、中、细三种。粗锯锯条长 650～750mm，齿距 4～5mm，粗锯主要用于锯割较厚的木料；中锯锯条长 550～650mm，齿距 3～4mm，中锯主要用于锯割薄木料或开榫头；细锯锯条长 450～500mm，齿距 2～3mm，细锯主要用于锯割较细的木

材和开榫拉肩。

② 刀锯。刀锯主要由锯刃和锯把两部分组成，可分为单面、双面、夹背等刀锯。单面刀锯锯长 350mm，一边有齿刃，根据齿刃功能不同，可分纵割和横割两种；双面刀锯锯长 300mm，两边有齿刃，两边的齿刃一般是一边为纵割锯，另一边为横割锯；夹背刀锯（图 3.4）锯板长 250～300mm，夹背刀锯的锯背上用钢条夹直，锯齿较细，有纵割锯和横割锯之分。

图 3.3 框锯

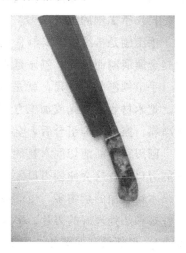

图 3.4 夹背刀锯

③ 槽锯。槽锯由手把和锯条组成，锯条约长 200mm。槽锯主要用于在木料上开槽。

④ 板锯。又称手锯。由手把和锯条组成，锯条长约 250～750mm，齿距 3～4mm，板锯主要用于较宽木板的锯割。

⑤ 狭手锯。锯条窄而长，前端呈尖形，长度约 300～400mm。狭手锯主要用于锯割狭小的孔槽。

⑥ 曲线锯。又名绕锯，它的构造与框锯相同，但锯条较窄（10mm 左右），主要是用来锯割圆弧、曲线等部分。

⑦ 钢丝锯。又名弓锯，如图 3.5，它是用钢片弯成弓形，两端绷装钢丝而成，钢丝上剁出锯齿形的飞棱，利用飞棱的锐刃来锯割。钢丝长约 200～600mm，锯弓长 800～900mm。钢丝锯主要用于锯割复杂的曲线和开孔。

图 3.5 弓锯

3.1.3 传统木工刨及其使用

家具制作的合缝程度，各种线形制作的大气和规矩与否，都表现在木工刨子的制作和正确使用上。手工刨种类多，用于木料的粗刨、细刨、净料、净光、起线、刨槽、刨圆等方面的制作。

(1) 手工刨的组成

手工刨是传统古家具制作的一种常用工具，由刨刃和刨床两部分构成。刨刃是金属锻制而成的，刨床是木制的。

手工刨刨削的过程，就是刨刃在刨床的向前运动中不断地切削木材的过程。把木材表面刨光或加工方正叫刨料。木料画线、凿榫、锯榫后再进行刨削叫净料。家具结构组合后，全面刨削平整叫净光。

刨刃在不断地切削木料的过程中，木料产生较大的摩擦会反作用于刨刃切削的刃口部，这会使刨刃口发热变钝。如果木质越硬，刨刃口的变钝就越快。如果木料表面的杂物多，也能使锋利的刨刃口变钝。所以，选择刨刃，要挑选刚性好和热处理好的刃片。事实上，刨刃锻造时，刃身是用普通碳素钢（含铁量大），刃部锻制薄薄的一层工具钢淬火黏合，经过机械磨平裁齐，再经热处理后刃部就会软硬适中，即可使用。如果热处理后淬火太硬，刨刃刚性大，而且不易磨砺，遇到硬物容易破损崩口。热处理后淬火太软，刨刃软，容易卷口，而且不能耐久使用，刃口很快会变钝。所以，刨刃的优劣最好在磨砺刨刃后观察。好的刨刃，刃口锻制成薄薄的贴钢，出现的是薄匀发亮的现象，刃身的底铁是发暗灰色，刃身和刃口淬火的黏合显得很是坚实。应注意的是：劣质刃口的底铁和刃口钢若是同样的发暗颜色，或是全部发亮，这两种情况的刨刃都不易磨砺。

(2) 手工刨的种类

手工刨包括常用刨和专用刨。专用刨是为满足特殊工艺要求所使用的刨子，专用刨包括轴刨、线刨等。轴刨又包括铁柄刨、圆底轴刨、双重轴刨、内圆刨、外圆刨等。线刨又包括拆口刨、槽刨、凹线刨、圆线刨、单线刨等多种。常用刨分为中粗刨、细长刨、细短刨等。

① 中长刨：用于一般加工，粗加工表面，工艺要求一般的工件。

② 细长刨：用于精细加工，拼缝及工艺要求高的面板净光。

③ 粗短刨：常用于刨削木材粗糙的表面。

④ 细短刨：常用于刨削工艺要求较高的木材表面。

3.1.4　手工凿

手工凿是传统木工工艺中木结构结合的主要工具，用于凿眼、挖空、剔槽、铲削的制作，如图 3.6。

凿的种类如下：

① 平凿：又称板凿，凿刃平整，用来凿方孔，规格有多种。

② 圆凿：有内圆凿和外圆凿两种，凿刃呈圆弧形，用来凿圆孔或圆弧形状，规格有多种。

③ 斜刃凿：凿刃是倾斜的，用来倒棱或剔槽。

凿裤，是装凿柄的孔，要选锻造扎实整齐、光滑无裂纹的，这样可以保证

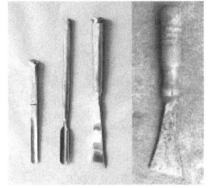

图 3.6　手工凿

凿子的使用寿命。刃身部分要选齐整厚实的，刚性好和热处理好的，和刨刃的要求一样。凿箍的铁圈要圆滑，应略窄，不宜太宽，凿柄也需圆润光滑。

新购置的凿子，需要安装凿柄和凿箍。凿柄用硬木制成，一般长度为130mm，其粗细比凿裤略粗或是相同即可。安装时，把长 150mm 的方形木料，先对着凿裤的孔，用斧砍削出斜度，用铁柄刨刨圆修理光滑，严实地和底部顶实装入。反转另一端，按着凿箍的铁圈，砍削或是用铁柄刨修理圆滑，注意要略带一定的斜度装上凿箍，松紧合适。凿箍必须紧紧套好，套好后长出的木材端头，可用手工锯锯割齐平，然后用锤子击打铆紧。

凿箍，传统工艺中早时使用的是牛筋或是麻绳缠圈制作的，后来以铁匠锻打的铁圈作为凿箍使用，现在，可用一般为 $\phi20mm$ 左右的铁管，用钢锯锯出 4mm 厚的圆圈，再用钢锉锉磨齐整光滑，然后套在凿柄上使用。

3.1.5　锤子及其使用

木工通常使用羊角锤作敲击工具，羊角锤又可用来拔钉。通常用钉冲将钉子冲入木料中。

3.1.6　修面工具

包括刮刀和砂纸。先用刮刀去除物件表面的瑕疵，然后用砂纸由粗到细一

层层打磨至光滑。

　　刮刀：一种薄细的刀片，用较软的钢材制成。平直的刮刀用于做平面，有弧度的刮刀可以刮有弧度的木件（图 3.7）。使用时一般双手握着，用大拇指抵住中间，与木面成一定斜度向前推（图 3.8）。

图 3.7　刮刀

图 3.8　刮刀使用方法

　　砂纸（图 3.9）可分为干砂纸、水砂纸和砂布等。根据颗粒度分成不同的"目"数，120 目以下属于粗磨，150～180 目属于中号，240～320 目属于较细，360 目以上就很细了。对于高密度的木材来说，如果砂纸达到 1000 目以上，可以做成抛光效果，十分光滑细腻。干砂纸用于磨光木件，水砂纸用于沾水打磨物件，砂布多用于打磨金属件，也可用于木结构。

　　为了达到光洁平整的加工面，可将砂纸包在平整的木块（或其他平面）上，如图 3.10，并顺着加工面纹路进行砂磨，用力要均匀，先重后轻，并选择合适的砂纸进行打磨。通常先选用粗砂纸，然后用细砂纸。当砂纸变潮变软时，可在火上烤一下再用。

图 3.9　砂纸

图 3.10　砂纸使用方法

3.1.7　夹具

用于将木料固定在理想的位置，稳定性是第一考虑因素。

① G 夹：有很多尺寸，如图 3.11，是诸多夹中强度最大的，通过螺纹丝杆调整夹口大小，收得越紧越稳，但是过紧容易损坏木件，所以应注意（可以在夹与木件间垫一块保护板）。

② F 夹：如图 3.12，结构与 G 夹差不多，相对于 G 夹操作要快很多，但是承受力比 G 夹小。

图 3.11　G 夹　　　　　　　　　　　图 3.12　F 夹

③ 快速夹：可以用单手操作的夹，但是承受力有限，如图 3.13。

图 3.13　快速夹

④ 拼板夹＋重型 F 夹：多用于拼板用，由于背杆长，夹紧后容易弯曲，所以一般配对使用（一前一后）来平衡力度（图 3.14）。

⑤ 弹簧夹：用于夹住小接合面，优点同样是可单手操作，如图 3.15。

⑥ 绑带夹：主要用于固定框架或圆形等特殊形状木件，绑带的张力能够将工件的各

图 3.14　拼板夹＋重型 F 夹

部位向内聚拢，如图 3.16。

图 3.15 弹簧夹

图 3.16 绑带夹

3.2   手工木作开料操作

3.2.1   框锯的使用

在使用框锯前，先用旋钮将锯条角度调整好，并用绞片将绞绳绞紧，使锯条平直。框锯的使用方法有纵割和横割两种。

(1) 纵割法

锯割时，将木料放在板凳上，右脚踏住木料，并与锯割线成直角，左脚站直，与锯割线成 60°角，右手与右膝盖垂直，人身与锯割线约成 45°角为适宜，上身微俯略微活动，但不要左仰右扑。锯割时，右手持锯，左手大拇指靠着锯片以定位，右手持锯轻轻拉推几下（先拉后推），开出锯路，左手即离开锯边，当锯齿切入木料 5mm 左右时，左手帮助右手提送框锯。提锯时要轻，并可稍微抬高锯手，送锯时要重，手腕、肘肩与腰身同时用力，有节奏地进行，这样才能使锯条沿着锯割线前进，否则，纵割后的木材边缘会弯曲不直，或者锯口断面上下不一。

(2) 横割法

锯割时，将木料放在板凳上，人站在木料的左后方，左手按住木料，右手持锯，左脚踏住木料，拉锯方法与纵割法相同。

使用框锯锯割时，锯条的下端应向前倾斜。纵锯锯条上端向后倾斜约 75°～90°（与木料面夹角），横锯锯条向后倾斜约 30°～45°。锯割时要注意使锯条沿着线前进，不可偏移。锯口要直，勿使锯条左右摇摆而产生偏斜现象。木料快被锯断时，应用左手扶稳断料，锯割速度放慢，一直把木料全部锯断，切勿留下一点，任其折断或用手去扳断，这样容易损坏锯条，木料也会沿着木纹撕裂，影响质量。

3.2.2 锯的选用与使用注意事项

宽厚木板常用大锯；窄薄木料常用小锯；横截下料常用粗锯；榫头、榫肩常用细锯；硬木和湿木要用料路大的锯子，软木和干燥的木材要用料路小的锯子。

使用时，必须要注意各类锯的安全操作方法：

① 框锯在使用前先用旋钮把锯条角度调整好，习惯上应与木架的平面成45°，用绞片将绷绳绞紧，使锯条绷直拉紧。开锯路时，右手紧握锯把，左手按在起始处，轻轻推拉几下，用力不要过大。锯割时不要左右歪扭，送锯时要重，提锯时要轻，推拉的节奏要均匀。快割锯完时应将被锯下的部分用手拿稳。用后要放松锯条，并挂在牢固的位置上。

② 使用横锯时，两只手的用力要均衡，防止向用力大的一侧跑锯；纠正偏口时，应缓慢纠偏，防止卡住锯条或将锯条折断。

③ 使用钢丝锯时，用力不可太猛，拉锯速度不可太快，以免将钢丝绷断。拉锯时，作业者的头部不许位于弓架上端，以免钢丝折断时弹伤面部。

④ 应随时检查锯条的锋利程度和锯架、锯把柄的牢固程度。对锯齿变钝、斜度不均的锯条要及时修理，对绳索、螺母、旋钮、把柄及木架的损坏也应及时修整、恢复后才可继续使用。

3.3 手工木作刨刀操作

3.3.1 刨刀的调校

① 先将刨刀装上刨身，插入木楔（刨占），左手持刨子，拇指按实刨刀，右手持木槌。

② 将刨头正对自己，眼瞄刨底，专注观察刨刀的深浅，刨刀要刚刚突出刨身少许，约0.5mm，左右突出要同样多（平行）。

③ 若刨刀突出太多，将刨头朝上，用木槌轻敲刨头，再察看刨刀深浅，若合适，用槌轻打木楔，迫实刨刀，再复检刨刀深浅。若刨刀太浅，轻敲刨刀顶部，将它打入少许，再复检刨刀深浅，反复观察及调校至合适深度，找块木料试刨，若不太好，再调校，若刨刀调校得好，刨花应薄如纸张。用完拆刨刀，只要用锤轻敲刨尾，刨刀就会松开，操作如图3.17。

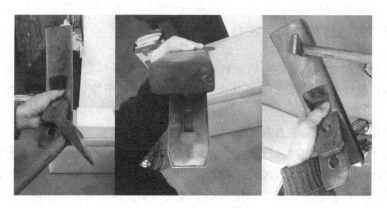

图 3.17　刨刀的调校

3.3.2　刨削手法

刨木可以有三种手法：插入木棍，双手持刨向前推，这多应用于大面积及深度的刨削；不用刨棍，右手虎口贴紧刨刀，左手按刨头向前推，这是常用手法；不用刨棍，单手持刨向自己身体方向拉。如图 3.18 所示。

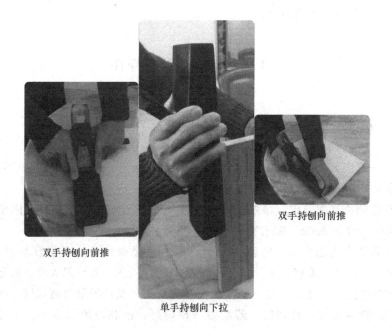

双手持刨向前推

双手持刨向前推

单手持刨向下拉

图 3.18　刨削手法

3.3.3　刨削不固定工件

刨削单件木块时，木块会移动，这时要用一些辅助工具固定木块，可自制一刨木挡板勾着工作台，顶着工件，但工件不能厚过挡板。如图 3.19 所示。

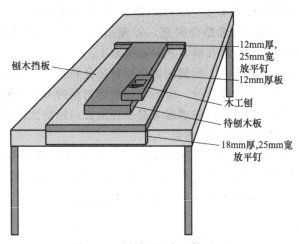

图 3.19　刨削不固定工件（一）

若工件是四分板，上图的挡板同是四分厚度，会阻碍刨子前进，所以不能使用刨木挡板，要另制一更薄的挡板，比如可自制一对二分厚的 L 形挡板，用螺钉固定在工作台上，用完拆走，因要涉及拆螺钉（用电批），故不及前述挡板方便。如图 3.20 所示。

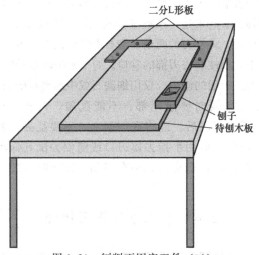

图 3.20　刨削不固定工件（二）

3.3.4　推刨要点

推刨时，左右手的食指伸出向前压住刨身，拇指压住刨刃的后部，其余各指及手掌紧捏手柄。刨身要放平，两手用力均匀。向前推刨时，两手大拇指需加大力量，两个食指略加压力，推至前端时，压力逐渐减小，至不施加压力为止。退回时用手将刨身后部略微提起，以免刃口在木料面上拖磨，使之变迟钝。刨长料时，应该是左脚在前，然后右脚跟上。

在刨长料前，要先看一下所刨的面是里材还是外材，一般情况下里材较外材洁净，纹理清楚。如果是里材，应顺着树根到树梢的方向刨削，外材则应顺着树梢到树根的方向刨削。这样顺着木材纹理的方向刨削比较省力。否则，容易"呛槎"，既粗糙不平，又非常费力。

下刨时，刨底应该紧贴在木料表面上，开始不要把刨头翘起，刨到端头时，不要使刨头低下（俗称"磕头"）。否则，刨出来的木料表面，其中间部分就会凸出不平，这是初学者的通病，必须注意克服。

3.3.5　刨的修理

① 刨刃的研磨：刨刃用久了，尤其是刨削硬质木料和有节疤的木料以后，很容易变钝或者缺口，因此需要研磨。

研磨刨刃时，用右手紧捏刨刃上端，左手的食指和中指紧压刨刃，使刨刃斜面与磨石密贴，在磨石中前后推动。磨时要勤浇水，及时冲去磨石上的泥浆；也不要总在一处磨，以保持磨石平整。刨刃与磨石间的夹角不要变动，以保证刨刃斜面平正。磨好后的刃锋，看起来是一条极细微的黑线（不应该是白线），刃口处发乌青色。刨刃斜面磨好后，将刨刃的两角在磨石上略磨几下，再将刨刃翻过来，平放在磨石上推磨两三下，以便磨去刃部的卷口。对于缺陷较多的刨刃，可先用粗磨石磨，后在细磨石上磨。一般的刨刃，仅用细磨石或中细磨石研磨即可。

② 刨的维护：敲刨身时要敲尾部，不能乱敲，打楔木也不能打得太紧，以免损坏刨身。刨子用完以后，应将底面朝上，不要乱丢。如果长期不用，应将刨刃退出。在使用时不能用手指去摸刃口或随便去试其锋利与否。要经常检查刨身是否平直，底面是否光滑，如果有问题，要及时修理。

3.4　手工木作锉刀操作

合理选用锉刀，对保证加工质量，提高工作效率和延长锉刀使用寿命有很大的影响。粗齿木锉刀：齿距大，齿深，不易堵塞，适宜于粗加工（即加工余量大、精度等级和表面质量要求低）及较松软木料的锉削，以提高效率；细齿木锉刀：适宜对材质较硬的材料进行加工，在细加工时也常选用，以保证加工件的准确度。

锉刀锉削方向应与木纹垂直或成一定角度。由于锉刀的齿是向前排列的，即向前推锉时处于锉削（工作）状态，回锉时处于不锉削（非工作）状态，所以推锉时用力向下压，以完成锉削，但要避免上下摇晃，回锉时不用力，以免齿磨钝。

正确握持锉刀有助于提高锉削质量。木锉刀的握法：右手心抵着锉刀木柄的端头，大拇指放在锉刀木柄的上面，其余四指弯在木柄的下面，配合大拇指捏住锉刀木柄，左手则根据锉刀的大小和需用力的轻重，可有多种姿势。

使用注意事项：木锉刀不能用来锉金属材料，不能作橇棒或敲击工件；放置木锉刀时，不要使其露出工作台面，以防锉刀跌落伤脚；也不能把锉刀与锉刀叠放或锉刀与量具叠放。

3.5 手工木作凿子操作

3.5.1 凿子的使用

打眼（又称凿孔、凿眼）前应先画好眼的墨线，木料放在垫木或工作凳上，打眼的面向上，人可坐在木料上面，如果木料短小，可以用脚踏牢。打眼时，左手紧握凿柄，将凿刃放在靠近身边的横线附近（约离横线 3～5mm），凿刃斜面向外。凿子要拿垂直，用斧或锤敲击凿顶，使凿刃垂直进入木料内，这时木料纤维被切断，再拔出凿子，把凿子移前一些斜向打一下，将木屑从孔中剔出。以后就如此反复打凿及剔出木屑，当凿到另一条线附近时，要把凿子反转过来，凿子垂直打下，剔出木屑。当孔深凿到木料厚度一半时，再修凿前后壁，但两根横线应留在木料上不要凿去。打全眼时（凿透孔），应先凿背面，到一半深，将木料翻身，再从正面打凿，这样眼的四周不会产生撕裂现象。

3.5.2 凿子的修理

凿子的磨砺和刨刃的磨砺方法基本一致，但因凿子的凿柄长，磨刃时要特别注意平行往复推拉，用力均匀，姿势正确。千万不能一上一下，使刃面形成弧形。磨好的刃，刃部锋利，刃背平直，刃面齐整明亮，不得有凸棱和凸圆的状况出现。

3.6　手工木作打磨抛光操作

3.6.1　木材打磨抛光

① 表面较粗的原木先用角磨机打磨一遍，然后用砂纸打磨，依顺序一遍遍由粗砂纸到细砂纸打磨。不能磨完细砂纸再回来磨粗砂纸。如果原木有裂缝，打磨过程中可以用502胶水（瞬间胶）和打磨出的木粉修补裂缝。

② 在施工时常用的砂纸有木砂纸、水砂纸、铁砂皮等。一般局部填补的腻子砂磨应用1号或1.5号的木砂纸，满刮的腻子和底漆层应用0号砂纸，中间的几层漆膜用较细的00号砂纸就可以了。有些漆膜用砂纸干磨，摩擦发热会引起漆膜软化而损坏涂膜，这时就要采用水砂纸湿磨。湿磨前，先将水砂纸放在水中浸软，然后将它包在折叠整齐的布块外面，再蘸上肥皂水在漆膜上砂磨。这样将水砂纸包在布块外面，可以扩大砂磨的面积，也便用于用力。为了提高工作效率，在大面积打磨施工时也可以使用电动打磨器，一般有圆盘式、振动式、皮带式和滚筒式几种。

③ 打磨的方法有干磨、水磨、油磨、蜡磨和牙膏抛光等。干磨分粗磨、平磨和细磨，其中粗磨一般是在前处理时用来去除木器白坯的木毛、伤痕、胶迹和铅笔印等脏污；而平磨通常是用包裹了小木块或硬橡皮的砂布、砂纸对大平面进行打磨，这样找平效果较好；细磨则一般用于刮腻子、上封闭漆、拼色和补色之后的各道中层处理过程中，砂磨时要求仔细认真。水磨是用水砂纸蘸清水（或肥皂水）打磨。水磨能减少磨痕，提高涂层的平滑度，并且省力、省砂纸。

3.6.2　实木地板打磨翻新

① 找准实木地板存在哪些问题，比如局部开裂、严重划伤、小范围起拱等，清除地板上的杂质，保持整洁。若使用大型地板翻新机械打磨地板，应准备四种不同砂纸，先用粗砂纸打磨，除去漆层、表层、木质层约0.5mm，再用细砂纸打磨地板至表面细腻光滑，达到全新状态。周围边角的地方应用专门的边角小型角磨机打磨，必要的时候还得手工操作。

② 将边缝原有的透明腻子清除干净，再涂上新的腻子层。开裂的地方涂上胶黏剂或用木块填上封闭，起拱的地方用钉子钉住，避免以后再出问题。上

漆：先刷底漆，待底漆干后刷头一遍面漆，面漆干后用水砂纸仔细研磨，将面层磨至略感粗糙，扫除粉层后按上面程序刷 2～3 遍面漆，后一次所刷面漆不能研磨。

③ 等到后一层面漆干后再打上地板蜡。翻新期间禁止在地板上面随意走动或破坏。

本章对手工木作常用的设备进行了讲解，主要介绍了锯、刨刀、锉刀、凿刀刀具的种类和使用方法。重点在于不同刀具的选择和应用，难点在于各种刀具的操作方法及注意事项。可以结合木制品来进行实操训练，提高对刀具使用的熟练程度。

第4章 木工常用机床设备与结构

　　木工机床是指在木材加工工艺中，将木材加工的半成品加工成为木制品的一类机械设备。木工机床加工的主要对象是木质材料。人类在长期的生产实践中积累了丰富的木材加工经验。木工机床正是通过人们长期生产实践，不断发现，不断探索，不断创造而发展起来的。木工机床行业，经过不断的改进、提高、完善，现在已有120多个系列，300多个品种，成了一个门类齐全的行业。国际上，木工机械发展较为发达的国家和地区有：德国、意大利、美国、日本、法国、英国和我国的台湾地区。我国木工机床行业在1950年后得到了飞速发展，多年来，我国已从仿制、测绘发展到独立设计制造木工机械，并已形成了一个包括设计、制造和科研开发的产业体系。木工机床的加工对象是木材，由于木材的不均匀性和各向异性，使木材在不同的方向上具有不同的性质和强度，切削时作用于木材纤维方向的夹角不同，木材的应力和破坏载荷也不同，这会促使木材切削过程发生许多复杂的物理变化，如弹性变形、弯曲、压缩、开裂以及起毛等。此外，由于木材的硬度不高，其机械强度极限较低，具有良好的分离性。木材的耐热能力较差，加工时不能超过其焦化温度（110～120℃）。所有这些木材特性，也构成了木工机床独有的特性。通过本章学习，掌握锯、钻、铣、刨等设备基础知识，再拓展学习设备的调试与操作，能够解决相应设备常见的质量问题，为将来从事设备操作、设备管理等工作奠定坚实基础。

4.1 锯　机

　　锯机是用来纵向或者横向锯切原木或者方材的加工机械，其种类很多，性能也有所不同，本节主要介绍带锯机、圆锯机和截锯机三种。

4.1.1　带锯机

(1) 带锯机分类

带锯机（图 4.1）按用途不同可分为原木带锯机、再剖带锯机和细木工带锯机。三种带锯机按其组成不同，又可分为台式带锯机、跑车带锯机和细木工带锯机。由于锯材的大小和用途不同，带锯机还有大、中、小之分。台式带锯机主要用于锯割板、方材的直线、曲线以及 30°～40°的斜面，广泛用于家具及木模等工艺加工。这类机床结构简单，大部分采用手工进料。在大批量生产的条件下，可采用自动进料器或改为机械进料。

(2) 带锯机构造

如图 4.2 所示为国产 MJ344 型台式带锯机的外观图，主要由上锯轮、锯卡、工作台、下锯轮、机身、底座组成。

图 4.1　带锯机

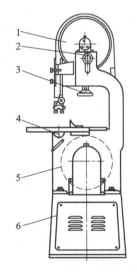

图 4.2　MJ344 型台式带锯机外观图
1—上锯轮；2—锯卡；3—工作台；
4—下锯轮；5—机身；6—底座

4.1.2　圆锯机

(1) 圆锯机的分类

按切削刀具的加工特征分为纵锯圆锯机、横锯圆锯机、万能圆锯机。

按加工工艺及用途分为原木圆锯机、再剖圆锯机、裁边圆锯机、精密裁板锯。

按锯机中安装圆锯片的数量分为单片锯、双锯片（头）圆锯机、多片锯。

按进给方式分为机械进给圆锯机、推台圆锯机、手工进给圆锯机。

(2) 圆锯机的构造（图 4.3）

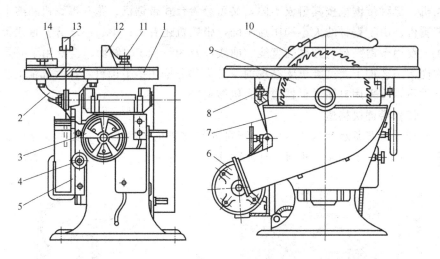

图 4.3 手工进给纵锯圆锯机

1—工作台；2—圆弧形滑座；3—手轮；4、8、11—锁紧螺钉；5—垂直溜板；6—电动机；
7—排屑罩；9—锯片；10—导向分离刀；12—纵向导向尺；13—防护罩；14—横向导尺

4.1.3 截锯机

横截圆锯机是以圆锯片为刀具，可完成板、方材的横截加工的木工机床。其结构较简单，效率较高，类型众多，应用广泛，是木材加工企业中最基本的设备之一。

按锯片的运行轨迹木工横截圆锯机分为刀架圆弧进给木工横截圆锯机和刀架直线进给木工横截圆锯机、摇臂式万能木工横截圆锯机。

(1) 刀架圆弧进给的横截圆锯机结构（图 4.4）

(2) 刀架直线进给的横截圆锯机结构（图 4.5、图 4.6）

(3) 摇臂式万能木工横截圆锯机结构（图 4.7）

摇臂式万能木工横截圆锯机用途广泛，既可安装圆锯片用于纵锯、横截或斜截各种板、方材，又可安装其他木工刀具完成铣槽、切榫和钻孔等多项作业。

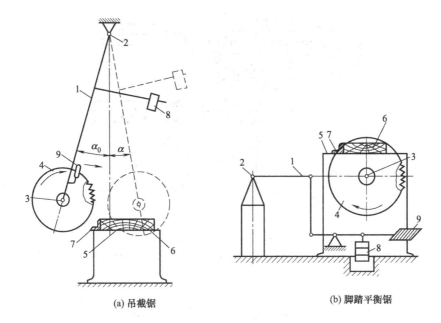

(a) 吊截锯　　　　　　　　　　(b) 脚踏平衡锯

图 4.4　刀架圆弧进给的横截圆锯机结构

1—框架；2—铰销；3—锯轴；4—锯片；5—工作台；

6—毛料；7—导尺；8—配重；9—拉手（踏板）

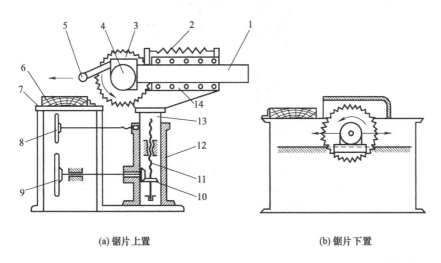

(a) 锯片上置　　　　　　　　　　(b) 锯片下置

图 4.5　刀架直线进给的横截圆锯机（一）

1—刀架；2—弹簧；3—锯片；4—电机；5—拉手；6—工件；7—工作台；

8、9—手轮；10—锥齿轮；11—丝杠；12—机座；13—立柱；14—空心支架

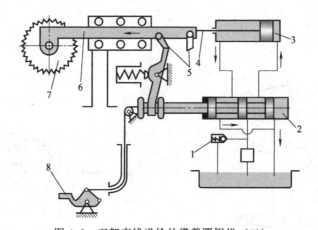

图 4.6 刀架直线进给的横截圆锯机（二）

1—溢流阀；2—换向阀；3—油缸；4—活塞杆；5—挡块；6—刀架；7—锯片；8—踏板

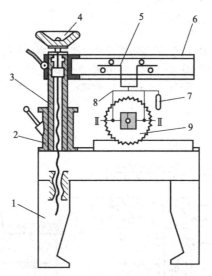

图 4.7 摇臂式万能木工横截圆锯机

1—床身；2—套筒；3—立柱；4—手轮；5—复式刀架；

6—摇臂横梁；7—手柄；8—托架；9—锯片

4.1.4 多片锯

多片锯加工是将宽的板材一次锯制成数块等宽的窄毛料（零件），主要用于对家具实木零件的粗定宽度加工、对拼板材和细木工板芯板进行规格配料等。

(1) 多片锯圆锯机的分类

多片锯圆锯机按照锯轴的数量可分为单轴多片锯和双轴多片锯。

单轴多片锯按照锯片的数量可分为单轴双锯片圆锯机和单轴多锯片圆锯机。

(2) 单轴多锯片圆锯机的结构

图 4.8 所示为履带进给多锯片圆锯机结构示意图。

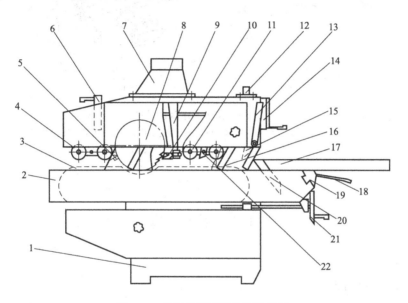

图 4.8　多锯片圆锯机结构示意图

1—床身；2—工作台；3—进给履带；4、11—压紧滚筒；5、10—压紧板；

6、14、21—手轮；7—吸尘罩；8—圆锯片；9—挡屑板；12—套筒座；13—手柄；

15、20、22—止逆器；16—防护板；17—导尺；18—锁紧手柄；19—导尺滑块

4.1.5　锯板机

(1) 锯板机分类

随着人造板工业的发展，尤其是板式家具的迅速崛起，加工大幅面板材的精度、效率日益提高。因此，各种用于板材下料的圆锯机迅速得到应用。国家标准中关于锯机类描述有一组为锯板机，其中有带移动工作台的锯板机（MJ61），锯片往复运动的锯板机（MJ62），立式锯板机（MJ63）。此外，还有多锯片纵横锯板机。

(2) 移动工作台锯板机结构（图 4.9）

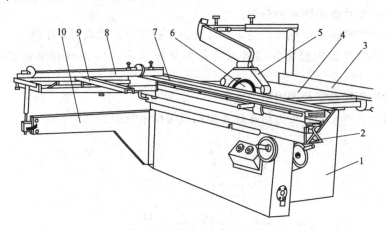

图 4.9　移动工作台锯板机

1—床身；2—支撑座；3、8—导向靠板；4—固定工作台；5—防护及吸尘装置；
6—锯切机构；7—纵向移动工作台；9—横向移动工作台；10—伸缩臂

4.2　刨　　床

4.2.1　平刨床

(1) 平刨床外形图（图 4.10）

图 4.10　平刨床 MB503

（2）平刨床的结构组成

平刨床（图 4.11）一般由床身，前、后工作台，刀轴，导尺和传动机构组成。铸铁床身是平刨床各部件的承受体，它应有足够的强度和刚度，满足机床防振的要求。部分平刨床身采用焊接结构。

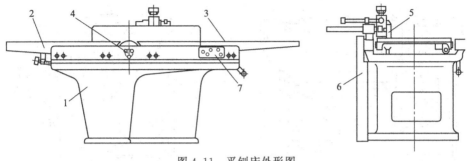

图 4.11　平刨床外形图

1—床身；2—后工作台；3—前工作台；4—刀轴；5—导尺；6—传动机构；7—控制装置

4.2.2　压刨床

（1）压刨床的分类

按加工面数量分为单面压刨床和双面压刨床。

单面压刨床按加工宽度分为窄型压刨床、中型压刨床、宽型压刨床和特宽型压刨床。窄型压刨床加工宽度为 250～350mm；中型压刨床加工宽度为 400～700mm；宽型压刨床加工宽度为 800～1200mm；特宽型压刨床加工宽度可达 1800mm。

双面压刨按刀轴分布位置可分为平压刨床工艺系统（即先平刨后压刨）和压平刨床工艺系统（即先压刨后平刨）。

（2）单面压刨床的结构

单面压刨床（图 4.12）由切削机构、工作台和工作台升降机构、压紧机构、进给机构、传动机构、床身和操纵机构等部分组成。

4.2.3　双面压刨床

双面压刨床（图 4.13）由床身、工作台、减速器、上水平刀轴、进给滚筒、主轴

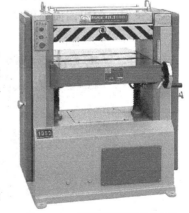

图 4.12　单面压刨床 MB106D

电动机、工作台升降机构、电器控制装置、下水平刀轴及电动机、前进给机构、前进给摆动机构等组成。

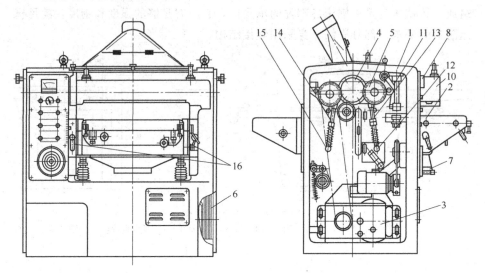

图 4.13　MB206D 双面刨床结构

1—床身；2—工作台；3—减速器；4—上水平刀轴；5—进给滚筒；6—主轴电动机；

7—工作台升降机构；8—电器控制装置；9—下水平刀轴及电动机；

10—前进给机构；11—前进给摆动机构；

12、13、14、15—进给辊压力调整机构；16—指示器

4.2.4　四面刨床

四面刨床（图 4.14）是家具厂、地板厂、集成材厂等木制品生产最常用到的木工机械，利用四面刨可以对工件进行四面刨光，也可以安装型刀将实木

图 4.14　四面刨床

板、方材铣成型材，例如板材的四面刨光、地板成型等产品加工。四面刨的最大优点是生产效率高，加工出的零件精度高，使用安全可靠，非常适合于大批量生产加工使用。

(1)　四面刨床的分类

四面刨床是以其生产能力、刀轴数量、进给速度以及机床的切削加工功率进行分类的，一般可将四面刨分为轻型、中型、重型。衡量四面刨生产能力大小的主参数是被加工工件的最大宽度尺寸。除此以外，刀轴数量、进给速度和切削功率也在一定程度上反映机床的生产能力。

(2)　四面刨床的结构

四面刨床（图 4.15）主要由床身、工作台、切削机构、压紧机构及操纵机构等组成。

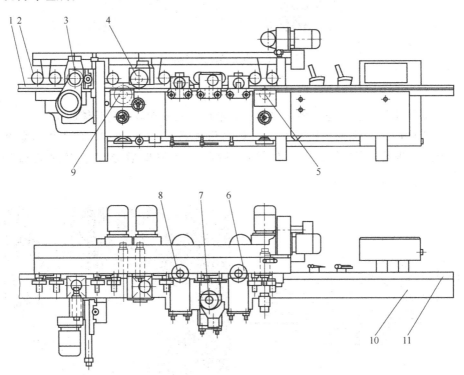

图 4.15　四面刨床结构图

1—出料台；2—出料辊筒；3—万能刀头（第七刀）；4—上水平刀头（第五刀）；
5、9—下水平刀头（第一刀和第六刀）；6、8—右垂直刀头（第二刀和第四刀）；
7—左垂直刀头（第三刀）；10—前工作台；11—导尺

① 弹簧压紧的进给滚筒或气压压紧的进给滚筒如图 4.16（这种机构能对不同厚度工件施加稳定压力，其中还装有调整弹簧，高度可单独调整以满足某

些加工的需要)。

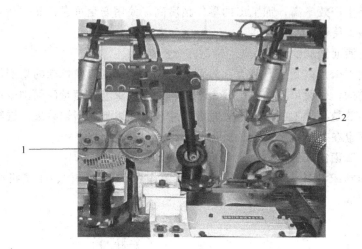

图 4.16 四面刨床进给机构

1—压力滚轮；2—进给滚筒

② 压紧滚轮：在进给滚筒之间还有辅助压紧滚轮以保证足够的压紧力。

③ 侧向压紧滚轮：如图 4.17，侧向压紧器 1 压向工件 2，使工件沿着进料导尺 5 进给到右垂直刀头 4，加工后的表面靠向后导尺 3 以保证加工精度。

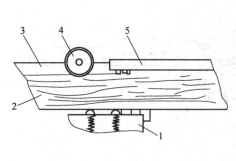

图 4.17 四面刨床侧向压紧机构

1—侧向压紧滚轮；2—工件；3—后导尺；4—右垂直刀头；5—进料导尺

④ 压板装置如图 4.18：压板装在上水平刀轴之后，既起压紧作用又起导向作用。可采用弹簧或气压加压，有的机床也采用刚性压板。

⑤ 前压紧器：每个刀头都装有防护罩和吸尘口，上水平刀头及左垂直刀

图 4.18 四面刨床压板
1—压板；2—上水平刀罩；3—出料滚筒

头的前面装有压紧块，起压紧和断屑作用，故又称断屑器。采用弹簧或气压压紧。

4.3 钻 床

钻床分类按照轴数分为单轴钻床、双轴钻床、多轴钻床；按照钻轴的位置分为立式钻床、卧式钻床、可倾斜式钻床；按照控制方式分为手动钻床、半自动钻床、自动钻床、数控钻床；按照加工对象分为通用钻床、专用钻床。

4.3.1 立式单轴木工钻床

立式单轴木工钻床主要用于工件的圆孔及长圆孔加工。钻床的外形如图 4.19 所示。立式单轴木工钻床的传动系统主要由机身、机头和主轴、工作台及升降机构、主轴操作机构等零部件组成。

4.3.2 多轴木工钻床

多轴木工钻床被广泛应用于板式家具圆榫、五金件接合工艺中，分为单排多轴木工钻床、双排多轴木工钻床和多排多轴木工钻床、大型多排多轴木工钻床四种。

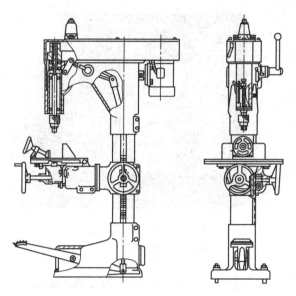

图 4.19　立式单轴木工钻床外形图

4.4　铣　床

4.4.1　立铣

立铣是一种多功能木材切削加工设备，在铣床上可以完成各种不同需求的加工，主要对工件进行平面、直线、曲线外轮廓、成型、仿型等铣削加工。此外，还可以进行锯解、开榫、裁口等加工。

（1）立铣的分类

立铣分类：按进给方式分手工进给和机械进给铣床；按主轴数目分单轴和双轴铣床；按主轴位置分上轴和下轴铣床、立式和卧式铣床等。立铣中以单轴立式下轴立铣应用较为广泛，除用手工进给方式外，也采用机械进给方式。如图 4.20 为铣床工作原理及制品简图。

（2）手工进给立式立铣

这类立铣有单轴和双轴两种，其中单轴式使用普遍。

① MX5110 型立式单轴立铣结构。MX5110 型立式单轴立铣以其加工范围广、性能优良被广泛应用于各木材加工企业。图 4.21 所示为 MX5110 型立

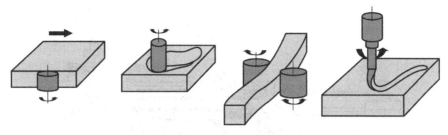

图 4.20 铣床工作原理及制品简图

式单轴立铣的结构示意图。这种铣床主要用于加工工件的各种沟槽、平面和曲线外形，还可应用于方材的端头开榫头，拼板的榫槽、榫簧的加工，木框外缘型面加工等。

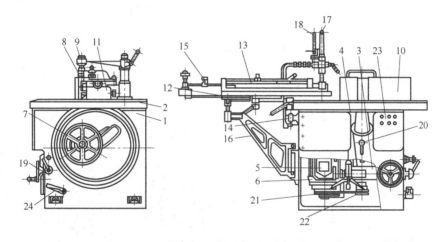

图 4.21 MX5110 型立式单轴立铣结构示意

1—床身；2—工作台；3—主轴；4—主轴套筒；5—双速电动机；6—张紧机构；7—升降手轮；
8—套轴；9—主轴支架；10—导板；11—安全护罩；12—活动工作台；13—靠板；14—导轨；
15—限位器；16—托架；17—压紧器；18—侧向夹紧器；19—主轴倾斜手轮；20—主轴制动机构；
21、22—传动带塔轮；23—电气按钮；24—刹车踏板

图 4.22 为 MX5110 立式单轴立铣活动工作台结构示意。

② 双轴铣床。立铣除立式单轴铣床外，还有立式双轴铣床，其中以固定的双轴铣床应用较多，图 4.23 所示为手工进给立式双轴立铣结构示意图。

(3) 机械进给立铣

手工进给立铣不仅生产率低、工人的劳动强度大，而且也不安全，仅适用于单件或批量较小时的生产。对大批量生产应采用机械进给的专用立铣。

机械进给铣床如图 4.24。

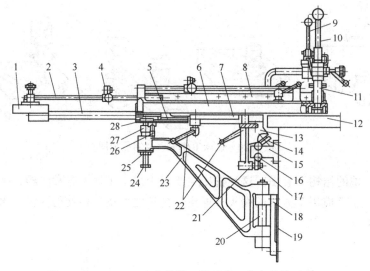

图 4.22　MX5110 立式单轴立铣活动工作台结构示意图

1—后托板；2—圆柱形导轨；3—支架轴；4—限位器；5—导轨；6—活动工作台；7—底架；
8—导向板；9—侧向压紧器；10—压紧器；11—导柱；12—固定工作台；13—轴承座；
14—上轴承滚轮；15—导轨支座；16—圆柱导轨；17—下轴承滚轮；18—支座；19—座身；
20—销轴；21—下滚轮支架；22—锁紧手柄；23—托架；24—锁紧螺钉；25—螺母；
26—支架轴锁紧手柄；27—支承轴；28—滚轮

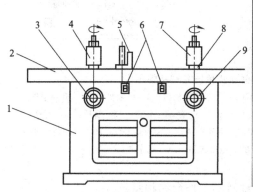

图 4.23　手工进给立式双轴立铣结构示意图

1—床身；2—工作台；3、9—手轮；
4—左旋刀轴；5—导板；6—电气开关；
7—右旋刀轴；8—挡环

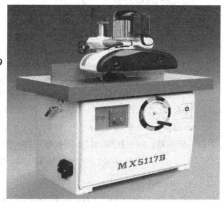

图 4.24　机械进给铣床 MX5117B

　　采用自动进料器时，可以是履带自动进料器，也可以是滚筒或滚轮自动进料器。

4.4.2　开榫机

在木制品生产过程中，零部件接合方式以榫接合较为普遍。榫的接合形式分为木框榫、直角箱榫、燕尾榫、指接榫等，各种形式的榫一般都可以利用木工铣床来加工，在大批量生产中，可采用专用的开榫机来进行加工。

(1) 分类

按照机床的用途或榫头形状的不同，开榫机可分：木框榫开榫机，用于加工平面木框；箱榫开榫机，用于加工箱结榫，使箱板、拼合板等组装成箱体；指接榫开榫机，用于加工指接榫，使方材或板条纵向平面接合或接长；长圆弧榫开榫机，用于加工圆弧木框直榫和圆榫，使方材或板材能组装成框架结构木构件；圆棒榫加工机床（亦称圆棒机），用于加工圆榫，常用于将板式家具的部件组装成产品。

(2) 结构

① 木框榫开榫机。木框榫开榫机即直角榫开榫机，可分为单面开榫机和双面开榫机两类。单面木框榫开榫机按加工零件的进给方式又可分为手工进给和机械进给两种。双面开榫机都是机械进给的。木框零件在开榫机上开榫时，通常是顺序地通过几个刀头，完成榫头的榫颊、榫肩和榫槽的加工。

国产 MX2116A 型单面木框榫开榫机如图 4.25 所示。图 4.26 为 MX2116A 型单面木框榫开榫机结构示意图。

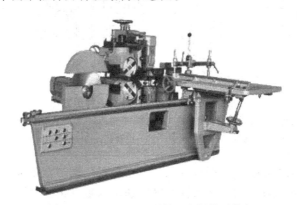

图 4.25　MX2116A 型单面木框榫开榫机

② 箱榫开榫机。箱榫开榫机按照进给方式分为手工进给和机械进给两种；按照主轴数目分为单轴、双轴和多轴；按主轴位置分为立式和卧式；按照箱结榫的类型和形状又可分为直角箱结榫和燕尾形箱榫等，实际生产中直角箱榫开榫机使用较为普遍。抽屉直角榫开榫机结构示意如图 4.27 所示。

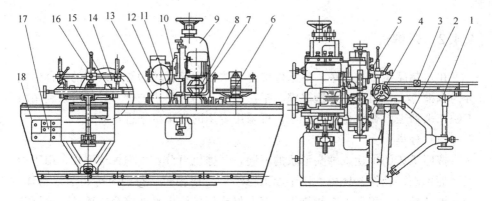

图 4.26　MX2116A 型单面木框榫开榫机结构示意图

1—工作台；2—托架；3—靠板；4—下垂直刀架；5—上垂直刀架；6—中槽刀盘；7—下垂直刀头；
8—上垂直刀头；9—立柱；10—上水平刀架；11—下水平刀架；12—上水平刀头；13—下水平刀头；
14—截头圆锯；15—侧向压紧器；16—偏心垂直压紧器；17—电气按钮板；18—导轨支座

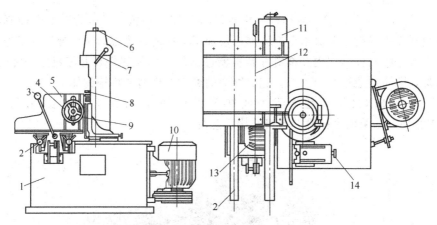

图 4.27　抽屉直角榫开榫机结构示意图

1—床身；2—导轨；3、7—手柄；4、14—手轮；5—移动工作台；6—主轴；
8—组合圆盘铣刀；9—导尺；10、13—电动机；11—减速箱；12—链条

　　这种开榫机能正反双向行程加工，无空行程，调节范围大，可加工 1～13
个榫头。因有两把端铣刀，故可同时铣削加工两组（每组两块）工件，其生产
效率高，适用于中、小批量生产。

4.4.3　梳齿机

　　梳齿机（图 4.28）是木材加工企业常用到的木工机械。梳齿机也叫开齿

机，不同的工厂有不同的叫法。利用梳齿机将实木板材横端铣削成指状榫的过程叫梳齿或开齿。这种机械专门用于集成材制造，所以在集成材工厂和以集成材做生产材料的家具和其他木制品厂被广泛使用着。

图 4.28　梳齿机

　　MX3510 型半自动梳齿榫开榫机结构示意如图 4.29。这种铣榫式开榫机是集成材生产线上的主要设备之一，其特点是机床结构简单、操作容易、加工精度高。

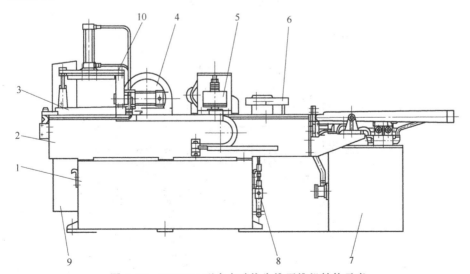

图 4.29　MX3510 型半自动梳齿榫开榫机结构示意
1—床身；2—直线滚动导轨；3—工作台、夹紧及行走机构；4—截头锯；5—铣榫刀刀架；
6—退料机构；7—液压传动装置；8—气压传动装置；9—电气装置；10—工件夹紧机构

4.4.4　接长机

接长机是梳齿机的配套机械。开好指状榫的零件，必须利用接长机将其在纵向上加压（指状榫上须涂胶），通过指状榫的插接，把短木料接长成为长木料。接长机是家具厂和集成材厂的常见木工机械。

接长机有自动、半自动和手动之分。

4.4.5　双端铣床

双端铣床（图 4.30）主要是用来对地板两个端面进行加工，确定地板长度并在两个端面铣出榫头、榫槽。

图 4.30　双端铣床设备

双端铣床结构如图 4.31 所示。

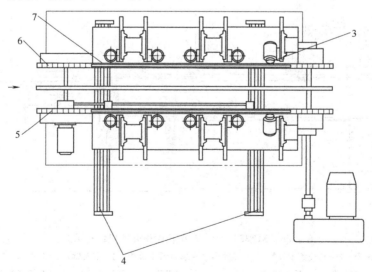

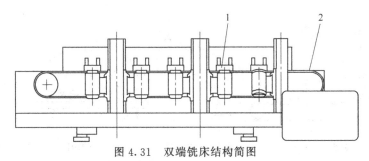

图 4.31　双端铣床结构简图

1—定位板；2—链轨；3—刀轴；4—床身导轨；5—横向进给挡块；6—链板；7—压紧装置

4.5　砂　光　机

　　砂光机又称磨光机，是用磨具（通常用砂带、砂纸和砂轮）对各种人造板、木制品构件和木制零件的已加工表面进行精加工（磨光或抛光）的一类机床，是木制品零件或组件的最后一道磨削加工工序。通过砂光可消除前道工序留下的波纹、毛刺、沟痕等缺陷，使工件获得一定的厚度、必要的表面光洁度及平直度。

　　磨削种类主要分为盘式磨削（图 4.32）、带式磨削（图 4.33）、成型磨削（图 4.33）、辊式磨削（图 4.34）、轮式磨削（图 4.35）、刷式磨削（图 4.35）、滚辗磨削（图 4.36）、喷砂磨削等。

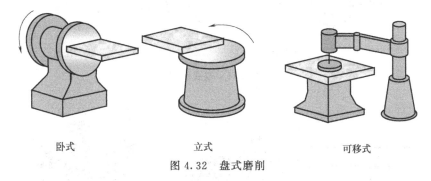

卧式　　　　　　　　立式　　　　　　　　可移式

图 4.32　盘式磨削

4.5.1　宽带式砂光机

　　砂架是砂削的组合体（砂削头），砂架形式是指砂带与工件的接触形式。宽带式砂光机的砂架形式有三种，即辊式砂架、压带式砂架、组合式砂架，如图 4.37 所示。

宽带砂光机平面　　　悬臂式曲面磨削　　　卧式平面磨削　　　立式平面磨削

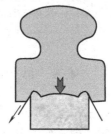

成型磨削

图 4.33　带式磨削和成型磨削

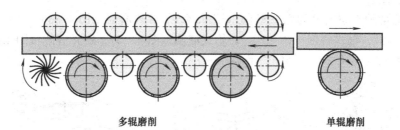

多辊磨削　　　　　　　　　　　　　　　单辊磨削

图 4.34　辊式磨削

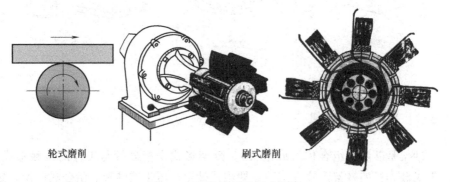

轮式磨削　　　　　　　刷式磨削

图 4.35　轮式磨削和刷式磨削

宽带式砂光机，按砂带数目分为单砂带式、双砂带式、多砂带式。按砂带相对于工作台的配置位置分为砂带位于工作台上面（砂削工件表面），砂带位于工作台下面（砂削工件背面），砂带位于工作台上、下两面（同时砂削工件两面）。按进给机构的类型分为履带进给的宽带式砂光机和滚筒进给的宽带式砂光机。履带进给单面宽带式砂光机外形如图 4.38 所示。

图 4.36　滚辗磨削

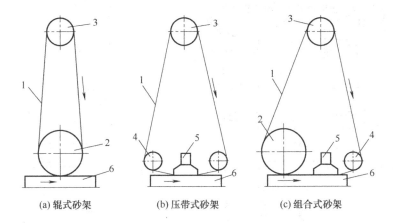

(a) 辊式砂架　　(b) 压带式砂架　　(c) 组合式砂架

图 4.37　宽带式砂光机的砂架形式

1—砂带；2—接触辊；3—张紧辊；4—导向辊；5—压带器；6—工件

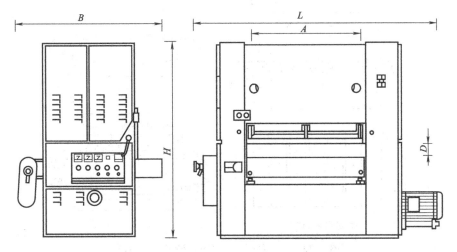

图 4.38　CSB2-t300 型宽带式砂光机外形图

B—砂光机宽；L—砂光机长；H—砂光机高；A—工作台宽度；D—工作台高度

4.5.2 窄带式砂光机

(1) 工作台固定的窄带式砂光机

这类机床有卧式的如图 4.39（a）、（b）、（c）和立式的如图 4.39（d）、（e）、（f）两类。由于机床结构简单，制造容易，维修方便，故应用比较广泛。

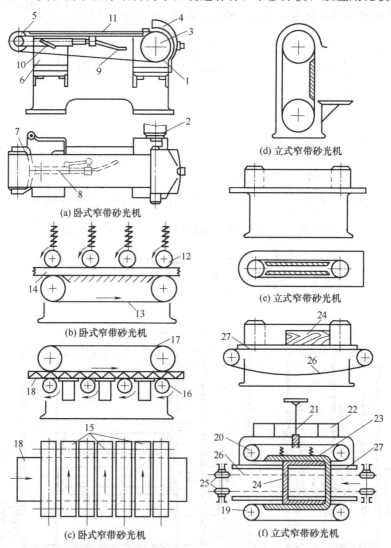

图 4.39 工作台固定的窄带式砂光机示意图

1—右面台架；2—电动机；3—主动带轮；4—防护罩；5—从动带轮；6—左面台架；7—张紧架；8—套筒；
9—手把；10—锁紧器；11—工作台；12—滚筒；13、15—砂带；14、24—工件；17—履带；18—零件；
19—左砂带；20—右砂带；21—丝杠机构；22—导轨；23—支承台；25—主动链轮；26—链条；27—导尺

(2) 工作台移动的窄带式砂光机

图 4.40 (a) 为横向手工进给的窄带式砂光机。国产机床常使用的砂带宽度为 150mm，两带轮的中心距为 2810～2940mm，砂带砂削速度 11.3～22.5m/s，带轮转速 675～1340r/min。加工零件最大高度 560mm，电动机功率 3kW。机床供砂削大面积的胶合板、拼合板、胶贴薄木的细木工板、缝纫机台板等。当使用毡带时可对零件表面进行抛光。

图 4.40 (a) 砂光机内两个相互联结的机架 1 组成床身，在台架上安装由电动机直接带动的主动带轮 2 和具有砂带张紧调整机构的从动带轮 3，工作台 4 由滚轮 5 支撑着，沿左右两导轨 6 前后移动。导轨分别固定在托架 7 上，左右托架由轴 8 通过丝杆螺母或齿轮齿条机构沿机架 1 的导轨同时垂直移动，以调整工作台 4 的高度。手把 9 用于推动工作台前后移动。短形压紧块 10，由人工施加一定的压力压在砂带背面，压紧块的长度为 200～250mm、宽度为 100mm 左右。压紧块由手柄 11 控制砂削区，它装在一根空心导向轴 12 上，并能轻巧地沿导向轴左右移动并压下砂削，从而保证整个工作台面均可砂削到。机床应设置吸尘装置，以便及时排除砂屑。

这种砂削方式，操作工人必须一手控制工作台前后移动，另一手控制压紧块左右移动，且要求二者互相协调，故劳动强度较大。因此，可采用曲柄连杆机构 [图 4.40 (b)] 或液压控制的齿轮齿条扩大机构 [图 4.40 (c)] 来实现压紧块的往复运动。采用长形的压紧块，则可在零件的全长进行砂削，同时砂削压力大小的控制和调整都比较方便。这类机床有与砂带的运动方向与压紧块平行的 [图 4.40 (d)] 也有成一定角度的 [图 4.40 (e)] 两类。图 4.40 (d) 所示的压紧块是由液压控制的，由长形压紧块 13、杠杆 14、平衡锤 15、油缸 16、手柄 17 及换向阀 18 等组成，手柄 17 使换向阀 18 改变进入油缸的油流方向，通过杠杆机构控制压紧块的压紧与放松。

图 4.40 (f) 为工件由履带进给而压紧装置固定不动的带式砂光机，能连续砂削，此类机床的生产率较高。

图 4.40 (g) 为具有浮动工作台和砂带张紧小轴的砂光机，可以砂削凸凹不平的曲面零件。

4.5.3　十字砂削宽带式砂光机

如图 4.41 所示，十字砂削宽带式砂光机是利用一个横向砂削装置和一个纵向砂削装置来实现十字砂削的。工作原理首先是用一条长砂带垂直于木材纤维方向进行砂削。这时可以获得一个很干净的表面，因为每根纤维的棱边都被切掉，在表面处理工序中不会再起翘。另外，在加工年轮硬度差别比较大的木

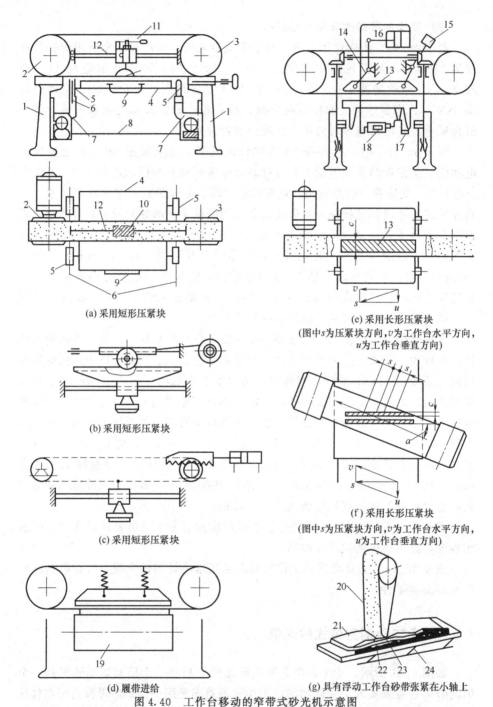

(a) 采用短形压紧块

(b) 采用短形压紧块

(c) 采用短形压紧块

(d) 履带进给

(e) 采用长形压紧块

(图中s为压紧块方向，v为工作台水平方向，u为工作台垂直方向)

(f) 采用长形压紧块

(图中s为压紧块方向，v为工作台水平方向，u为工作台垂直方向)

(g) 具有浮动工作台砂带张紧在小轴上

图4.40　工作台移动的窄带式砂光机示意图

1—机架；2—主动带轮；3—从动带轮；4—工作台；5—滚轮；6—导轨；7—托架；8—轴；9—手把；10—短形压紧块；11—手柄；12—空心导向轴；13—长形压紧块；14—杠杆；15—平衡锤；16—油缸；17—手柄；18—换向阀；19—进给履带；20—砂带；21—工件；22—仿形样板；23—小轴；24—浮动装置

材时，横向砂削还有一个比较大的优点，即不致把较软部分的木材砂去太多，而这在纵向砂削时可能会出现。接着是用宽砂带顺着纤维方向进行砂削，可以把横向砂削的痕迹砂磨掉，通过选择适当的砂带磨料粒度来获得最终表面光洁度。利用十字砂削还可以彻底地磨掉粘在木材表面的纸。一般在纵向砂削装置上总是有一个附加的精压辊，以便进行精砂。十字砂削是目前砂削贴面零件表面公认的最好加工方法。

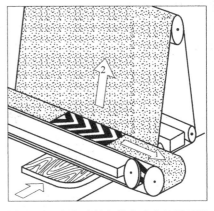

图 4.41 十字砂削宽带式砂光机原理图

1—横向砂削砂带；2—纵向砂削砂带

4.5.4 盘式砂光机

盘式砂光机的切削机构是一个回转的圆盘，圆盘端面粘贴有砂纸。盘式砂光机有单盘和双盘之分，单盘砂光机（图 4.42）又有立式和卧式之分。双盘

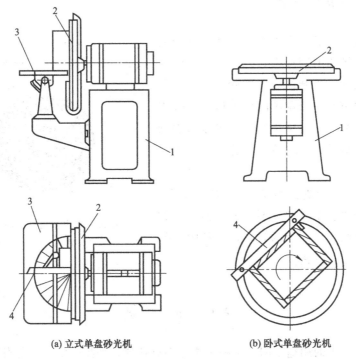

(a) 立式单盘砂光机　　　　　　(b) 卧式单盘砂光机

图 4.42 单盘砂光机

1—床身；2—沙盘；3—工作台；4—导尺

砂光机的磨盘通常垂直配置，其中一个用作粗砂，另一个作精砂用。盘式砂光机主要用于小平面的砂光，例如小木框和箱体的平面和侧面砂光，也可磨削棱边成弧形。由于砂盘的磨削速度不同，即越靠近砂盘中心其线速度越低，因此，在实际使用中通常只利用砂盘直径的30％左右，中心部分不作为磨削区。磨削时尽可能使木材的纤维方向与砂盘线速度方向一致，并且向砂盘压紧工件的同时做轻微地窜动，这样可以获得较好的光洁度。

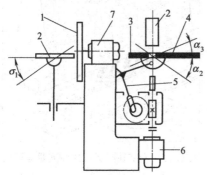

图 4.43　盘-卷轴式砂光机简图

1—砂盘；2—砂纸卷轴；3、4—工作台；

5—卷轴轴向摆动装置；6、7—电动机；

σ_1—卷轴变化角度；α_2、α_3—工作台调整角度

盘式砂光机也可与带式、卷轴式砂光机组成联合式砂光机，图 4.43 为盘-卷轴式砂光机简图。通常砂盘用于平面磨削，卷轴用于曲面或弧形表面的磨削。

4.5.5　刷式砂光机

刷式砂光机是将若干刷子和砂纸交错地分布在圆筒的圆周上，砂纸的另一端卷绕在套筒上，当圆筒高速回转时，砂纸利用本身的离心力和刷子的弹力压向工件表面进行砂光。当砂纸用钝时，可以从卷轴上抽出一段砂纸，将用钝部分剪去后可继续使用。

图 4.44 为刷式砂光机刷辊示意图。这种砂光机适于磨削成型表面。为了达到均匀地磨削成型表面的效果，砂纸的工作端需剪成窄条形式。

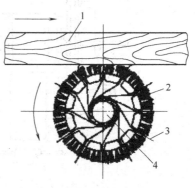

图 4.44　刷式砂光机刷辊示意图

1—工件；2—刷子；3—砂纸；4—套筒

4.6　压　机

由于压机的用途不同、结构多样、特点各异、种类较多，因此有不同的分类方法。

根据压机的工作方式可分为周期式压机和连续式压机两种，其中连续式压机多用于刨花板和密度板生产；根据压制产品的形状可分为普通式平压机和成型模压机，其中成型模压机在家具生产中应用较多；根据压制产品种类，可分为胶合板压机、纤维板压机、刨花板压机、装饰板压机等；根据加工工艺不同，分为预压机、冷压机、热压机等；根据压机层数的多少，分为单层压机和多层压机；根据压机机架结构形式，可分为柱式、框式和箱式压机；根据压力传递方式，可分为液压式和机械式压机，后者作用力较小，仅适用于小型设备；根据压机压板板面单位压力的大小，可分为低压、中压和高压压机。

低压压机板面的单位压力为 1～2MPa，如普通胶合板压机、二次加工用的覆贴板压机等。中压压机板面的单位压力为 2～8MPa，如航空胶合板压机压力为 2～2.5MPa，刨花板压机压力为 2.5～3.5MPa。干法中密度纤维板压机压力为 2.5～5.5MPa，湿法硬质纤维板压机压力为 5～6MPa，干法硬质纤维板压机压力为 6～8MPa。高压压机板面的单位压力在 8MPa 以上，如树脂层积板压机压力为 8～12MPa，木质层积材压机压力为 15～16MPa，酚醛树脂层积材压机压力为 20MPa。

4.6.1　冷（预）压机（图 4.45、图 4.46）

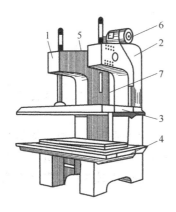

图 4.45　电动冷压机

1—左机架；2—右机架；3—上压板；
4—下压板；5—拉紧螺杆；6—电动机；
7—丝杆

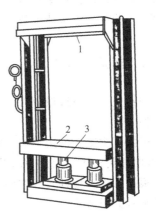

图 4.46　液压冷压机

1—上压板；2—下压板；
3—柱塞式液压缸

4.6.2　热压机结构（图4.47）

图4.47　Burkle U80型单层贴面热压机

1—机架；2—热压板；3—下热压板；4—电控箱；5—安全阀；6—液压系统；
7—柱塞式液压缸；8—下顶板；9—平衡机构；10—定位杆

4.7　封　边　机

封边机是用刨切单板、浸渍纸层压条或塑料薄膜（PVC）等封边材料将板式家具部件边缘封贴起来的加工设备。有时也可以用薄板条、各种染色薄木（单板）、塑料条、浸渍纸封边条以及金属封边条等封边。

4.7.1　封边机分类

按封边工艺封边机分为冷-热法封边机、加热-冷却封边机和冷胶活化封边机三种。

根据可封贴工件边缘的形状，封边机可分为直线平面封边机、异型封边机（直线曲面封边机）、直曲线封边机、包覆式封边机、组合型封边机等。

根据工件（板件）一次通过封边机对板件封边的状况将封边机分为单面封边机和双面封边机。

4.7.2　常用封边机

(1) 双面直线平面封边机

① 双面直线平面封边机的结构示意图如图4.48。

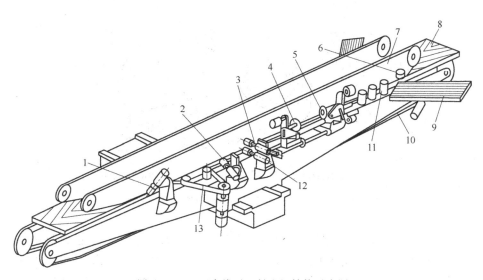

图 4.48　双面直线平面封边机结构示意图

1、2—倒棱机构；3、12—水平铣刀；4、5—锯架；6—涂胶装置；7—上压紧机构；
8—板件；9—料仓；10—双链挡块；11—热压辊；13—砂架

② 双面直线平面封边机的工作过程。其基本功能部分由板件和封边材料进给、封边条预切断、涂胶、压合、前后锯切齐头、上下铣边等机构实现，这些机构可以自动完成封边的最基本的工序。在机器上可以配置布轮抛光、精细修边、带式砂光、刮光和多用铣刀等选配部件（图 4.49）。用户可以根据产品类型及加工工艺要求任选其中一种。

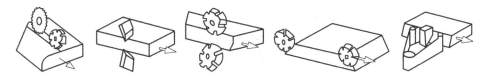

(a)镶嵌封面加工机构　(b)刮光机构　(c)倒棱圆化机构　(d)成型修饰机构　(e)成型带式砂光机构

图 4.49　封边机选配部件示意图

(2) 异型封边机（直线曲面封边机）

异型封边机可以封贴如图 4.50 所示各种形状的曲面，同时也可做直线平面边缘封边。封边材料可分为装饰单板、PVC 薄膜、三聚氰胺层积材、实木条等，采用热熔胶封贴。封边材料尺寸和封贴边缘尺寸如图 4.51。

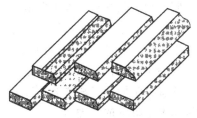

图 4.50　异型封边机封贴的各种形状曲面

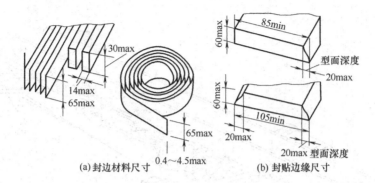

图 4.51　封边材料尺寸和封贴边缘尺寸示意图

　　图 4.52 是 KL078E 型异型封边机示意图。该机由床身 10、进给机构 9、上压紧机构 8、电控盘 2 和六个基本加工机构（万能预加工机构 1、封贴机构 3、万能成型加压机构 4、前后截头机构 5、上下边粗铣机构 6 和上下倒棱机构 7）所组成。

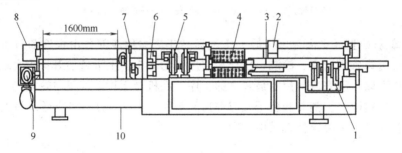

图 4.52　KL078E 型异型封边机外形结构示意图

1—万能预加工机构；2—电控盘；3—封贴机构；4—万能成型加压机构；5—前后截头机构；
6—上下边粗铣机构；7—上下倒棱机构；8—上压紧机构；9—进给机构；10—床身

(3) 直曲线封边机

　　直曲线封边机示意及结构（以 MD-535 直曲线封边机为例）见图 4.53 和图 4.54。

　　所有的木制品加工企业都离不开木工机械，几乎可以说没有木工机械就没有木制品加工企业。根据调查，这类企业现在的设备管理人员和高级操作人才严重不足，影响了企业的健康发展。本章对七个常用木工设备进行了介绍，读者可掌握木工机械的分类、组成、结构。通过对设备操作、安全操作的延伸学习，读者可掌握设备操作具体流程。在具体学习中，有利于增加读者的成就感和操作木工机械的兴趣。

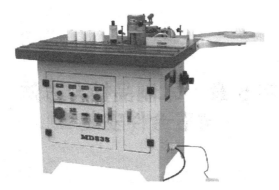

图 4.53　MD-535 直曲线封边机

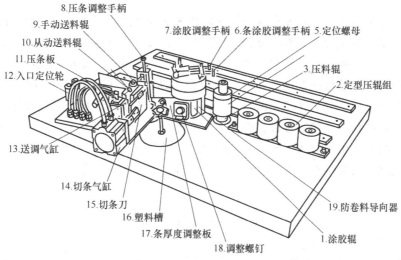

图 4.54　直曲线封边机结构

第 5 章　木制品接合方法与五金件安装

　　木制家具的零件需要相互连接才能成为部件及成品，零部件间的连接称为接合。常见的接合方式有榫接合、钉接合、胶接合、五金件接合。不同的接合方式使用不同的木制品结构，如榫接合适用于传统家具的框架接合；胶接合主要用于实木板的拼接及榫头和榫孔的胶合；螺钉与圆钉适用于强度要求不高、美观要求低及木制品隐秘处的接合；五金件接合主要用于板式部件和现代实木家具部件结构的连接。各种接合方式选用得合理与否，直接关系到家具中零部件的原材料、生产方式、零部件的接合强度以及家具的美观性等。因此，合理地使用这些接合方式，是家具结构设计中应主要考虑的问题。

5.1　榫　接　合

　　榫接合（图 5.1）指榫头与榫眼或榫沟组成的接合，零件间通过榫头与榫眼配合挤压，并辅以胶接合及钉接合获得接合强度。榫头、榫槽、榫眼示意如图 5.2。

图 5.1　榫接合

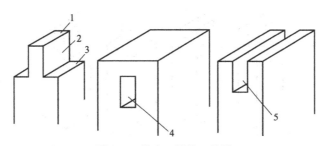

图 5.2　榫头、榫槽、榫眼

1—榫端；2—榫颊；3—榫肩；4—榫眼；5—榫槽

5.1.1　榫接合分类

（1）以榫头形状分类（图 5.3）

分为直角榫、燕尾榫、圆棒榫、椭圆棒榫和齿形榫。

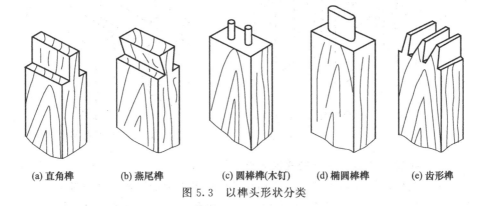

(a) 直角榫　　(b) 燕尾榫　　(c) 圆棒榫(木钉)　　(d) 椭圆棒榫　　(e) 齿形榫

图 5.3　以榫头形状分类

（2）以榫头数目分类（图 5.4）

根据零件宽（厚）度决定在零件的一端开一个或多个榫头时，就有单榫、双榫和多榫之分。

（3）以榫肩数目分类（图 5.5）

对于单榫而言，根据榫头切肩的方式不同，又可分为单面切肩榫、双面切肩榫、三面切肩榫、四面切肩榫。

（4）以榫接合后能否看到榫头的侧边分类（图 5.6）

有开口榫、半开口榫和闭口榫。

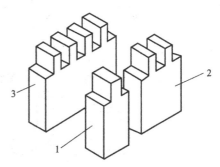

图 5.4　以榫头数目分类

1—单榫；2—双榫；3—多榫

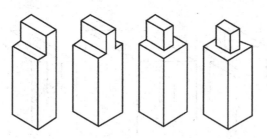

(a) 单面切肩榫 (b) 双面切肩榫 (c) 三面切肩榫 (d) 四面切肩榫

图 5.5　以榫肩数目分类

(5) 按榫接合后榫是否外露分类（图 5.7）

分为明榫（贯通榫）和暗榫（不贯通榫）。

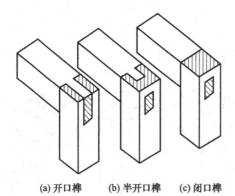

(a) 开口榫　　(b) 半开口榫　　(c) 闭口榫

图 5.6　以能否看到榫头的侧边分类

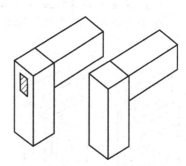

图 5.7　明榫与暗榫

(6) 按榫头与方材本身的关系分类

可分为整体榫与插入榫。整体榫是直接在方材上加工榫头——榫头与方材是一个整体；插入榫（图 5.8）的榫头与方材不是同一块材料。直角榫、燕尾

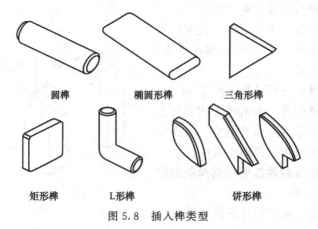

圆榫　　　　　椭圆形榫　　　　三角形榫

矩形榫　　　　L形榫　　　　饼形榫

图 5.8　插入榫类型

榫一般都是整体榫；圆棒榫、榫片等属于插入榫。插入榫与整体榫比较，可显著地节约木材用量和提高生产效率。

5.1.2 榫接合技术要求

(1) 榫头厚度
一般按零件的尺寸确定。厚度接近于方材厚度或宽度的 1/2，加工时榫头厚度应比榫眼宽度小 0.1～0.2mm，便于形成胶层。榫接合技术要求如图 5.9。

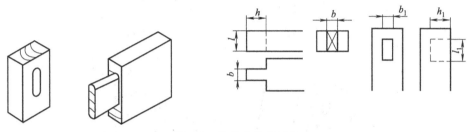

图 5.9 榫接合技术要求

h—榫长；l—榫宽；b—榫厚；b_1—槽宽；h_1—槽深；l_1—槽长

(2) 榫头的宽度
一般榫头宽度比榫眼长度大 0.5～1.0mm（硬材为 0.5mm；软材为 1.0mm）。

(3) 榫头的长度
实木家具常用的为暗榫。暗榫长度比榫眼深度小 2～3mm。一般控制在 15～30mm 可获得较为理想的接合强度。加工椭圆直榫时，通常取 10～15mm，加工最大长度为 25mm。

(4) 榫接合对木纹方向的要求
榫头的长度方向应为顺木纹方向，横向易折断；榫眼长度方向跟木纹方向一致，横向易撕裂。

(5) 榫头与榫肩的夹角
等于或略小于 90°，但不可大于 90°，否则会导致榫肩与榫眼基材表面接合不紧密，影响接合强度和美观性。

5.1.3 榫接合在木制品中的接合形式

(1) 十字形接合（图 5.10）
一种最基本的接合法，主要应用于木材中部的接合，种类有十字搭接、十字承口搭接、十字 V 形承口搭接、十字方榫接合等。

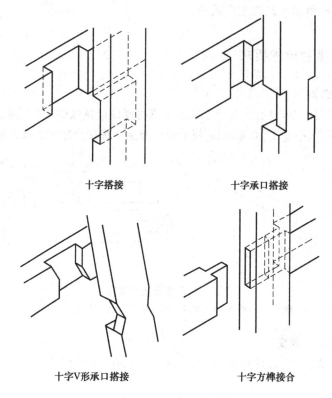

十字搭接　　　　　　　　十字承口搭接

十字V形承口搭接　　　　　十字方榫接合

图 5.10　十字形接合

(2) T 形接合（图 5.11）

木材端部与木材中部的接合方法，一般有 T 形搭接、鸠尾（燕尾）搭接、直通方榫、裂口榫接（三缺榫）、带楔直通方榫、斜锥三缺榫等。

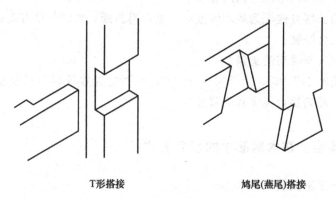

T形搭接　　　　　　　　鸠尾(燕尾)搭接

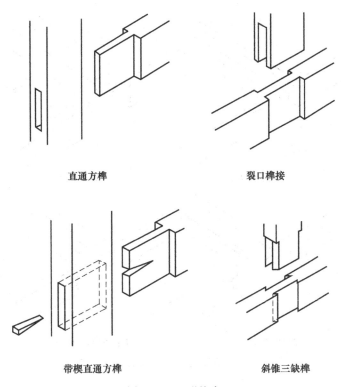

直通方榫　　　　　　　　　　裂口榫接

带楔直通方榫　　　　　　　　斜锥三缺榫

图 5.11　T 形接合

（3）企口接合（图 5.12）

企口接合又称为边缘接合，主要应用于板料的接合，是将木板两边缘面分别制成凹凸槽，相互配合，以增加接触面积，常应用于地板与壁板材料的接合，常用的有半槽边接、舌槽边接、方栓边接、方榫边接、S 形舌槽边接、鸠尾（燕尾）舌槽边接。

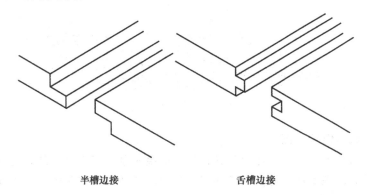

半槽边接　　　　　　　　　　舌槽边接

图 5.12

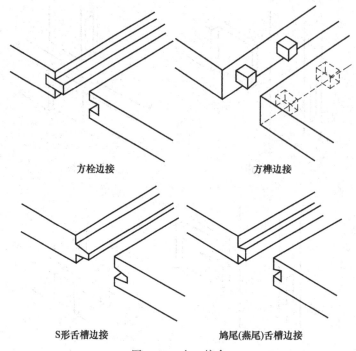

方栓边接   方榫边接

S形舌槽边接   鸠尾(燕尾)舌槽边接

图 5.12　企口接合

(4) 裁口接合 (图 5.13)

裁口接合又称边搭接法，是将木材的两侧分别制作方向不同的边槽，这样搭接可增加接触面积，常应用于屋面板、天花板、模板等的接合。

图 5.13　裁口接合

(5) 缺口继接 (图 5.14)

当木料长度不够时，除可用其他材料或金属盖板将其对接外，还可使用缺口继接的方法来达成，此法是将两根木料的缺口部分做成阴阳榫头及榫孔，用以达成纵向紧密接合的目的，如斜口继接，蚁继接、燕尾继接、竿继接、十字继接等。

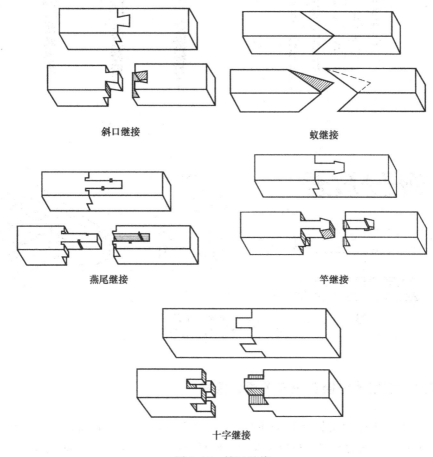

斜口继接　　　　　　　　　　蚁继接

燕尾继接　　　　　　　　　　竿继接

十字继接

图 5.14　缺口继接

5.2　钉与木螺钉接合

　　钉接合是一种借助钉与木质材料之间的摩擦力将接合材料连接在一起的一种接合方法，常利用铁钉、木螺钉、木钉、钉片、角铁等接合的方式，优点是节省时间及材料，但也有破坏木材本身自然的纹理，且在涂装后易遗留钉痕的缺点，结构上是较简陋的。钉接合常应用于组合或组成框架结构上，部分桌椅等家具的制作也采用木钉接合。钉接合结构力不亚于榫接合，且加工过程简单、迅速、成本低廉，目前广为使用，故初学者必须学会如何正确地使用木钉完成钉接合的工作。各种钉接合材料如图 5.15 所示。

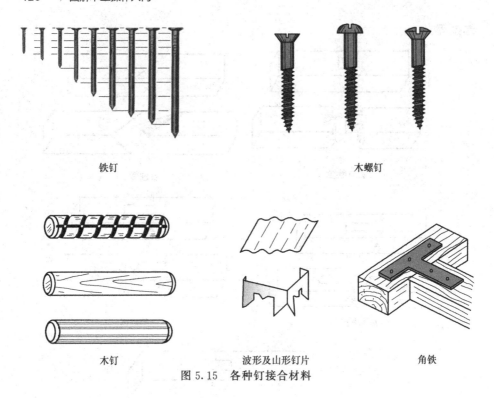

铁钉　　　　　　　　　　　　　　　　木螺钉

木钉　　　　　　　波形及山形钉片　　　　　　角铁

图 5.15　各种钉接合材料

5.2.1　使用铁钉接合时应考虑的因素

　　一般钉长应为受钉材料厚度的 1.4～2.5 倍，如 12mm 的板厚，可选择 25～45mm 钉长的铁钉；板厚为 3cm，则可选择 42～75mm 钉长的铁钉。为增强握着力，铁钉可将铁钉倾斜 10°～45°，且接合时铁钉避免钉在与木材纹路平行的线上，以免造成材料劈裂。

　　为减小破坏木材表面的纹理，可将头部打扁或剪掉，减少木材外表钉痕。

　　为避免涂装时暴露铁锈或铁钉痕，应将铁钉埋入材料表面，用填平剂或小木塞填平。铁钉角度与纹路如图 5.16。

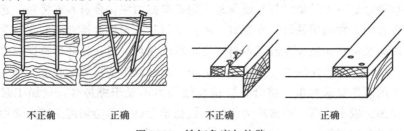

不正确　　　　　　正确　　　　　　不正确　　　　　　正确

图 5.16　铁钉角度与纹路

5.2.2　使用木螺钉接合时，应考虑的因素

选择钉长时约为受钉材料厚度的 1 倍即可。木螺钉使用时，应先使用沉孔钻头先行钻一小孔，再旋上木螺钉。不要用铁锤直接将木螺钉钉入木材内，如此会减弱木螺钉接合力量。木螺钉接合示意如图 5.17。

5.2.3　使用木钉接合时，应考虑的因素

圆棒榫（木钉）按表面构造情况有许多种，典型常用的有四种：螺纹圆棒榫、网纹圆棒榫、直纹圆棒榫、螺旋沟槽，如图 5.18。

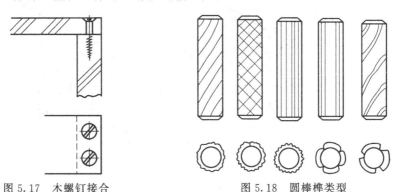

图 5.17　木螺钉接合　　　　　　图 5.18　圆棒榫类型

圆棒榫用的材料应选密度大，花纹通直细腻，无节、无朽、无虫蛀等缺陷的树材，如柞木、水曲柳、水青冈、桦木等。木钉接合通常应用于 T 形结构接合。常用加固胶黏剂为脲醛树脂胶和聚乙酸乙烯酯乳液胶。圆棒榫配合时，榫端与孔底间保持 0.5～1.0mm 的间隙，预留小木屑或胶聚集的空间。圆棒榫的直径为基材厚度的 1/3～1/2，常用的规格有 6mm、8mm、10mm、12mm。圆棒榫的长度一般为直径的 5～6 倍，常用的为 30～60mm。各种接合情况如图 5.19～图 5.21。

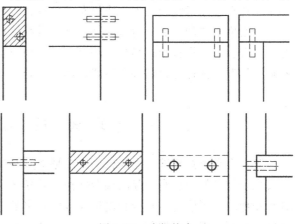

图 5.19　木钉接合

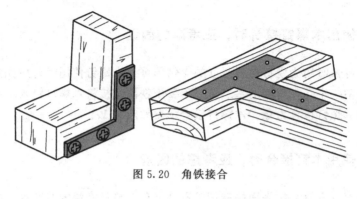

图 5.20　角铁接合

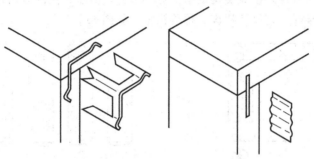

图 5.21　钉片接合

5.2.4　钉接合的特点

　　钉接合破坏木质材料，接合强度小，美观性差。当钉子顺木纹方向钉入木材时，其握钉力要比垂直木纹打入时的握钉力低 1/3，因此，在实际应用时应尽可能地垂直木材纹理钉入。当刨花板、中密度板采用钉接合时，其握钉力随着相对密度的增加，握钉力也提高。当垂直板面钉入时，刨花或纤维被压缩分开，具有较好的握钉力；当从端部钉入时，由于刨花板、中密度纤维板平面抗拉强度较低，其握钉力很差或不能使用钉接合。

5.3　胶　接　合

　　胶接合是家具零部件之间借助于胶层对其相互作用而产生的胶着力，使两个或多个零部件胶合在一起的接合方法。胶接合主要是指单独用胶来接合。随着新胶种的不断涌现，胶接合的适应范围越来越广，如常见的短料接长，窄料拼成宽幅面的板材，覆面板的胶合，弯曲胶合的椅坐板和椅背板、缝纫机台板、收音机木壳的制造等均采用胶合。

5.3.1　胶黏剂的类型

① 按化学组成分：蛋白胶、合成树脂胶和合成橡胶结构型胶。

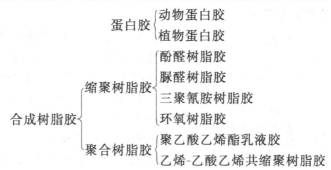

② 按胶液受热后的物态分：热固性胶、热塑性胶和热熔性胶。

③ 按耐水性分：高耐水性胶，如酚醛树脂胶等；耐水性胶，如脲醛树脂胶等；非耐水性胶，如聚乙酸乙烯酯乳液胶等。

5.3.2　胶接合常用的胶黏剂

(1) 贴面用胶

目前生产上主要采用热压和冷压两种形式。

热压 { 酚醛树脂胶 / 脲醛树脂胶 / 改性聚乙酸乙烯酯乳液胶 / 脲醛树脂胶与改性聚乙酸乙烯酯乳液胶的混合胶

冷压 { 聚乙酸乙烯酯乳液胶 / 改性聚乙酸乙烯酯乳液胶

(2) 边部处理用胶

指直线、直曲线及软成型封边用热熔性胶以及后成型包边用改性聚乙酸乙烯酯乳液胶和热熔胶。

直线、直曲线及软成型封边用热熔性胶 { 高温（160～210℃）热熔胶 / 高温（120～160℃）热熔胶

后成型包边用改性聚乙酸乙烯酯乳液胶（热压温度 160～210℃）

连续式后成型包边用热熔性胶 { 高温（160～210℃）热熔胶 / 高温（120～160℃）热熔胶

(3) 真空模压用胶

主要采用乙烯-乙酸乙烯共聚树脂胶或热熔胶。

(4) 指接材、实木拼板用胶

常采用聚乙酸乙烯酯乳液胶、改性聚乙酸乙烯酯乳液胶异氰酸酯胶黏剂、脲醛树脂胶与改性的三聚氰胺树脂胶的混合胶黏剂等。

(5) 胶合弯曲件用胶

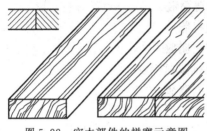

图5.22　实木部件的拼宽示意图

聚乙酸乙烯酯乳液胶、改性聚乙酸乙烯酯乳液胶、脲醛树脂胶与改性的三聚氰胺树脂胶的混合胶黏剂都可以用于胶合弯曲。特点是单纯依靠接触面间的黏合力（接合强度）将零件连接起来，零件胶接面都须为纵向平面。主要用于板式部件的构成和实木部件的拼宽（图5.22）和加厚。

5.4　五金件接合

家具中起连接、活动、紧固、支撑等作用的结构件称为家具配件，或称为家具五金件。五金件能使板式家具结构牢固可靠，能多次拆卸，满足功能性要求。

5.4.1　连接件

连接件又称紧固连接件，是指板式部件之间、板式部件与功能部件间、板式部件与建筑构件等家具以外的物件间紧固连接的五金连接件。典型的品种有偏心式连接件、螺旋式连接件。

(1) 偏心式连接件

偏心式连接件是由偏心轮与连接杆钩挂形成连接，用于板式部件的连接，是一种全隐蔽式的连接件，安装后不会影响产品外观，可以反复拆装。偏心式连接件的种类有一字形偏心连接件和异角度偏心连接件。

① 一字形偏心连接件。一字形偏心连接件可分为三合一偏心连接件、二合一偏心连接件、快装式偏心连接件三种和双向式偏心连接件。

a. 三合一偏心连接件：由偏心轮（偏心螺母）、连接杆及预埋螺母组成。由于连接杆直径比孔径小，常使用定位圆棒榫和三合一偏心连接件配合使用，防止板件之间滑移。三合一偏心连接件常配有装饰盖，故也称四合一偏心连接件。三合一偏心连接件如图 5.23 所示。

b. 二合一偏心连接件：有隐式二合一偏心连接件和显式二合一偏心连接件。

二合一自攻螺纹连接杆与端部连接杆如图 5.24、图 5.25。

c. 快装式偏心连接件：由偏心轮和膨胀式连接杆组成。快装式偏心连接件是偏心轮与连接杆连接时，连接杆上的圆锥体扩充到刺管直径，从而实现连接杆与侧板紧密接合，如图 5.26 所示。

图 5.23 三合一偏心连接件

图 5.24 二合一自攻螺纹连接杆

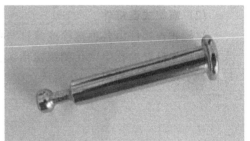

图 5.25 端部连接杆

图 5.26 快装式偏心连接件

d. 双向式偏心连接件：连接杆为双头连接杆，在连接时双头螺杆打入中立板中，两侧隔板或顶板嵌入偏心轮，常用于中立板连接两侧隔板或两侧顶板，如图 5.27 所示。

② 异角度偏心连接件。异角度偏心连接件用来实现两块板件非 90°接合，分为 Y 形和 V 形。V 形连接杆如图 5.28 所示。

图 5.27　双头连接杆

图 5.28　V 形连接杆

(2) 螺旋式连接件

螺旋式连接件由各种螺栓或螺钉与各种形式的螺母配合连接。圆柱螺母装入板件预先打好的孔中（孔朝螺栓预留孔），螺栓从另一板件穿透拧入圆柱螺母内，实现固定，如图 5.29 所示。

图 5.29　螺旋式连接件

5.4.2　铰链

铰链又称合页，是用来连接两个固体并允许两者之间做相对转动的机械装置，是连接两个活动部件的主要构件，主要用于柜门开启和关闭。按照铰链形式主要分为隐藏式铰链、单轴铰链、特殊铰链、合页铰链、翻板门铰链、上翻门配件。常用的有合页铰链、隐藏式铰链、翻门铰链。

(1) 合页铰链

合页铰链也称为明铰链，安装时合页部分外露于家具表面，如图 5.30 所示。

(2) 隐藏式铰链

隐藏式铰链也称杯状暗铰链，常用于各种家具门的安装，主要由铰杯、铰臂、铰链连接杆、铰链底座四部分组成，如图 5.31 所示。铰杯、铰臂、铰链连接杆为预装整体，铰链底座预留孔满足 32mm 系统关系，安装时将铰链底座安装在侧板上，铰杯安装在门板上（图 5.32）。

图 5.30　合页铰链

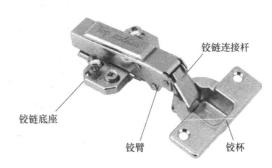

图 5.31　隐藏式铰链组成

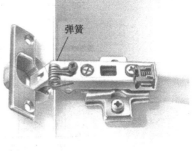

图 5.32　隐藏式铰链

隐藏式铰链按照门与侧板显露形式分为直臂铰链、小曲臂铰链、大曲臂铰链，如图 5.33 所示，这三种铰链分别对应的是盖门、半盖门、嵌门这三种门型，盖门即门板盖在旁板上，半盖门即门板盖住一部分旁板，嵌门即门板嵌入旁板内，或者说旁板盖在门板上。

不同门板高度对应的隐藏式铰链数量如图 5.34 所示。高度在 900mm 以下的门板需要 2 个铰链，高度在 1600mm 以下的门板需要 3 个铰链，高度在

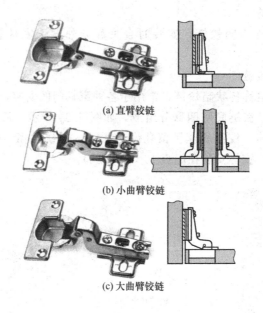

(a) 直臂铰链

(b) 小曲臂铰链

(c) 大曲臂铰链

图 5.33　铰链的三种类型

2000mm 以下的门板需要 4 个铰链，高度在 2400mm 以下的门板需要 5 个铰链。

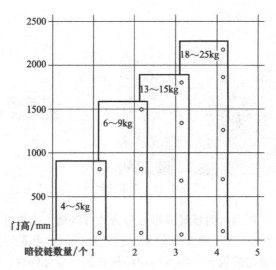

图 5.34　不同门板高度对应隐藏式铰链数量

　　铰杯固定方式按照与门板的接合形式分为拧入式、快装式、压入式和无需工具式，其中拧入式和压入式是最常用的铰杯固定方式，如图 5.35 所示。

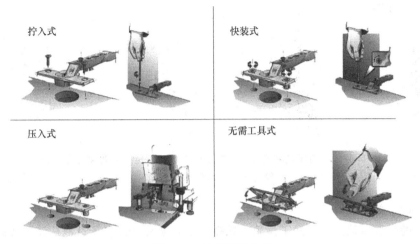

图 5.35　铰杯固定方式

　　铰杯安装尺寸具体参数需根据铰链厂商产品手册来确定，铰杯安装尺寸参数如图 5.36 所示。孔中心距离门边缘尺寸无统一标准，通常为 22mm 左右。

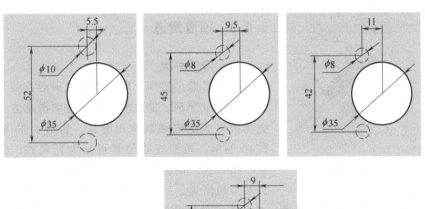

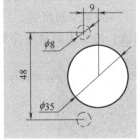

图 5.36　铰杯安装尺寸参数

　　按照门的开启角度常分为小角度隐藏式铰链（95°）、中角度隐藏式铰链（110°）、大角度隐藏式铰链（125°）、超大角度隐藏式铰链（120°～165°）。前三种铰链为常用铰链类型，超大角度隐藏式铰链常用于开启大角度的角柜或电视柜，如图 5.37 所示。

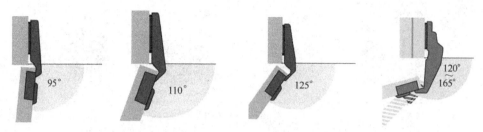

图 5.37　小角度隐藏式铰链、中角度隐藏式铰链、大角度隐藏式铰
链与超大角度隐藏式铰链

(3) 翻门铰链

　　橱柜五金配件中，除了滑轨、铰链之外，还有许多气压及液压装置类的五金件。这些配件是适应不断发展变化的橱柜设计方式而产生的，主要用于翻板式上开门和垂直升降门。有的装置有三点甚至更多点的制动位置，也称为"随意停"，如图 5.38 所示。

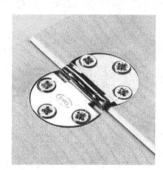

图 5.38　橱柜翻门五金件

5.4.3　抽屉滑道

(1) 滑道种类

　　抽屉滑道主要用于使抽屉推拉灵活方便，不产生歪斜或倾翻。抽屉滑道种类按照滑动方式可分为滚轮式滑道和滚珠式滑道，如图 5.39 和图 5.40 所示。按照安装位置可分为托底式、侧板式、槽口式、搁板式等。按照滑道拉伸形式可分为双节轨滑道、三节轨滑道。按抽屉关闭方式分为自闭式滑道、非自闭滑道。按照表面材质分为油漆滑道、电镀金属滑道。

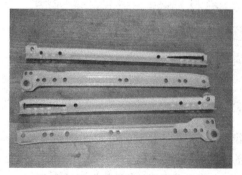

图 5.39　滚轮式托底滑道

图 5.40　滚珠式侧板式滑道

（2）滑道选择

选择抽屉滑道类型要根据抽屉大小型号选择尺寸，滑道尺寸有 250mm、300mm、350mm、400mm、450mm、500mm、550mm、600mm（图 5.41），级差为 50mm，滑道分为旁板安装部分和抽屉侧板安装部分，其中旁板安装部分满足 32mm 系统关系，安装过程中为防止滑道与抽屉底板冲突需预留安装间隙 2mm，滑道上的第一组孔距抽屉面板内侧表面 28mm 和 37mm，每组孔的间距满足 32mm 的倍数关系。

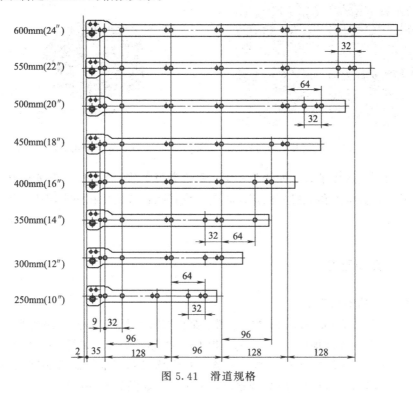

图 5.41　滑道规格

5.4.4　支撑件

支撑件用于支撑家具部件，如层板销，主要用于柜类层板（搁板）支撑。按照固定与否可分为活动层板销和固定层板销。活动层板销适于活动层板，不破坏层板，如图 5.42 所示。

固定层板销适于固定层板，结构强度更高，如图 5.43 所示。

安装活动层板销时，四个为一组，每个旁板上前后各两个。每个旁板上在预留孔中插入活动层板销，搁板直接搭在四个层板销上。

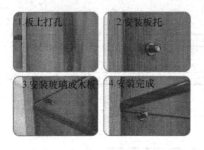

1.板上打孔　2.安装板托
3.安装玻璃或木板　4.安装完成

图 5.42　活动层板销及安装过程

图 5.43　固定层板销

安装固定层板销时，四个为一组，每个旁板上前后各两个。将螺钉部分拧在旁板上，搁板上预先打好固定层板销的位置孔，直接坐在固定层板销的白色塑料头处。

5.4.5　其他五金

(1) 家具脚部五金

① 脚座。脚座常安装在柜类、床类、桌椅类家具下部，通过可调整螺纹调节高度。装在床头柜或地柜地台下，每个柜子最少配4个脚座，如图5.44所示。

② 脚钉。脚钉安装在柜类、床类、桌椅类家具下部，通常底部为尼龙，顶部为凸起铁钉，可用于家具调整高度和水平，如图5.45所示。

图 5.44　脚座

图 5.45　脚钉

③ 脚轮。脚轮俗称转脚，可进行 360°旋转，故也称万向轮，多安装在沙发、床、餐车、柜类等家具的底部。市场中万向轮分为有刹车功能和无刹车功能两类。根据安装方式可分为平板式脚轮、插入式脚轮、螺纹式脚轮。如图 5.46 所示。

（2）层板支架

层板支架用于挂墙层板，为隐藏式五金。在层板开槽和开孔，层板支架用于支撑层板，当层板宽度≤1000mm 时，使用 2 个层板支架，当 1000mm＜层板宽度为≤1500mm 时，使用 3 个层板支架，当层板宽度＞1500mm 时使用 4 个层板支架，如图 5.47 所示。

图 5.46 脚轮

图 5.47 层板支架

（3）拉手

拉手用于门与抽屉的开关，同时具有装饰家具的重要作用。根据材料不同可分为木质拉手、陶瓷拉手、金属拉手、塑料拉手等。根据风格不同分为现代拉手、古典拉手。根据安装方式不同分为单孔拉手、双孔拉手、嵌槽拉手。

（4）拉篮

拉篮具有较大的储物空间，而且可以合理地切分空间，使各种物品和用具各得其所，如图 5.48 所示。根据不同的用途，拉篮可分为炉台拉篮、三面拉篮、抽屉拉篮、超窄拉篮、高深拉篮、转角拉篮等。

（5）挂衣杆

材质采用铝合金材料，硬度高，承重力大，表面经过阳极氧化处理，耐磨损、耐割花。挂衣杆圆形表面若增加几条工艺线不但有装饰效果更能起到防滑作用。挂衣杆有 2 种规格，分别用于单门衣柜与双门衣柜，尺寸

图 5.48 橱柜拉篮

分别为 360mm（长）×30mm×15mm，760mm（长）×30mm×15mm，如图 5.49。

(6) 裤架

裤架用于折挂裤子，使裤子笔挺无皱痕。裤架有 1 种规格，深度与宽度均为 350mm，如图 5.50 所示，其中安装螺钉的横向孔距为 256mm，与旁板上的前排系统孔与中排结构孔孔距一致；安装螺钉的竖向孔距为 32mm。

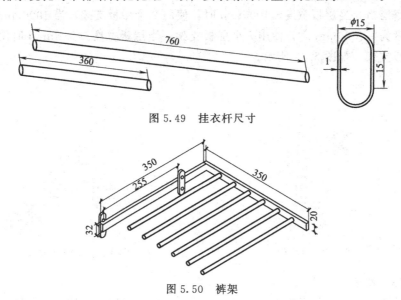

图 5.49　挂衣杆尺寸

图 5.50　裤架

5.5　三合一连接件安装方法

三合一连接示意如图 5.51。

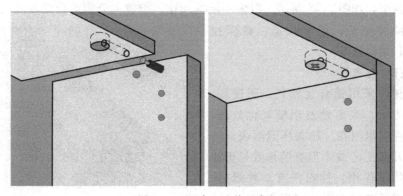

图 5.51　三合一连接示意

安装工具如图 5.52。

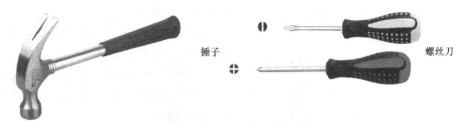

锤子   螺丝刀

图 5.52 锤子和螺丝刀

把白色的预埋件砸入板面对应的孔中，保证预埋件表面与板面齐平，对应孔的大小尺寸为 $\phi 10 \times 13$。把圆棒榫用锤子安装进板对应的孔位，如图 5.53。

使用螺丝刀把连接杆顺时针拧入预埋件中，如图 5.54。

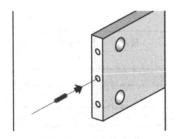

图 5.53 圆棒榫安装

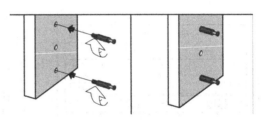

图 5.54 连接杆安装

把两块板按照图 5.55 所示方式对接起来。

将偏心螺母上的箭头对准露出的连接杆头部放入，此孔尺寸为 $\phi 15 \times 13$。使用螺丝刀顺时针（有"＋"号的地方）锁紧偏心螺母，如图 5.56。

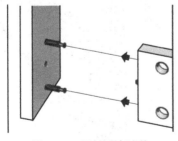

图 5.55 两板垂直连接

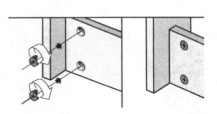

图 5.56 偏心螺母安装

5.6 滑道安装与调节

如果家具不是购买的成品而是找木工现场制作，安装抽屉时需要注意安装

安装间隙

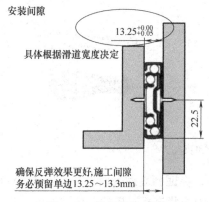

具体根据滑道宽度决定

确保反弹效果更好,施工间隙
务必预留单边13.25~13.3mm

图 5.57 抽屉安装间隙

滑轨前是需要给抽屉预留触碰反弹的空间的,如图5.57。

抽屉按安装方式可以分为低抽屉和内抽屉,如图5.58所示。

低抽屉的抽屉面板在抽屉完全推入箱体后仍然凸出留在外面和上下不在一条直线上。

内抽屉的抽屉面板在抽屉完全推入箱体后也同时进入其中,不会留在外面。

抽屉滑道一共分为三个部分:活动轨(内轨)、中轨、固定轨(外轨),如图5.59。

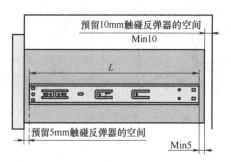

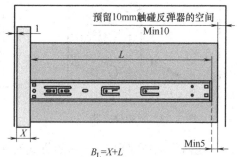

图 5.58 抽屉安装方式

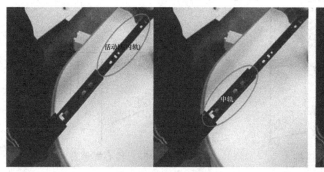

图 5.59 抽屉滑道活动轨(内轨)、中轨、固定轨(外轨)

滑道安装前需要将内轨也就是活动轨从滑道主体上拆下来,注意在拆卸的时候不要损坏滑道。拆卸的方法很简单,对比图5.60找到内轨上的卡簧,按下后轻轻将内轨取出(注意:外轨和中轨是不能拆开的)。

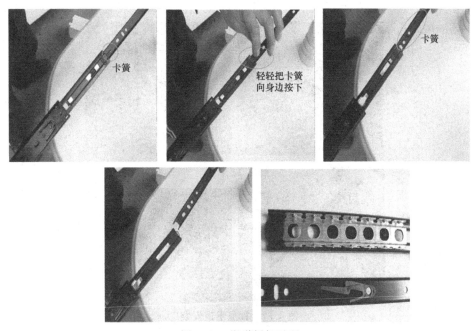

图 5.60　滑道拆卸过程

　　将分拆滑道中的外轨和中轨部分先安装在抽屉箱体的两侧，再将内轨安装在抽屉的侧板上。如果是成品家具，在抽屉的箱体和抽屉侧板都有厂家预先打好的孔位，便于安装；如果是现场制作则需要自己打孔。

　　图 5.61 是抽屉的正视图。

图 5.61　抽屉的正视图

　　因此，当需要将孔位锁定在抽屉侧板中间时，要注意相对应的孔位在安装滑道的侧板上的位置应该为 $X/2+22\text{mm}$。22mm 为预留缝隙，在安装滑道（图 5.62）的时候建议先将抽屉组装成整体，在轨道上有两种孔位，用于调整抽屉的上下和前后距离。

图 5.62 抽屉滑道安装

最后将抽屉装入箱体，在安装的时候注意按住前面提到的内轨的卡簧，再将抽屉平行慢慢推入箱体并到底部，如图 5.63。

图 5.63 抽屉安装

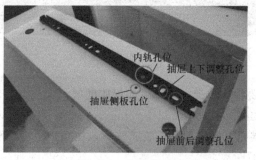

图 5.64 抽屉调节

将抽屉安装后，反复开合。观察抽屉面板与顶板的缝隙是否均匀。如果不均匀则需要进行进一步调节，如图 5.64。

螺钉可在孔位处进行上下左右的调节，从而达到两边对齐，并且与顶板的缝隙均匀。

5.7　门板铰链安装与调节

铰链安装调节工具采用十字螺丝刀来操作进行，如图 5.65。

5.7.1　铰座与侧板连接

铰杯上面有两颗螺钉孔与门板连接用；铰座上面有两颗长螺钉孔用来调节门板的上下；铰座上面有两颗圆螺钉孔用来固定侧板；铰座上面前端的螺钉用来调节门板的前后进出量；铰座上面后端的螺钉用来调节门板的左右移动量。

5.7.2　门板上下的调节方法

如图 5.66，将 A 处圆孔螺钉松开取出，将 B 处椭圆孔螺钉松开，即可将门板上下移动，然后将 B 处椭圆孔的螺钉锁紧即可，待门板调节无问题，再将 A 处螺钉安装好。

图 5.65　十字螺丝刀

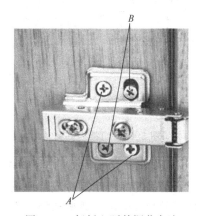

图 5.66　门板上下的调节方法

5.7.3　门板的左右调节方法

通过左右调节量螺钉的旋转，调节门板的左右量，如图 5.67。

顺时针旋转，门板向外侧移动，如图 5.68。

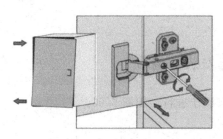

图 5.67　门板左右调节

图 5.68　门板外侧移动

逆时针旋转，门板向内侧移动，如图 5.69。

5.7.4　门板前后的调节方法

将螺钉松开，可以将门板铰链前后移动，待调整好后将螺钉锁紧，如图 5.70。

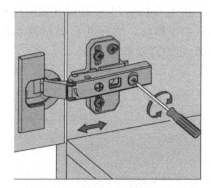

图 5.69　门板内侧移动

图 5.70　门板前后调节

门板的调节标准：水平门板距离顶沿 2mm；门板与门板之间的缝隙 3mm。

木制品是由若干零件或部件按照一定接合方式装配而成的产品。木制品的整体质量受接合部位质量和接合方式影响，不同结构或不同用途的木制品对接合方式要求不同。一般的木质家具都是由若干个零部件按照一定的接合方式装配而成，板式家具一般采用连接件接合、圆榫接合方式，框架式家具采用榫卯接合、胶接合、钉子接合。各种接合方式选用得合理与否，直接关系到家具中零部件的原材料、生产方式、零部件的接合强度以及家具的美观性等。因此，合理地使用这些接合方式，是家具结构设计中应主要考虑的问题。

第6章 实木家具制作

实木家具是指由天然木材制成的家具，这样的家具表面一般都能看到木材美丽的花纹。家具制造者对于实木家具一般采用涂饰清漆或亚光漆等来表现木材的天然色泽。实木家具可以分为纯实木家具和仿实木家具。实木家具的所有用材都是实木，包括桌面，衣柜的门板、侧板等均采用实木制成，不使用其他任何形式的人造板。所谓仿实木家具，从外观上看是实木家具，木材的自然纹理、手感及色泽都和实木家具一模一样，但实际上是实木和人造板混用的家具，即侧板，顶、底、搁板等部件用薄木贴面的刨花板或中密度纤维板，门和抽屉则采用实木。这种工艺节约了木材，也降低了成本。

6.1 实木家具接合方式

木制品结构形式如下：

(1) 框架式结构

框架式结构是我国传统家具及木构建筑的结构形式，以榫眼结合形成主受力框架，以装板为铺大材，制品稳定性好，经久耐用，制作不仅可用手工，而且可机械化生产。有的框架带嵌板或镶板；在安装木框的同时或安装木框后，将人造板或拼板嵌入木框中间，称为木框嵌板结构；镶板是在框架安装好之后，将板材镶在框架外侧或两侧。嵌板的方法有两种：一种是榫槽嵌板；另一种是裁口嵌板。裁口嵌板是在装板后由带一定线型的木条钉连接固定，装配简单，易于换板，且可取得丰富造型。榫槽嵌板如需换装板则必须将框架拆散。在装板时，两种嵌板方法在榫槽内均不应施胶，必须预留出板的缩胀间隙，以防装板缩胀时破坏该部位的结构。

框架嵌板结构的嵌板槽，距外表面不得小于6mm，槽深不应小于8mm；槽不准开在槽撑的榫头上，以免破坏结构的牢固性和结合强度。

(2) 板式结构

采用大幅的人造板为主要材料，通过连接件或紧固件结合，形成拆装式或固定式的制品称为板式结构木制品。拆装式板式结构采用五金件连接，如空心螺钉连接、尼龙倒刺与螺钉连接、偏心件连接等。固定式的连接结构，采用紧固件、圆棒榫或多个直角榫、多个马牙榫的接合方法，加工简单，生产方便。目前，越来越多的实木家具采用板式结构。

(3) 曲木式结构

主要部件由经软化处理弯曲成型的木材或多层胶合板所构成的木制品为曲木式结构。曲木式结构主要用于家具。其工艺简单，造型美观，但对材料要求严格，成型胶合板可按人体特点，压制成具有理想弯曲度的各种椅子，但制作家具必须具备冷压或热压弯曲成型设备，结构部件连接一般采用明螺钉连接。

(4) 折叠式结构

指可折动、积叠的结构形式，多用于家具。折叠式家具主要有椅、桌、床等几种，通过折动、积叠可使家具功能多样，且节省空间。实木家具的接合就是零件和零件之间，零件和部件、合件之间采用不同的接合方式，将它们连接而成的。

零件是木制品最基本的组成部分，经加工后没有组装成部件或成品的最小单元。部件是一种装配单位，是由两个或两个以上能拆或不能拆开零件构成的独立安装的部分。合件是木制品的一个部分，由若干个零件和部件组合而成，但不能单独使用（例如实木门及门框组合）。

实木家具的接合方法有榫接合、钉接合、木螺钉接合、胶接合和连接件接合，具体接合技术参数参照"第5章　木制品接合方法与五金件安装"。

6.2　实 木 配 料

6.2.1　选料

木制品按其所在部位可分为外表用料、内部用料以及暗用料三种。外表用料露在外面，需要涂饰，如写字台的面、橱柜的可视部分等；内部用料指用在制品内部，不需要涂饰或不需要完全涂饰的零件，如内档、底板等；暗用料指在正常使用情况下看不到的零部件，如抽屉导轨、包镶板、内衬条等。

等级不同和用途不同的木制品，其技术要求也不同。木制品上不同部位的零件，对材料的要求也不完全相同。根据木制品的质量要求，合理地确定各零部件所用材料的树种、纹理、规格及含水率的过程，称为选料。

选料时，要考虑家具的结构牢固、外表美观，把材质坚硬、光泽好、纹理美观、涂饰性能好的材料用作家具的外表用料，把质地较次、材色和纹理不明显的材料用作内部用料或暗料，做到优材不劣用、大材不小用、长材不短用，有缺陷的木材搭配使用，达到材尽其用。这就是选材配料的原则。同时还应该注意以下几点：

一是在满足设计要求的情况下，材料搭配合理，避免浪费。选材除了首先考虑木材质量外，还要考虑产地、成本、运输等一系列因素，选那些材质好、出材率高、成本偏低的材料。

二是配料选材必须考虑木材的干燥程度，所选木材的含水率必须低于国家标准。

三是选材要考虑产品的零部件受力情况和产品的精度要求，注意对有缺陷材料的选配和使用。成品零部件的木材材质缺陷使用，必须低于国家规定的允许范围。

四是如果家具要上透明漆，则应对外表面用材的木材纹理、材色统一严格要求，其他部位用材次之；若是不上透明漆，用料可适当放宽要求，但材质、强度必须达到要求，缺陷也不能超过规定标准。

五是成套家具中每件家具的表面用料质地必须相近、木纹色泽相似、协调统一，胶拼的构件上材质的软硬度不得差别过大。

6.2.2　配料方法

木材制品的规格和品种很多，配料是按产品的要求，将各种不同的树种，不同规格的木材，锯截成符合产品规格的毛料，即基本构件。

根据加工工艺不同，配料方法也多种多样，归纳起来，主要有粗锯配料法、划线配料法、刨光配料法、单一配料法和综合配料法。

(1) 粗锯配料法

将准备好的板材进行粗锯，板材中的色泽、纹理和缺陷都明显地显露出来，以便按特点选材配料，根据板材的长度、宽度、厚度等尺寸特点，进行大、小构件合理搭配，色泽合理搭配，优劣合理搭配，提高木材利用率。

(2) 划线配料法

根据木构件的毛料规格尺寸，形状和质量要求，在木板上套截划线，然后照线锯割。此法尤其适用于弯曲部件和异形部件。划线配料法又分平行画线法和交叉画线法。具体如图 6.1 和图 6.2。

(3) 刨光配料法

将大板先经刨床单面或双面粗刨加工，然后再进行选料的方法。经过粗刨

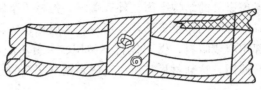

图 6.1 平行画线法

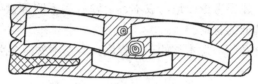

图 6.2 交叉画线法

后的板材，纹理、材色以及缺陷明显暴露在表面，配料时可以按实际情况，合理配料。对于节子、变色、裂纹、腐朽等缺陷，可以根据用材标准，配料时予以剔除或保留，可以有效地提高产品质量。

（4）单一配料法

对大批的构件配料，可将制材时已加工成规格料的板方材，按构件所需长度进行横截，工序简单、生产效率高，是批量配料常用的一种方法。

（5）综合配料法

相对单一配料法而言，即一批制品的多种构件，只要断面尺寸相同，或构件的宽度和厚度只要有一个尺寸相同，不论其长短有多少，均可混合配料。此法能充分做到长材不短用，大材不小用，提高木材利用率。综合配料由于构件规格复杂，操作技术要求高，因此要经常总结经验，提高操作技术水平。

（6）配料下锯法

配料方案确定以后，锯割的方法可以分为先截断后纵解和先纵解后截断两种。先截断可以先去掉木材的缺陷部位，截为短板，方便搬运和摆放，注意长短搭配截料，充分利用长度，做到长材不短用。先纵解适合配置统一宽度或厚度的批量毛料，这样出材率高。这两种方法的选用要根据实际、零件形状尺寸、车间环境来确定。总之，下锯法的选择，要充分利用木材特点并能提高生产效率。具体锯解示意如图 6.3 和图 6.4。

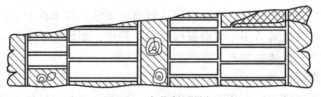

图 6.3　先截断后纵解

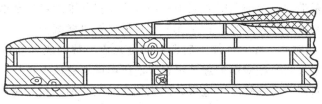

图 6.4　先纵解后截断

6.3　方材毛料加工

6.3.1　基准面的加工

(1) 基准面的类型

实木工件的基准面通常包括大面（平面）、小面（侧面）和端面三个面。不同的工件按加工质量和加工方式的不同，不一定全部需要三个基准面，有时一个或两个即可。

(2) 如何选取基准面

① 对于直线形的方材毛料要尽可能选择大面作为基准面，其次选择小面和端面作为基准面，这主要是为了增加方材毛料加工的稳定性。

② 对于曲线形的毛料要尽可能选择平直面（一般选侧面）作为基准面，其次选择凹面（加模具）作为基准面。

③ 基准面的选择要便于安装和夹紧方材毛料，同时也要便于加工。

(3) 毛料的加工（图 6.5）

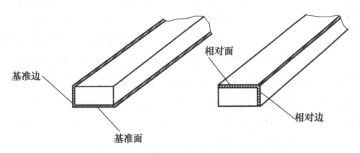

基准边
相对面
基准面
相对边

图 6.5　零件加工基准面及相对面

① 加工基准面。为了获得一定的形状、准确的尺寸和光洁的表面，保证后续工序加工定位，必须对毛料进行基准面的加工。基准面包括平面（大面）、侧面（基准边）和端面。对于不同的零件，根据其质量要求的不同，不一定全

部加工三个基准面，有时只需要其中一面或两面找基准即可。平面和侧面的基准面可在平刨床或铣床上加工；端面一般只需要锯机横截。

② 加工相对面。相对面加工后即可获得光洁平整的表面和符合技术要求的形状及规格尺寸。相对面的加工可在单面压刨床和铣床上进行。尺寸较小的工件加工相对面，可在铣床上进行，面积较大的工件加工相对面，应在压刨床上进行。在实际生产中，应根据木制品各个零部件的质量要求和使用位置，生产批量的大小等具体情况，合理选择加工机械和加工方法。一般以平刨床加工基准面和边，再以单面压刨床加工相对面和相对边。此种方法加工出的产品形状和尺寸准确、表面光洁，但效率较低。

6.3.2　基准面的加工设备

(1) 平直面和曲面加工基准面时常用的设备

平直面的大面和小面以及小曲面的侧平直面加工基准面时，主要使用的设备是平刨床。曲面的大面（凹面）加工基准面时主要使用的设备是铣床。

① 平刨床。平刨床用来将粗糙不平的方材毛料表面加工成光滑平整的平面，使该平面作为后续加工的基准面。还可以利用平刨床的靠尺，将基准面的相邻面加工成与基准面成一定角度的平面，一般为90°，通常该面称为辅助基准。平刨床的主要结构是由床身、前工作台、后工作台、刀轴、靠尺和工作台调整部分等组成。平刨床前、后工作台的高度差即为切削层的厚度。

平刨床的进料方式较多，在实际生产中，使用最多的是手工进料。手工进料可以获得较高的加工基准，但是劳动强度大，生产效率低，而且操作中存在不安全的因素。机械进料虽然可以获得较高的生产效率，大大减轻生产工人的劳动强度，同时又可以避免生产过程中的不安全因素，但是机械进料中，由于导向轮、滚筒或履带等既要压紧方材毛料，又要带动方材毛料进给，因此，施加在方材毛料的压力大，易导致方材毛料发生弹性变形。当加工后撤除外力时，方材毛料的弹性恢复，使加工的基准面不精确，影响加工质量。

② 铣床。铣床是一种多功能木材切削加工设备，在铣床上可以完成各种不同类型的加工，如直线形的平面、直线形的型面、曲线形的平面、曲线形的型面等铣削加工，此外还可以进行开榫、裁口等加工。铣床的这些加工功能有些是属于方材毛料的加工，有些是属于方材净料的加工。下面介绍的是常用的单轴立铣、双轴立铣和镂铣机（上轴铣床）。

a. 单轴立铣。单轴立铣主要加工直线形的平面、直线形的型面、曲线形的平面、曲线形的型面等，此外，它还可以进行开榫、裁口等加工。

b. 双轴立铣。当曲线形工件在长度上与中点对称或近似对称时，一般采用双轴立铣来加工，双轴立铣加工的工件表面可以是平面，也可以是型面。

c. 镂铣机。镂铣机是属于上轴铣床的一种设备，由于可以加工许多形状的零部件而被广泛地应用在现代家具生产中。

(2) 端面加工基准面常用的设备

端面加工基准面常用的设备主要是推台锯和万能圆锯机等。推台锯已在前面介绍过，这里不再阐述。万能圆锯机是一种多功能的锯机，对工件既可以进行纵向锯解，也可以进行横向锯解，还可以对工件进行一定角度的锯解和开槽等加工。现代家具生产中，常用的万能圆锯机主要有摇臂万能圆锯机和台式万能圆锯机。

(3) 其他面的加工设备

其他面的加工设备主要有压刨床、四面刨床、铣床和多片锯等。

6.3.3 加工举例

(1) 平刨床加工基准面和边，压刨床加工相对面和边

这种加工方式加工的零部件质量好，但工人的劳动强度较大，生产效率低，它适合于方材毛料不规格及一些规模较小企业的生产。

$$方材毛料 \rightarrow \frac{选料}{选料区} \rightarrow \frac{基准面和边}{平刨床} \rightarrow \frac{相对面和边}{压刨床} \rightarrow \frac{精截}{精截锯}$$

(2) 平刨床加工基准面，四面刨床加工其他面（三个面）

这种加工方式加工的零部件质量好，工人的劳动强度较大，劳动生产率较高，设备利用率较低，它只适合于方材毛料不规格及一些中、小型企业的生产。

$$方材毛料 \rightarrow \frac{选料}{选料区} \rightarrow \frac{基准面}{平刨床} \rightarrow \frac{相对面和边}{四面刨床} \rightarrow \frac{精截}{精截锯}$$

(3) 四面刨床一次加工四个面

这种加工方式加工的零部件质量好，工人的劳动强度小，劳动生产率高，设备利用率高，木材出材率高，它适合于方材毛料规格及连续化生产的企业。

$$方材毛料 \rightarrow \frac{选料}{选料区} \rightarrow \frac{两个面和两个边}{四面刨床} \rightarrow \frac{精截}{精截锯}$$

6.4 方材净料加工

方材毛料经过加工后，其方材的形状、尺寸及表面光洁度都达到了规定的要求，制成了方材净料。按照设计的要求，还需要进一步加工出各种接合用的榫头、榫眼或铣出各种型面和曲面以及进行表面修整加工，这些就是方材净料加工的任务。

6.4.1　榫头的加工工艺

榫头加工是方材净料加工的主要工序，榫头加工质量的好坏直接影响到木制品的质量和强度。工件开出榫头后，即形成了新的定位基准和装配基准，所以，榫头加工精度直接影响后续工序的加工精度和装配精度。因此，加工榫头时，应严格控制两榫间的距离和榫颊与榫肩之间的角度；两端开榫头时，应使用同一表面作基准；安放工件时，工件之间以及工件与基准面之间不能有杂物。

6.4.2　榫眼的加工工艺

(1) 直角榫眼的加工

直角榫头的加工是很容易做到的。在现代加工中，尽管有许多方法加工榫眼，但加工出的榫眼效果多不尽理想，现介绍几种加工直角榫眼的方法：

① 钻床上加工。在钻头上套上方形凿套筒，即可加工直角榫眼。如图6.6所示为钻头加方形凿套筒加工直角榫眼。这是一种非常传统的加工方法，采用此方法可以获得较高的加工精度，但是直角榫眼的四周及角部易留有残留物。

② 在链式榫眼机上加工。如图6.7所示为链式榫眼机加工的直角榫眼。采用该设备加工直角榫眼，其表面尺寸精度较高，但加工的直角榫眼底部呈弧形，榫眼的四壁较粗糙。

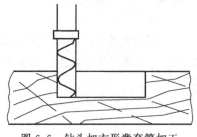
图6.6　钻头加方形凿套筒加工

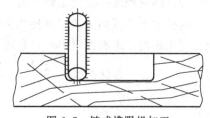
图6.7　链式榫眼机加工

③ 在立铣上加工。如图6.8所示为立铣加工的直角榫眼，采用该类型的设备加工直角榫眼与采用链式榫眼机加工基本相同，即加工的直角榫眼底部呈弧形，其弧形部分需做进一步补充加工，以满足工艺的需要。

（2）椭圆榫眼的加工

① 钻床上加工。椭圆榫的宽度和深度较小时，可以采用钻床加工，但是加工时需注意工件的移动速度不应太快，以免折断钻头。

② 在镂铣机上加工。生产的零部件批量较小时，可以适当采用镂铣机进行加工，但是在用镂铣机加工时，必须根

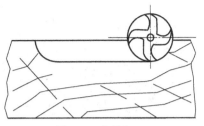

图6.8　立铣加工

据工件的加工部位等确定使用镂铣机的靠尺或模具加定位销来保证加工时的精度。

③ 可以使用加工椭圆榫专用榫眼机。

（3）圆眼的加工

以上所述的椭圆榫榫眼机均可加工圆眼，此外，还有一些专用的设备可加工圆眼。

① 侧锯铣钻组合机。如图6.9所示为单侧锯铣钻组合机，该机可将锯切、钻孔和铣型的加工集中在一道工序中完成，确保零部件的加工精度。单侧锯铣钻组合机可以在零部件的端部钻孔，也可以在零部件的侧面钻孔。钻座的形式如图6.10所示，它可以根据钻孔的距离调整钻头的位置。单侧锯铣钻组合机加工示意图如图6.11所示。

图6.9　单侧锯铣钻组合机

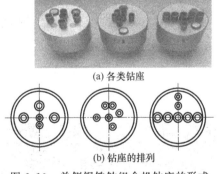

(a) 各类钻座

(b) 钻座的排列

图6.10　单侧锯铣钻组合机钻座的形式

② 双侧锯铣钻组合机。如图6.12所示为双侧锯铣钻组合机，该机同单侧锯铣钻组合机的加工方法相似，不同的是在加工时仅在零部件的双端部实施锯切、铣型（铣齿）和钻孔，如图6.13所示为双侧锯铣钻组合机加工的工件形式。锯铣钻座的形式与单侧锯铣钻组合机基本相同，如图6.14所示为双侧锯铣钻组合机一侧的锯铣钻座结构。

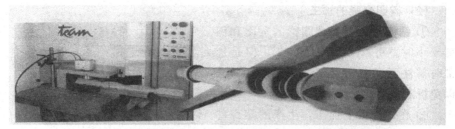

(a) 加工工件示意

(b) 钻头局部详图

图 6.11　单侧锯铣钻组合机加工示意图

图 6.12　双侧锯铣钻组合机

图 6.13　双侧锯铣钻组合机加工的工件形式

图 6.14　双侧锯铣钻组合机一侧的锯
铣钻座结构

③ 多头钻。对于一些较长零部件的侧面钻孔，如生产柜门的立挺时，可以采用如图 6.15 所示的水平多头钻，钻座是由电机通过皮带或由电机直接带动，每个钻座可以安装多个钻头，也可以安装单个钻头，孔间距通过设备的电机位置调整。

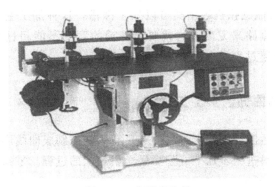

图 6.15　水平多头钻

对于一些较宽的实木拼板或实木集成材的零部件正面钻孔，如生产餐桌的桌面时，可以采用如图 6.16 所示的垂直多头钻，钻座一般是由电机通过皮带带动的，每个钻座可以安装多个钻头，也可以是单钻头的钻座。钻孔间距可以通过钻头的安装位置调整，也可以通过工件在工作台的位置调整。

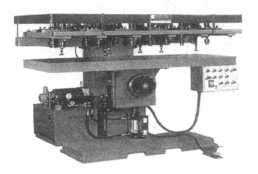

图 6.16　垂直多头钻

6.4.3　榫槽和榫簧的加工工艺

(1) 榫槽和榫簧加工

家具零部件在端部用配件或榫头、榫眼或在零部件的中部或侧向用配件或榫簧、榫槽接合时，加工的榫槽和榫簧要正确选择基准面，保证靠尺、刃具及工作台之间的相对位置准确，确保加工精度。

(2) 榫槽和榫簧加工的设备

榫槽和榫簧加工的主要生产设备有刨床类、铣床类和锯类。

① 刨床类。一般是利用四面刨床加工榫槽和榫簧，其加工方法是根据工件的榫槽和榫簧的位置，将四面刨床所在位置的平铣刀更换为成型铣刀进行加工。

② 铣床类。立铣、镂铣、数控镂铣和双端铣等都可以加工榫槽和榫簧，但是由于榫槽和榫簧的宽度、深度等要求不同，所用的设备也不尽相同。加工榫槽时，榫槽宽度较大时应使用带水平刃具的设备，如立铣等；榫槽宽度较小时应使用带立式刃具的设备，如镂铣机等。

③ 锯类。万能圆锯机等锯类可以加工榫槽，这种加工主要是依靠万能圆锯机锯片的锯切锯路来完成，这就要求榫槽的宽度不能超过圆锯机锯路的宽度，否则就需要通过别的方法来加工榫槽。

6.4.4 型面和曲面的加工工艺

锯材经配料后制成直线形方材毛料，有一些需制成曲线形的毛料。将直线形或曲线形的毛料进一步加工成型面是净料加工的过程。零部件的型面和曲面示意图如图 6.17 所示。

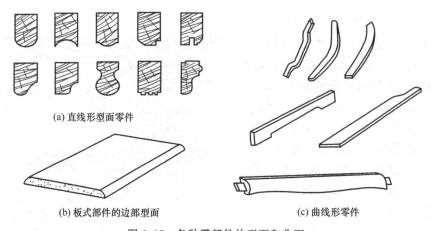

(a) 直线形型面零件

(b) 板式部件的边部型面　　　　　　(c) 曲线形零件

图 6.17　各种零部件的型面和曲面

对于各类零部件的型面又具体分为直线形型面、曲线形型面及回转体型面。

(1) 直、曲线形型面

直线形型面是指加工面的轮廓线为直线、切削轨迹为直线的零部件。曲线形型面是指加工面的轮廓线为曲线或直线、切削轨迹为曲线的零部件。如前文所叙述的四面刨床可以加工直线形型面，同样，使用各类铣床几乎可以加工任意的直、曲线形型面。

(2) 回转体型面

回转体型面是加工基准为中心线的零部件，其基本特征是零部件的断面呈圆形或圆形开槽形式。如图 6.18 所示为回转体型面零部件，如图 6.19 所示为回转体型面的工作原理图,图 6.20 所示为车床卡头工作示意图。在车床上,工件做高速旋转,切削刃具做纵向或横向的联合移动制成回转体型面,刃具的移动有手动和靠模自动移动两种形式。该类设备刀架的形式分为单刀架和多刀架,单刀架的车床每次加工的工件是靠刃具的各种动作来完成的,加工完成后需更换工件,方可再加工,如图 6.21 所示为手动单刀架车床。而多刀架车床在加工中,每次虽然也仅加工一个工件,但是由不同的刃具同时加工,因此,采用多刀架的车床加工时,生产效率会大大提高。现代生产设备的发展使车床性能发生了较大的变化,即工件的加工和更换可以同时进行,而且是在不同的工作位置上完成,如图 6.22 所示为自动式车床。

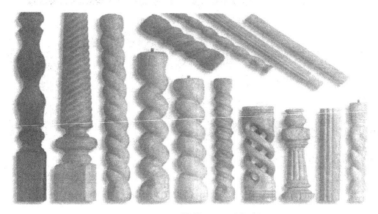

图 6.18　回转体型面零部件

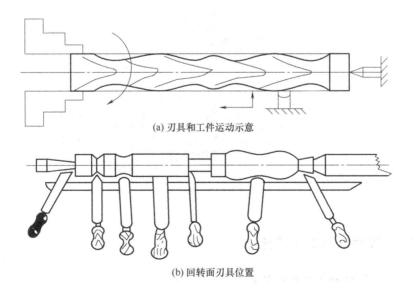

(a) 刃具和工件运动示意

(b) 回转面刃具位置

图 6.19　回转体型面的工作原理图

图 6.20　车床卡头工作示意图

图 6.21　手动单刀架车床

图 6.22　自动式车床

6.4.5　表面修整加工工艺

(1) 表面修整加工的目的和方法

实木零部件方材毛料和净料加工过程中，由于受设备的加工精度、加工方式、刃具的锋利程度、工艺系统的弹性变形以及工件表面的残留物、加工搬运过程的污染等因素的影响，使被加工工件表面出现了如凹凸不平、撕裂、毛刺、压痕、木屑、灰尘和油渍等，这些问题只有通过零部件的表面修整加工来解决，这也是零部件涂饰前所必须进行的加工。表面修整加工的方法主要是采用各种类型的砂光机砂光处理。

(2) 砂光工艺

砂光是利用砂光机对工件表面进行修整的加工方法，属木材切削加工。砂光机上的刃具是砂带，砂带的粗细是由砂带的粒度号决定的，实木砂光机使用的粒度号主要有 800、400、200、120、100、80、60、40 等。实木砂光机的类型较多，主要有盘式砂光机、辊式砂光机和带式砂光机等。

① 砂光机的结构。在实木家具的生产中，由于零部件的形状差别较大，因此就要使用不同结构和类型的砂光机，以满足各种类型零部件的加工要求。

② 砂削速度。砂光机的砂削速度高低决定了工件表面的砂削质量和表面光洁度。砂光机的砂削速度高，砂光质量好，也就是零部件的表面光洁度高；砂光机的砂削速度低，砂光质量差，零部件的表面光洁度低，生产效率也低。

③ 进料速度。一些实木砂光机砂光时，其工件是固定的；而有些类型的砂光机砂光时，是通过零部件的移动完成砂光的。工件的进料有人工进料和机械进料两种形式，其进料速度越大，砂削质量越低，表面越粗糙，反之表面光洁度高，但是进料速度太低，生产效率也会随之降低。

④ 砂削量。实木砂光机砂削量的控制多半是通过手工压垫或直接推压砂带来完成的，当砂削量一定时，砂带对工件的压紧力越大，砂光机的每次砂削量就会越大，工件的砂光质量就会提高；砂光机的每次砂削量越小，达到同等要求砂削量时，就必须进行多次砂光，虽然砂光质量提高了，但是生产效率却大大降低。因此，适当确定每次的砂削量，不仅可以使工件的表面具有较高的光洁度，同时可以提高生产的效率。

⑤ 砂粒粒度。砂带的砂粒粒度大（砂带号小），生产效率高，但是砂削工件的表面光洁度低；砂带的砂粒粒度小（砂带号大），生产效率低，但砂削工件的表面光洁度高。一般在砂光实木工件时，砂带的粒度号应在 40～200 之间。基材表面涂饰底漆或面漆时，应取粒度号为 200～800 的砂带。

⑥ 砂削方向。砂光机的砂带平行木材的纤维方向砂光时，砂削量较低，特别是在砂光宽幅面的工件时，砂光表面不易砂平。砂光机的砂带垂直木材纤维方向砂光时，砂带的砂粒会把木材中的纤维割断，使工件的表面出现横向条纹，降低工件表面的光洁度。因此，对于较宽大的工件砂光时，需首先进行垂直木材纹理的横向砂光，再进行平行木材纹理的纵向砂光，以得到既平整又光洁的表面。

（3）砂光机

砂光机的类型和结构决定了零部件的砂光质量和表面光洁度。

① 盘式砂光机。如图 6.23 所示为垂直盘式砂光机。盘式砂光机适合于砂削表面较小的零部件，这是因为盘式砂光机在不同的圆周内各点的线速度不同，如砂削零部件的表面较大时，由于不同部位砂削速度差别较大，易使砂削的工件表面不均匀。在实际生产中，盘式砂光机常常用于零部件的端部及角部砂光，特别在椅子生产过程中，常常使用卧式盘式砂光机用于椅子装配后腿部的校平砂光。

② 辊式砂光机。如图 6.24 所示为辊式砂光机。辊式砂光机在砂光时，其砂削面近似于圆弧，不适合零部件大面的砂光。在实际生产中，常常用于直线形零部件的边部、曲线形零部件和环状零部件的砂光。

图 6.23　垂直盘式砂光机

图 6.24　辊式砂光机

③ 窄带式砂光机。如图 6.25 所示为上窄带式砂光机，如图 6.26 所示为垂直窄带式砂光机。由于砂削面是平面，因此适合工件大面和小面的砂光。对于大幅面的实木拼板或集成材的大面砂光，应采用宽带式砂光机砂光。对于工件侧面的砂光应采用边部砂光机砂光，如图 6.27 所示。对于侧边既要铣型又要砂光的实木拼板或集成材部件，可以采用铣型和砂光同在一个工序中完成的铣边形型面砂光机，如图 6.28 所示。

图 6.25　上窄带式砂光机

图 6.26　垂直窄带式砂光机

图 6.27　边部砂光机

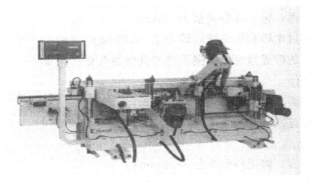

图 6.28　铣边形型面砂光机

④ 以单面履带进料宽带砂光机磨削集成材拼板表面为例。要进行砂光的工件为一批集成材拼板，规格是 1800mm×1200mm×20mm，表面高低不平且有胶渍。最终厚度为 18mm，允许偏差为±0.2mm。可以确定应使用的设备为宽带砂光机。

(4) 确定砂光工艺

① 采用单面履带进料宽带砂光机对两个面分别砂光。

② 砂光过程。

定厚砂光，将工件砂光至 19mm；

粗砂光，将工件砂光至 18.5mm；

精砂光，将工件砂光至 18.0mm。

由于使用的是单面砂光机，所以砂光要反复进行。

③ 砂带粒度确定。定厚砂光由于板面高低不平且有胶渍，工件的实际厚度不止 20mm。可以先使用 40♯砂带，将工件定厚为 20mm，再使用 80♯砂带将工件定厚为 19mm；

粗砂光，采用120♯砂带将工件砂光至18.5mm；

精砂光，采用120～150♯砂带将工件砂光至18mm。

④ 设备调整。

a. 安装砂带；

b. 设备安全检查，包括电气等部分；

c. 开机；

d. 检查输送带张紧和调偏；

e. 调整砂带摆动速度和调偏；

f. 进行厚度校正。

⑤ 砂光操作。

a. 定厚砂光：

先砂光一面，将工件砂光至19.5mm；

将工件翻过来砂光另一面，砂光至19.0mm；

定厚砂光的砂光量可以根据工件的具体情况进行调整。

b. 粗砂光：

先砂光一面，将工件砂光至18.7mm；

将工件翻过来砂光另一面，将工件砂光至18.4mm；

c. 精砂光：

先砂光一面，将工件砂光至18.2mm；

将工件翻过来砂光另一面，将工件砂光至18.0mm。

6.5 实木铣齿操作

梳齿机是木材加工企业常用到的木工机械，如图6.29。梳齿机也叫开齿机，不同的工厂有不同的叫法。利用梳齿机将实木板材横端铣削成指状榫的过程叫梳齿或开齿。这种机械专门用于集成材制造，所以在集成材工厂和以集成材做生产材料的家具和其他木制品厂被广泛使用着。

图6.29 梳齿机

6.5.1 梳齿机的调试

(1) 铣刀拆装

梳齿刀有组合刀和整体刀：前

者在某刀片损坏时，可随时更换，刀具损失小；后者的优点则是梳齿的加工精度高，磨刀、换刀方便。更换刀具时，应根据加工工件的具体要求选用光滑、平整、锋利的梳齿刀。拆装工具要用专用拆装扳手或大号开口扳手，尽量不用活动扳手。

拆卸铣刀时，主轴有定位装置的要利用主轴的定位销将主轴进行定位，使主轴不能转动，然后将其卸下；主轴没有定位装置的需要用专用的扳手，这种扳手由两部分组成，一个固定主轴，另一个固定主轴螺母。主轴固定后，顺时针旋转即可卸下主轴螺母，换上锋利刀具，安装时要注意刀具的旋转方向，不要将刀具装反。

（2）锯片的安装

根据设备要求，一般选用 $\phi 305\text{mm}$ 的锯片，但是在工件厚度不大的情况下，选用直径小一点的锯片也可以。用专用扳手固定主轴，使锯轴不能旋转，将锯片卸下，按要求的方向旋转，装上锋利锯片，将紧固螺栓拧紧即可。

（3）梳齿刀高度的调整

梳齿刀高度的调整是为了调整零件齿肩的大小，以保证零件间的平、齐插接。这一调整是靠主轴的升降来完成的。调整时，将被加工件的坯料平放在工作台上，使其端头与刀具相碰，按照图纸上所标示的尺寸，进行刀具主轴高度的调整。如图6.30。

调整铣刀垂直方向时，首先松开主轴座的内六角固定螺栓，①向上调整。松开调整螺栓的两个螺母，顺时针旋转螺杆，则主轴上升。②向下调整。松开调整螺杆的两个螺母，逆时针旋转调节螺杆，使调节螺杆帽的下表面与主轴座之间有5～10mm的间隙。然后拧紧下边的螺母，再逆时针旋转上边的螺母，主轴即可向下移动。

图6.30 梳齿刀高度的调整

主轴垂直方向的调试完成后，一定要紧固主轴的固定内六角螺栓，再开机试车。

通过刀具主轴高度的调整，即调整主轴高度调节螺栓，使刀具高度符合工艺卡片的要求，调整好后，锁紧调节螺栓。然后找1～2块与被加工工件同样厚度的废料作为试件进行试验加工，对被加工出的试件进行组装试验，看两个零件齿、肩结合后的平整程度，然后再进一步进行主轴高度的精确调整，直到铣出来的零件齿、肩能够平整接合，方为调整到位。注意，在进行试验加工时，由于试件少，需要加数块不参加切削的、起辅助夹紧作用、与工件同样高度的木料参与夹紧，以保护刀具。在升降主轴时，应注意松开皮带的张紧装置。

(4) 指状刀切削深度调整

齿榫的长度即其切削深度，该数值在 0~11.4mm 之间可调，禁止加工超过长度 11.4mm 的齿榫。切削深度是由锯片与铣刀的切削母线的位置来决定的。铣刀的位置是固定的。因此切削的深度需要调整锯片电动机的位置。将电机座燕尾导板的紧固螺栓松开，旋动电机座调整手轮，对锯片电机进行位置调整，直到符合要求为止，然后拧紧导轨的紧固螺栓。

(5) 挡板的调整

挡板即上料端头的定位板，其位置为锯片外平面退后 2~5mm。调整时，需要松开其固定螺栓，进行横向调整后，将螺栓锁紧。

(6) 推料板的调整

在工作台行程的终端，设一向外推料的小气缸，用于将开完齿的工件推离刀具能够碰到的范围之外，避免碰坏刀具。该推料板的调整分成两个方面：第一是横向推料位置的调整，这是靠调整限位螺栓来实现，推料位置一般应使木料推出 3cm 外为佳；第二是调整小气缸的动作时间，这要调整行程开关和气流调节阀来实现，使其处于一个合适的运动时间。

(7) 夹具压紧力的调整

进料工作台上设有气缸夹紧装置，其压紧力的调整是靠调整气动压力调节器来完成，气压应控制在 0.4~0.6MPa 之间。

6.5.2 MX3510 型手动梳齿机的操作

(1) 工件摆放与夹紧

梳齿机由一个人操作即可。双手取料，将平铺在工作台上的木料一端对齐送入夹紧器内，木料的前端均与挡板靠严，然后开动夹紧气动开关将工件夹紧。注意在操作时不允许夹带夹紧高度不一致的木料，同时应尽量将工件整个摆满在工作台的空当内，以保证夹紧器能够将工件牢固夹紧。

(2) 进料

左手推工作台的把手，右手辅助用力匀速向前推进夹满木料的工作台进行切削，直到导轨的终端，看推料板已经将开完齿的工件推离原位，即可将工作台拉回，将所有的工件翻转过来，加工另一端，即开始下一操作过程，待工件双端都完成了梳齿，即完成了全部的零件加工过程。

（3）零件码放

加工出的零件应横竖交错、分层码放在地牛车专用或其他运载工具能够叉起的平整坚固的托盘上。零件码放应结实整齐，不下陷不歪斜。垛的大小尺寸应考虑工件的长、宽，尽量码得与托盘的大小相近。高度可在 1～1.2m 之间。

（4）零件检测

① 检验内容：木材材质检验。检验方法为目测。零件的加工质量检验包括：齿肩与齿形的配合程度，上述检测方法是将开好齿的两个工件进行对接，立在地面上用木槌将其砸实，一看其开齿的深度，二看齿肩的大小。合格的加工是其配合间隙小于 0.2mm；齿肩配合"台阶"的高度不大于 0.3mm。

② 检验规则：操作者应对首件工件进行自检后交由指导师傅复检，合格签字确认后方可进行其他工件的加工。在加工过程中，操作者要经常对自己所加工的零件进行预防性检查。

6.5.3　MXB3510 型半自动梳齿机的操作

开车前首先检查锯片紧固螺钉、铣刀轴螺母是否有松动；检查液压系统、气动装置是否有泄漏，各元件动作是否灵活、有无异常，油箱油位是否达到要求油位；各润滑部位是否润滑。

开车后待各部运行达到正常，无异常情况，方可进料进行加工。加工时机床自动工作循环如下：

按启动按钮→工件上、侧面夹紧→工作台（即工件）进给→截头锯→铣榫→工作台终端停止→解除工件夹紧→退料→上压、侧压→工作台返回→工作台至原位置→解除上侧压，至此完成一个工作循环。

6.6　实木接长操作

接长工序来料是取自梳齿工序的已梳齿零件，下道工序是四面刨或砂光，要求零件的对接处过渡平缓，不出"台阶"，同时对接严密而不出现劈裂。

6.6.1　木材指接

木材指接有两种主要的类型，即垂直和平面连接或者对接。这两种连接的区别在于外观形状特征不同以及工件加工工艺各异。垂直指接时，木材宽面为其形状的可见表面，而平面连接的形状只能从板材的侧边看到。垂直连接通常用于结构梁的生产，在建筑业中大量使用。

6.6.2 接长机

(1) 接长机分类与特点

接长机是梳齿机的配套机械。开好指状榫的零件，必须利用接长机将其在纵向上加压（指状榫上须涂胶），通过指状榫的插接，把短木料接长成为长木料。接长机作为梳齿机的配套设备，是家具厂和集成材厂的常见木工机械。

(2) 接长机的结构

① 加工设备。接长机有自动、半自动和手动之分，这里以常见半自动接长机为例。图 6.31 为半自动接长机。

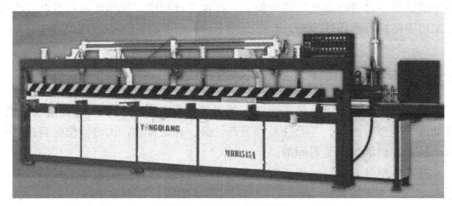

图 6.31 半自动接长机

② 接长机参数。表 6.1 为某两种接长机的设备参数。

表 6.1 接长机设备参数

参数值 设备型号 项目	MH1525/J	MH1540/J
最大对接长度/mm	2500	4000
最大对接宽度/mm	120	120
最大对接厚度/mm	70	70
最大对接力/kg	8000	8000
最大锯片直径/mm	305	305
安装功率/kW	2.2×2	2.2×2

③ 接长机的组成。接长机由床身、工作台、压紧机构（包括上面压紧、侧面压紧及纵向压紧）、横截锯、液压控制系统等组成。

6.6.3 接长操作

(1) 设备调试

① 定长截断锯片的拆装：将接长机锯机箱箱门打开，用硬木料卡住锯片使其不能转动，然后用扳手将锯片紧定螺栓拧松，将锯片卸下，换上锋利锯片，注意锯片的正确安装方向，将螺栓拧紧。

② 进料装置的调整：进料装置的调整是为了调整进料厚度和压力，根据进料厚度的大小，旋转升降手轮使辊筒壳体升降来调节对工件的压力。

③ 涂胶：在加压接长前，需要对工件的榫齿进行涂胶。木材指接所用的胶黏剂必须经过严格的户外暴露和强度试验，并能快速固化。用于结构材的胶黏剂通常是间苯二酚、苯酚和三聚氰胺；用于室内、非结构材的胶黏剂通常是三聚氰胺-脲醛、脲醛胶和聚乙酸乙烯酯乳液。胶种选择聚乙酸乙烯酯乳液时，固体含量为>52%。其涂胶量的大小为 $0.2\sim0.25g/cm^2$（单面），一般可采用手工涂胶的方法。

④ 纵向加压压力的调整：纵向加压是由液压系统来实现的。压力的大小，对接长的效果影响很大，要使接长获得足够的强度，又不至于使工件产生劈裂，就必须调整好加压压力。这一指标有国家标准，如表 6.2 为国标 GB 11954 的纵向加压值。

表 6.2　纵向加压值

	指榫长/mm	10	12	15	20	25	30	35	40	45
限值 /MPa	气干密度<0.69g/cm³	12	11.6	11	10	9	8	7	6	5
	气干密度=0.7~0.75g/cm³	15	14	13	12	11	10	8	7	6

以上为工件的加压值，确定系统表压力值 P_x 时需以此作为计算依据而进行调整。其计算公式是：

$$P_x = 4A \times P_g/\pi D^2$$

式中　A——工件截面积，cm^2；

　　　P_x——系统表压力值，MPa；

　　　P_g——工件需要的压力，即表6.2中的值，MPa；

　　　D——加压的液压油缸直径，cm^2。

系统的表压力值应按照上述公式计算调整确定。

⑤ 侧向加压的调整：侧向加压由气动系统来实现。侧向加压装置由上方加压机构和侧向加压机构组成，加压时，上方压板和侧向压板分别在工件的上方和侧向进行加压，其气缸压力为 $0.4\sim0.6$MPa。对不设同步装置的，需要

将同一组气缸调整同步，避免磨损。

⑥ 加压时间的调整：接长机备有定时装置，可根据需要适当地调整定时器来调整加压时间。

(2) 接长机操作技术

① 进料：将已经涂好胶的工件，涂胶端在后，无胶端在前，逐块相接依次送入料仓，同时观察设备内的进料情况而做出相应调整。

② 零件码放：加工出的零件应横竖交错分层码放在地牛车专用或其他运载工具能够叉起的平整坚固的托盘上。零件码放应结实整齐，不下陷不歪斜。垛的大小尺寸应考虑工件的长、宽，尽量码成与托盘的大小相近。高度可在1～1.2m 之间。

6.6.4　接长操作常见问题及解决方法

(1) 接长机的加工标准

零件加工标准的尺寸公差如表 6.3。本道工序来料是取自梳齿工序的已梳齿零件，下道工序是四面刨或砂光。本工序是采用接长机将厚的木料接长成规定的尺寸部件，要求零件的对接处过渡平缓，不出"台阶"，同时对接严密而不出现劈裂。

表 6.3　零件加工标准的尺寸公差　　　　　mm

长度公差	插接间隙	工件搭接错位差
+20	<0.2	<0.5

(2) 接长机的质量检验

① 检验内容：木材材质检验。检验方法为目测。加工质量的检测方法采用目测与手摸。

② 检验规则：操作者对首件工件进行自检后应交由指导师傅复检，合格签字确认后方可进行其他工件的加工。在加工过程中，操作者要经常对自己所加工的零件进行预防性检查。

(3) 接长机加工常见缺陷的产生原因与解决办法（表 6.4）

加工质量控制：合理选材，劣材不上机；控制好纵向加压压力，保证不出废品；随时观察检测工件的质量，保证批量工件合格。

表 6.4　接长机加工常见缺陷的产生原因与解决办法

缺陷名称	原因	消除方法
接长的木料出现缝隙	纵向加压的压力过低	提高纵向加压的压力
接长的木料出现劈裂	纵向加压的压力过大	降低纵向加压的压力
接长的木料不直,表面质量差	上面、侧面压力过低	提高上、侧向加压的压力

6.7　实木拼板操作

拼板是实木家具制作中一项重要的工艺。材料在尺寸不够的情况下可以通过拼板来得到大尺寸的材料（拼宽、拼长、拼厚）；也可以用不同的材料拼接来达到美观的效果；同时也可以通过小料的拼接来降低整块大料的变形率。

6.7.1　选料

选料关系到后期板材的完美性，首先要尽量规避一些木料的缺陷地方，例如节疤、裂纹、凹口等。然后注意所拼板的工艺要求是否需要同色，要注意，即使同一种材料颜色也可能会不一样。如图 6.32。

6.7.2　材料处理

① 木工台锯切割出毛料（注意必须要比所拼料的实际尺寸大 2～3cm，留出余量），如图 6.33。

图 6.32　板材选料　　　　　　　　　图 6.33　毛料锯切

② 通过平刨、压刨等，处理材料的厚度。注意：处理时要留出余量，例如要实际拼厚度为 25mm 的板，此时可处理成 27～28mm 的板厚。如图 6.34 和图 6.35。

图 6.34　平刨操作

图 6.35　压刨操作

6.7.3　组坯

组坯对于成品家具质量的影响非常大，不合理的组坯，可能会使成品家具发生严重变形，甚至断裂等一系列问题。此阶段要注意以下几点：

① 木材纹理的排列。尽量按照"头靠头，背靠背（即木材是树根到树梢的方向还是相反的）"的原则。

② 色差排列。有时候无法避免板材之间有色差，排列时尽量把颜色相近的放在一起，使整体的颜色逐渐变化，俗称"渐变排列"。

③ 切面与早晚材。注意弦切面、径切面和早材、晚材的排列，尽量交叉搭配。

6.7.4　涂胶

木材胶合面胶水涂布应均匀，胶水涂布量通常为 $150\sim300\mathrm{g/m^2}$，硬木应双面涂胶（每面 $150\mathrm{g/m^2}$），其他木材的胶水涂布量 $220\sim300\mathrm{g/m^2}$。通常在合适的压力下胶缝挤出的胶水呈连续小珠滴状时，表示涂布量合适。胶水涂布的方式通常为手工涂布和机器辊涂。根据不同的气候条件，调整胶水的涂布量：在温度高且空气湿度低时，要适当增加涂布量。

单面涂胶时，涂胶面上的胶水厚度必须控制在 $0.3\sim0.5\mathrm{mm}$ 以内；双面涂胶时，单面上的胶水厚度必须控制在 $0.3\mathrm{mm}$ 以内。胶水必须均匀分布，如图 6.36。涂完胶的板件按照定位符号依次放在拼板机上。

6.7.5　压紧

板件贴合好后，用木工夹具夹持或风车拼板机夹持。如图 6.37。

图 6.36 涂胶操作

图 6.37 风车拼板机与木工夹具夹持

机手将风炮机调到逆时针旋转，松开加压夹螺杆，根据所需拼板的宽度，将加夹杆调到适当的宽度。取下加夹杆上已经拼好的板件，用刀具将余留在加夹杆上的废胶水去除掉，确保加夹杆平整、干净。机手根据零件的长度调整好加压夹的数量，相邻加压夹之间的距离不得大于 250mm，将拼板件放置加压夹上，板件一端须整齐，然后打下气压杆，用风炮机稍加一点压力后用铁锤打平板件表面和两端，最后加大压力夹紧板件（确保拼板件长度错位控制在 5mm 内，厚度方向错位控制在 1mm 内）。打开气压杆，将其移至拼板机边端，按下输送带开关，使之向上旋转 15℃ 左右，再按下底平衡杆开关，推出底平衡杆，然后按下输送带开关，使之向下旋转 45℃ 左右，最后再关上底平衡杆。加压时间：环境温度在 20～38℃ 之间时，加压时间必须控制在 2h 以上；环境温度在 20℃ 以下时，加压时间必须控制在 4h 以上。

6.7.6 养生

在大多数情况下，拼板卸压后养生时间应不低于 24h。如工作环境温度较高而空气湿度较低以及拼板在烘房内进行处理时，养生时间可相应缩短。养生不足可能产生的缺陷：接口高低差；胶缝下陷（明显的胶线）；强度不足以抵抗外力的影响，端部开裂。

粘好的板材应至少放置 24h 后才能进行表面处理。光滑的表面需放置更长时间。热压和高频胶合的板材可较快进行下一步的加工。

6.7.7 砂光

通过拼板挤压后拼好的板件会出现厚度差，有时还有挤压时所产生的胶粒，所以要通过砂光机进行板件的表面处理。如图 6.38。

图 6.38　砂光处理

6.7.8　检验

检验完成品，看是否有翘曲变形等情况出现，如没有问题就完成了所有拼板工艺。

6.7.9　常见问题与解决方法

(1) 端部开裂

① 木材含水率过高且不均匀：拼板前检查和控制木材含水率（＋/－1％）。

② 端部胶水涂布量不足：增加胶水涂布量（220～300g/m²）

③ 木材加工精度不够（如切削时产生的啃头，刀痕等）：加工误差应不大于 0.2mm。

④ 压力不足、不均：提高压力，并使压力均匀，特别是拼板两端的压力（软木：3～8kg/cm²；硬木：6～13kg/cm²）。

(2) 胶线呈海绵状，胶线厚

① 开口及闭口陈化时间过长：减少装配时间。

② 压力不够：增加压力。

③ 压合时间太短：增加保压时间。

(3) 出现光亮胶线

压力不够：增加压力。

(4) 白色胶线（粉化）

木材、胶水及车间温度太低：提高温度。

（5）接口高低差

① 木材含水率不均匀：检查和控制含水率。

② 不同切向的板材混杂：板材木纹应相配。

（6）接头下陷

黏合后养生时间不足：增加养生时间。

（7）板材过度弯翘

① 木材含水率不正确或不均匀：检查或控制含水率。

② 板材宽度过大：板材宽度不应超过 75mm。

（8）紫色或黑色污点

铁污染：检查及避免铁的来源。

实木家具由一块木头加工成一件家具，需要经过很多器械的雕琢，从备料、选料、配料到净料加工、油漆等，经过组装后一件成品实木家具就完成生产。目前家具的生产与传统家具的生产方式已有了很大的区别。家具生产虽然手工成分较多，看似简单，但细致数来，也有多道工序。掌握实木家具加工原理有利于学习者提升操作技能，实现实木产品制作。

第7章 木工涂饰操作

　　木制品涂饰决定着木制品表面装饰质量，可赋予木制品美感，并且提高木制品价值与使用年限。除了产品的外形、结构以外，涂装表面的颜色、效果也占有极重要的地位，因为涂装可以做出人们所需要的各种不同的视觉效果。因此，木制品涂饰必须与生产管理、生产技术、生产设备及质量控制互相协调、配合。涂装材料、涂装工艺的合理使用，是决定涂装效果、提升产品品质、提升产品市场定位行之有效的方法。

7.1　木工涂饰工艺概述

7.1.1　涂料的概念

　　涂料是涂于物体表面能形成具有保护、装饰或特殊性能（如绝缘、防腐、标志等）的固态涂膜的一类液体或固体材料之总称。

　　因早期的涂料大多以植物油为主要原料，故又称作油漆。现在，合成树脂已大部分或全部取代了植物油，故称为涂料。涂料并非都是液态，粉末涂料也是涂料品种一大类。

7.1.2　涂料的分类

(1) 按基材纹理显示程度分类

　　可分为透明涂饰、半透明涂饰和不透明涂饰三类。透明涂饰用各种透明涂料与透明着色剂等涂饰于制品表面，形成透明漆膜，基材的真实花纹得以保留并充分显现出来，材质真实感强。半透明涂饰用各种透明涂料涂饰制品表面，但选用半透明着色剂着色，漆膜呈半透明状态。不透明涂饰用含有颜料的不透明色漆涂饰制品表面，形成不透明色彩漆膜，遮盖了被涂饰基材表面。

（2）按形成漆膜光泽分类

涂料生产按形成漆膜光泽现象分亮光涂料和亚光涂料。亚光装饰根据光泽度，又分为全亚装饰和半亚装饰。

（3）按着色工艺分类

产品涂饰之后所表现出来的外观颜色，是通过不同的着色工艺过程实现的，这样就把涂饰分为底着色、中着色和面着色工艺三类。底着色涂饰工艺，用着色剂直接涂在木材表面，根据产品着色效果要求，在涂饰底漆过程中进行修色、补色，加强着色效果，最后涂饰透明清面漆，特点是着色效果好，色泽均匀，层次分明，木纹清晰。中着色涂饰工艺是涂饰完底漆后进行透明色漆着色，最后再涂饰透明清面漆。面着色涂饰工艺，采用有色透明面漆，在涂饰面漆时同时着色，特点是工艺简化，但涂饰效果较差，木纹不够清晰。

（4）按表面漆膜质量要求分类

根据表面漆膜质量要求，可把涂饰分为高档涂饰、中档涂饰和普通涂饰，主要区别在于涂料选用和漆膜状态。高档涂饰指表面漆膜不允许有任何涂饰缺陷，工艺过程要求很严，涂料一般选用聚氨酯漆、聚酯漆和硝基漆等，具有优异的保护性能和装饰性能。普通涂饰指产品允许有一些涂饰缺陷，涂料一般选用油性漆。中档涂饰介于高档涂饰和普通涂饰之间。

（5）按表面漆膜处理分类

根据最终漆膜是否进行抛光处理，涂饰分为原光装饰和抛光装饰。原光装饰是指制品经各道工序处理，最后一遍面漆经过实干，全部涂饰便已完工，表面漆膜不再进行抛光处理，产品即可包装出厂。涂饰环境需要有效控制、保持清洁。抛光装饰是指在整个涂层均完成实干后，先用砂纸研磨，再用抛光膏或蜡液借助于机器动力头擦磨抛光。

7.1.3　涂料的作用

（1）保护作用

使被涂饰物免受伤害，延长寿命。如：木材涂饰，防腐、防紫外线；金属涂饰，防酸、防化学药品。

（2）装饰美化作用

赋予被涂饰物各种各样的颜色、图案（图 7.1）。

（3）特殊功能保护作用

除了保护和装饰作用外，一些涂料做特殊处理，使涂料能够达到某种特性，能够在某些特殊场合或条件下使用，如防伪涂料、耐热涂料、阻燃涂料、

图 7.1　涂料装饰美化作用

海洋涂料。

（4）标志作用

在特别的场地涂饰标识，可以起到警示或引起注意的作用。如各种工厂使用的化学品、危险品等可利用涂料的颜色作为标志；船舶上各种的管道、机械设备、信号器等涂上各色涂料作为标志，可使操作人员易于识别和操作；交通运输线上以不同色彩的涂料来表示警告、危险等信号，如图 7.2。

7.1.4　涂料的发展

从涂料的发展来看一般可分为天然成膜物质的使用、涂料工业的形成和合成树脂涂料的生产三个发展阶段。中国是世界上使用天然成膜物质涂料——大漆最早的国家，漆树与古代大漆涂饰制品如图 7.3 和图 7.4。在 18 世纪是涂料生产开始形成工业体系的时期。到 19 世纪中期，随着合成树脂的出现，原涂料产业发生了根本的变革，形成了合成树脂涂料时期，涂料的发展历史如图 7.5。

图 7.2　涂料保护作用与标志作用

图 7.3　漆树

图 7.4　古代大漆涂饰制品

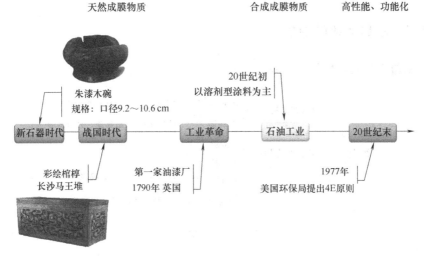

图 7.5 涂料的发展历史

7.1.5 木器涂料的定义

用于木制品的涂料统称为木器涂料，包括家具、门窗、地板、护墙板、日常生活用木器、木制乐器、体育用品、文具、玩具等所用涂料。

7.1.6 木器涂料的作用

(1) 能使木制品的形状、尺寸保持稳定

木制品具有吸收和解吸作用，空气湿度变化会造成木制品的膨胀和收缩使其变形，涂饰涂料后可将木制品与空气隔绝，从而保持木制品的形状和尺寸的稳定。

(2) 可以提高木制品的表面质量

表面涂饰后，木制品表面形成一个连续均匀的涂层，使木制品表面更加美观、平滑、光亮、手感好、立体感强，使木制品具有更好的装饰性和更好的视觉效果。

(3) 能起到保护木制品的作用

木制品表面经过涂饰后可以避免接触空气、紫外线、热源、虫菌、各种污染物等，从而保持木制品的质量和延长其使用寿命。

(4) 可以掩盖木制品本身的缺陷

木制品表面已不再具有天然木材的外观特征，表面粗糙不平、颜色灰暗，而且在生产中，还会形成表面污染、表面颜色不均匀等缺陷。涂饰涂料后，这些缺陷会被掩盖，使其表面质量得到提高。

7.1.7　木器涂料的组成

木器涂料的组成如图 7.6。

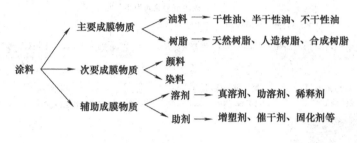

图 7.6　涂料的组成

(1) 主要成膜物质

主要成膜物质包括油料和树脂，它们是涂料的主要成分。它们使涂料能够附着在木制品的表面，既可以单独形成漆膜，也可以与颜料等次要成膜物质共同形成漆膜，决定漆膜的物理、化学性能。

① 油料。油料包括动物油和植物油，是由不同种类脂肪酸与甘油生成甘油三脂肪酸酯。根据油脂中脂肪酸双键的位置和数量，可以把油脂分为干性油、半干性油和不干性油。

植物油固化成膜机理：不饱和脂肪酸双键附近吸收氧，发生氧化聚合反应，使油料逐渐由低分子转变成聚合度不等的高分子，从而由液态转变成固体薄膜。

植物油的不饱和程度常以碘值来表示（碘值：100g 油所能吸收的碘的克数）：

a. 干性油：碘值 140 以上，如桐油（图 7.7）、亚麻油等。

图 7.7　油桐

b. 半干性油：碘值 100～140，如豆油、葵花油。

c. 不干性油：碘值 100 以下，如蓖麻油、椰子油。不干性油不能自行吸收空气中的氧而干结成膜。

② 树脂。树脂是一种非结晶形的半固体或固体有机高分子化合物，分子量一般都比较大，多数可溶于醇、酯、酮等有机溶剂，一般不溶于水。树脂包括天然树脂、人造树脂和合成树脂。

天然树脂：来源于自然界的动植物，如热带紫胶虫分泌的虫胶，由松树的松脂蒸馏得到的松香等。

人造树脂：用天然高分子化合物加工制得。人造树脂有松香衍生物、硝化棉等。

合成树脂：用各种化工原料经聚合或缩合等化学反应合成制得，如酚醛树脂、氨基树脂、醇酸树脂、聚氨酯树脂、聚酯树脂、丙烯酸树脂等。

(2) 次要成膜物质

次要成膜物质主要为颜料和染料，是漆膜的组成部分，但必须以主要成膜物质为黏结剂，与主要成膜物质一起形成漆膜，而不能离开主要成膜物质单独形成漆膜。

① 着色颜料。着色颜料是一种粉末状物质，具有鲜艳的色彩，不溶于油、水及其他溶剂，涂料中加入着色颜料后，涂料就具有了某种色彩和一定的遮盖能力，有的着色颜料还能提高漆膜的耐久性、耐候型和耐磨性。

常用着色颜料为红色颜料（氧化铁红）、黄色颜料（氧化铁黄）、白色颜料［锌钡白（立德粉）、钛白、氧化锌］、蓝色颜料（群青）、绿色颜料（铁绿）、黑色颜料（炭黑）、棕色颜料（哈巴粉）、金属颜料（铝粉、铜粉）。

② 体质颜料。体质颜料（填充颜料）是一种没有遮盖力和着色力的无色或白色粉末状物质，将它们加入涂料中，不会影响到涂料的透明性，不能阻止光线穿过漆膜，也不会使涂料形成颜色，但在色漆涂料中加入体质颜料，可以增加漆膜的厚度，加强漆膜的体质，减少贵重颜料的消耗。

常用体质颜料有：

碱土金属盐：碳酸钙（大白粉、老粉）；硫酸钙（石膏）；硫酸钡（重晶石粉）。

硅酸盐：滑石粉（硅酸镁）；瓷土（高岭土，主要成分硅酸铝）；云母粉（氧化硅）等。

镁铝轻金属化合物：碳酸镁；氧化镁；氢氧化铝。

③ 染料。木材涂饰常用染料：直接染料、酸性染料、碱性染料、分散性染料、油溶染料、醇溶性染料、金属络合染料等。染料是一些能使纤维或其他物料相当坚牢着色的有机物质。染料一般可溶解或分散于水中，或者溶于醇、

苯、酯、酮等，也称可溶性着色物质。染料处理后的木材表面如图 7.8。

图 7.8　染料处理后的木材表面

(3) 辅助成膜物质

辅助成膜物质包括各种溶剂和助剂，这些溶剂和助剂大部分都不能形成漆膜，而只能起到帮助形成漆膜的作用。

① 溶剂。溶剂是能溶解成膜物质且易挥发的材料。溶剂能够溶解、稀释成膜物质使其成为有合适黏度的液体，便于施工，同时也增加被涂饰物的润湿性，提高涂层的附着力，改善涂层的流平性。根据溶剂对主要成膜物质的溶解力不同，分为真溶剂、助溶剂和稀释剂。

真溶剂：单独溶解主要成膜物质。

助溶剂：帮助真溶剂溶解主要成膜物质。

稀释剂：既不能溶解也不能助溶主要成膜物质，仅对涂料起稀释作用。

② 助剂。可显著改善涂料或涂膜的某一特定方向的性能产品，如流平剂、催干剂、增塑剂、消光剂、增光剂、防潮剂等。

7.1.8　涂料分类

(1) 标准分类

按涂料的主要成膜物质分为 18 大类。分类的基本原则是以涂料中的主要成膜物质为基础。

如：C04-2 代表醇酸磁漆（甘油改性），Y03-1

（2）习惯分类

① 根据成膜干燥机理分类。

挥发型漆：涂层中溶剂挥发完毕就干燥成膜，如硝基漆、虫胶漆。

气干漆：与空气中的氧气或潮气反应而成膜，如酚醛漆、醇酸漆。

烘漆（或称烤漆）：经高温加热才能固化，如氨基烘漆，金属家具上用得较多。

辐射固化漆：如光敏漆、电子束固化漆。

② 按组成特点分类。

油性漆：组成中含大量的油或油改性树脂，其性能特点是干燥慢、漆膜软。

树脂漆：全是树脂，基本不含油类，如聚酯漆、聚氨酯漆。

③ 按有无色彩分类。

清漆：不含颜料，如醇酸清漆、硝基清漆。

色漆：含有颜料，形成不透明涂膜。

④ 按光泽分类。

亮光漆：干后漆膜呈现较高光泽。大部分未标明"半光、无光"的漆都属亮光漆，如酚醛清漆、醇酸磁漆。

亚光漆：含有消光剂。漆膜基本无光泽，如各色硝基半光磁漆。

⑤ 按涂层的工序分类。

腻子：填平木材表面局部缺陷（如裂缝、钉眼等）或全面填平用的较稠厚的涂料。

填孔漆：填粗管孔木材，一般现场调配，也称填孔剂。

底漆：打底用的头几层漆，如硝基木器底漆。虫胶漆多用于木材涂饰打底。

面漆：如醇酸漆、硝基漆、聚氨酯漆。

7.2　手工涂饰操作

手工涂饰是使用手工工具（如刷子、棉球、刮刀等）将涂饰材料涂饰到木制品或木制零件表面上的涂饰方法。优点是工具简单、灵活方便，能适应不同形状、大小的涂饰对象，缺点是劳动强度大、生产效率低、卫生条件差。手工涂饰方法包括刷涂、擦涂和刮涂。

7.2.1　刷涂

刷涂法是用各种刷子（图 7.9）蘸取涂饰材料，在制品或零部件表面刷

图 7.9　刷涂工具

涂，形成均匀涂层的一种方法。优点是适用范围广、操作简便、损耗涂料少。缺点是涂膜的平整光滑度、厚度难以达到一致，劳动强度大，涂饰效率低。

刷具按形状分为扁形、圆形、歪脖形等；按制作材料分为硬毛刷（猪鬃、马毛）和软毛刷（羊毛、狼毫、獾毛等）。木材涂饰用得最多的是扁鬃刷、羊毛排刷和羊毛板刷。

(1) 扁鬃刷（漆刷）

按其形状分为扁形、圆形和歪脖形三种，如图 7.10。

(2) 排笔（羊毛刷）

排笔（图 7.11）常用为 8～16 支，依据被涂物表面的面积大小选用。刷毛应厚实且弹性好，不易掉毛，毛端整齐，刷毛柔软。排笔用途是刷涂染料水溶液、虫胶漆、硝基漆、聚氨酯漆、丙烯酸漆、水性漆等黏度较低的涂料。

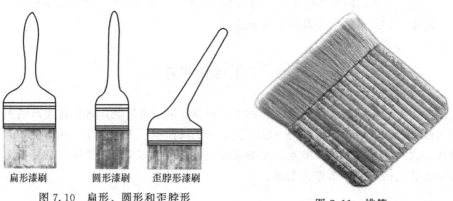

扁形漆刷　　　圆形漆刷　　　歪脖形漆刷

图 7.10　扁形、圆形和歪脖形

图 7.11　排笔

(3) 刷涂操作

涂布：按需要的用漆量先在制品表面上顺木纹刷涂几个长条，每条之间保持一定距离。漆刷：不再蘸漆，将已涂的长条横向或斜向展开并涂刷均匀。漆刷上残留的多余涂料在漆桶边挤擦干净后，顺木纹方向均匀刷平，以消除刷痕，形成平滑均匀漆膜。刷涂一般操作顺序：先难后易、先里后外、先左后右、先上后下、先线角后平面，围绕制品从左向右转，先刷一个面，再刷另外的面，避免遗漏。刷涂操作如图 7.12、图 7.13。

图 7.12　漆刷的蘸漆及使用方法

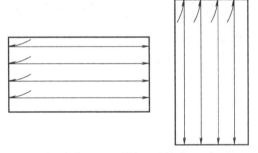

图 7.13　刷涂运动轨迹

7.2.2　擦涂

擦涂法（图 7.14）是用棉团蘸取挥发性漆在木器家具表面上多次反复地涂抹以逐步形成漆膜的一种涂饰方法。优点是涂膜结实丰满，厚度均匀，附着力强。擦涂适合中高级木制品使用，目前内销家具使用较少，部分出口家具应用较多。

擦具棉团制作：先拿出一块包布，再用手捏紧一团尼龙丝，将它放在包布中央，拉起包布四角对折，旋拧包布的四角

图 7.14　擦涂法

做成松软的棉团，棉团直径3～5cm，使用前将棉团浸入漆液2/3左右，使其吸收漆液而润滑，随后拿出来进一步旋拧以便定形。

棉团移动路线有直线、螺旋、"8"字形及蛇形（图7.15）等，常几种方法交替进行。擦涂时蘸漆不宜过多，轻压时有适量漆渗出即可，应用力均匀，动作轻快，接触表面用滑动姿势，不应垂直起落，如图7.16。

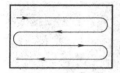 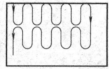 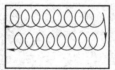 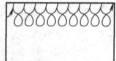

图7.15　直涂、蛇涂、螺旋涂、"8"字形擦涂

图7.16　擦涂技巧

7.2.3　刮涂

刮涂法是使用各种刮刀将腻子、填空剂、着色剂、填平漆等涂饰材料刮涂到制品表面上的一种涂饰方法。刮具为嵌刀（脚刀）、铲刀（灰刀、腻子刀）、牛角刮刀（牛角翘）、橡皮刮刀和钢板刮刀等，如图7.17。拿法和操作如图7.18。

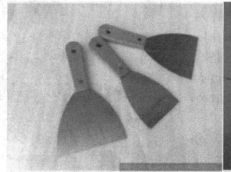 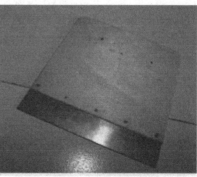

图7.17　铲刀与刮刀

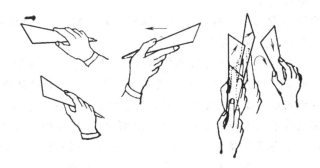

图 7.18　刮涂刀的拿法和操作

7.3　机械涂饰操作

机械涂饰有喷涂、静电喷涂、高压无气喷涂、淋涂、辊涂、抽涂等，使用比较多的是喷涂、淋涂、辊涂。

7.3.1　空气喷涂

(1) 概念

空气喷涂又称气压喷涂，是以喷枪（图 7.19）为工具，利用压缩空气的气流将涂料吹散、雾化并喷在被涂装表面，形成连续完整涂层的一种涂装方法。这种方法是机械涂饰方法中适应性最强、应用最广的一种方法，是现代木制家具生产最常用的一种涂饰方法。

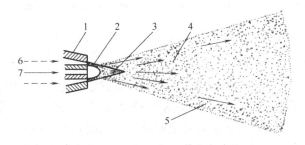

图 7.19　环状喷嘴喷枪

1—喷头；2—负压区；3—剩余压力区；
4—喷涂区；5—雾化区；6—压缩空气；7—涂料

(2) 空气喷涂设备

空气喷涂所用设备有喷枪、空气压缩机、贮气罐、油水分离器、压力漆桶、喷涂室（柜）和连接软管等。

贮气罐是一个容积比压缩空气机气缸大几十倍的空筒，主要作用是稳定空气压力。由压缩空气机产生的压缩空气含有油和水，这对喷涂质量有较大影响，所以，在送入压力漆桶和喷枪之前，必须经油水分离器过滤。

喷枪按雾化技术分为传统喷枪、HVLP 喷枪、RP 喷枪。按涂料供给方式可分为压送式、重力式和吸入式三种（图 7.20），三种喷枪之比较见表 7.1。吸入式适合中、小型企业，压送式适合大批量生产使用。

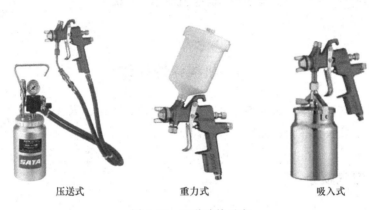

| 压送式 | 重力式 | 吸入式 |

图 7.20　三种喷枪示意

表 7.1　三种喷枪类型比较

喷枪类型	结构特点	优点	缺陷	主要用途
压送式	另设增压箱,自动供给涂料	可几支喷枪同时使用,涂料容量大	涂料更换、清洗麻烦	连续喷涂大面积物面
重力式	涂料罐安在喷嘴的上方	喷枪使用方便,黏度影响小	稳定性差,不易做仰面操作	小面积物面的施工
吸入式	涂料罐安在喷嘴的下方	操作稳定性好,涂料颜色更换方便	水平面的喷涂困难,受涂料黏度影响大	小面积物面的施工

湿式喷涂室也称水洗喷涂室，是用水来过滤漆雾的，由水管喷嘴喷水或水槽溢流的水而形成水帘（或水幕），漆雾碰到水帘，就会被水吸附，冲至下部水槽中积存。水帘喷涂室的结构特点是将室体正面方向的内壁作成光滑的淌水板，用水泵使水在板顶喷射或溢流，在该板面上形成瀑布状态的水帘。当漆雾碰撞水帘时，则被水吸附而被冲至下部水槽中，这样室内不被污染，减少了清理工作。

湿式喷涂室漆雾过滤效果好，设备污染轻，火灾危险性小，适用于大批量连续生产，但需要进行废水处理。室内空气湿度大会影响涂饰质量，由于要求风机风压较高，从而增大了涂料消耗。

（3）影响喷涂质量的主要因素

① 喷射距离。喷射距离指喷枪的喷嘴距被喷涂面的垂直距离。喷射距离过近所喷射出来的涂层难以均匀，过远则涂层变得毛糙，不光亮，严重时还会出现小气泡，会导致涂膜的附着力降低及涂料雾化损失增加。因此，必须控制好喷射距离，以不影响涂饰质量为准则。

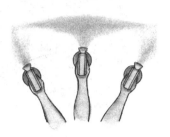

② 喷射角度。喷射角度指喷射出去的涂料射流中心线与被涂面的垂直度（图 7.21）。垂直度愈大（愈接近 90°），则涂层就愈均匀光滑，反之则涂层就愈不均匀，甚至还会出现大量气泡。

③ 喷射方法。一般是先对被喷面横向（木制品的横纹方向）平行移动往返喷涂完，接着再竖向（沿木纹方向）平行移动往返喷一遍。喷枪移动速度要均匀，速度要以涂层厚度或是否流挂为准则。

图 7.21 喷射角度

④ 压缩空气的压力与纯洁度。压缩空气的压力大小应根据涂料的黏度来定。

涂料能被空气压力分散成极细的微粒，且要求不能使涂料反射而损失。空气中尘粒、油分、水分等杂质，都会影响喷涂质量。因此，压缩空气须经载有泡沫塑料或羊毡的铁桶滤去尘粒等杂质后，再经油水分离器方可进入喷枪进行喷涂。

⑤ 涂料的质量。喷涂用涂料，须无粒子、漆皮等杂质，以免堵塞喷枪的喷嘴和涂料的输送管道而影响喷涂质量。

一般将涂料经 200 目以上的尼龙网过滤后才能喷涂。

7.3.2 高压无气喷涂

指利用压缩空气（液体）驱动高压泵，使涂料增压，从喷枪的喷嘴喷出后，因压力突然减小而剧烈膨胀爆炸似雾状、涂料微粒射流而喷涂到被涂物面上的一种涂饰方法（图 7.22）。

高压无气喷涂原理：借助于高压泵，使密封容器内的涂料增压至 10～30MPa，并压送到喷枪，当经过喷枪喷嘴喷出时，速度非常高（约 100m/s），

图 7.22　高压无气喷涂

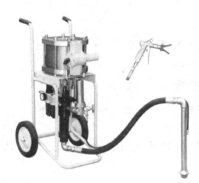

图 7.23　高压无气喷涂设备

随着冲击空气和压力的急速下降，涂料内溶剂急剧挥发，体积骤然膨胀而分散雾化成很细的涂料微粒被喷到制品表面上，形成涂层。高压无气喷涂设备如图 7.23。

高压喷涂优点：涂料雾化损失小，因喷射的涂料射流中没有压缩空气相混合；能用较高黏度的液体涂料；喷涂的速度须快，喷涂流量大，速度快，对操作人员要求高；涂饰质量好；适应大件大批量涂饰，适用于连续大批量生产的涂饰，特别是各种柜类、车厢、船体等大件制品的涂饰，可获得较好涂饰效果与质量。

缺点：漆膜表面粗糙，易产生橘皮纹；喷嘴易被堵塞；操作时喷雾幅度与喷出量都不能调节，只能更换喷嘴才能达到调节的目的。

7.3.3　热喷涂

常温涂料喷涂称为冷喷涂，热喷涂法则是用加热的方法来降低涂料的黏度，用连续循环加热装置，预先将涂料加热到 70℃左右再进行喷涂。热喷涂设备如图 7.24。

热喷涂的优点是节省稀释剂，减少环境的污染；涂料的固含量较高，涂饰次数相应减少，提高了涂饰效率；流平性增高，改善漆膜质量；漆膜丰满，不易产生流挂。

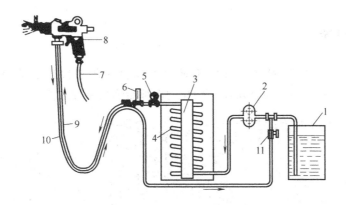

图 7.24　热喷涂设备

1—储漆罐；2—齿轮泵；3—加热器；4—蛇形管；5—压力计；6—温度计；
7—供气软管；8—喷枪；9—输漆管；10—回漆软管；11—调节阀

7.3.4　静电喷涂

(1) 静电喷涂原理

静电喷涂实质是利用电晕放电现象（图 7.25）。喷具接负极、涂饰制品接正极，接通高压直流电时，在喷具与被涂饰制品之间产生高压静电场。喷具高速旋转，离心力作用下使带负电荷的微粒沿着电力线向涂饰工件表面移动，并被吸附、沉降在工件上，形成连续涂层。

(2) 静电喷涂特点

优点：与压缩空气及高压喷涂相比，由于电场力的作用，涂料不会乱飘散而损失，环境污染较小，还能确保涂饰质量稳定可靠，不受人为因素影响，可以更好地实现机械化和自动化涂饰。

缺点：火灾危险性大，特别是当喷距不当或操作失误而引起火花放电时，均易酿成火灾；对于形状复杂或轮廓凹凸较深的表面，静电涂法难以获得均匀的涂层；对所有涂料及溶剂都有一定的要求。

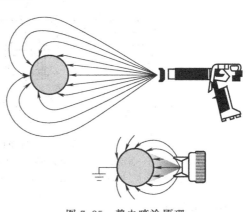

图 7.25　静电喷涂原理

7.3.5 淋涂

淋涂（图 7.26）就是液体涂料通过淋涂机头的刀缝形成流体薄膜（漆幕），然后让被涂板式部件从漆幕中穿过而被涂饰的一种方法。

图 7.26 淋涂

(1) 原理

用淋涂法涂饰时，涂料从淋漆机上方的机头流出，落下时形成一道连续完整的漆幕，工件由传送装置进给，通过机头下方的漆幕，其表面就被淋上涂层。淋涂机是由淋涂机头、涂料循环系统及产品输送机构组成，具体如图 7.27。

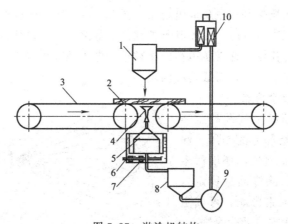

图 7.27 淋涂机结构

1—淋涂机头；2—被涂件；3—产品输送机；4—回漆槽；
5—流漆器；6—加热片；7—加热水夹；8—贮料箱；9—输漆泵；10—滤漆器

(2) 淋涂特点

优点：涂饰效率高，70～90m/min；涂料损耗少；涂饰质量好，能获得漆膜厚度均匀平滑的表面；淋涂设备简单，操作维护方便，不需要很高的技术，施工卫生条件好，可淋涂黏度较高的涂料，既能淋涂单组分漆，也能使用双头淋漆机淋涂双组分漆。

缺点：被涂饰表面形状受限制，适用于平板部件；只有成批大量生产并组织机械化连续流水线方可显示其优越性与高效性；不适于多品种小批量生产状况；涂料品种稳定，同一种涂料反复使用效率高；经常更换涂料品种需要多次清洗，既费时又不经济。

7.3.6　辊涂

利用辊筒将涂料涂敷到产品表面上的一种涂饰方法。被涂件从一对转动着的涂饰辊与进料辊之间通过，在进给过程中被涂上一层涂料。

(1) 原理

先在滚筒上形成一定厚度的湿涂层，然后将湿涂层部分或全部转涂到工件表面上，如图 7.28。

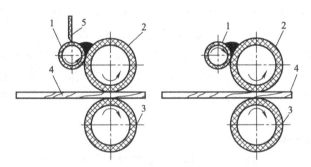

(a) 涂料辊与进料辊同向转动　　(b) 涂料辊与进料辊反向转动

图 7.28　辊涂原理

1—分料辊；2—涂料辊；3—进料辊；4—被涂件；5—刮刀

(2) 辊涂特点

平表面的板件涂饰效率高，进料速度为 $5\sim25\text{m/min}$；涂料厚度可通过改变涂料辊与分料辊之间的间隙、板件进料速度、涂料辊对板件的压力和涂料的黏度等来调节；不同种类的辊涂机，有各自的使用范围和优缺点。

7.4　涂料的配色与选用

7.4.1　涂料的色彩

市场上销售的色漆很多，色彩多种多样。色漆是由制漆工厂将着色颜料、体质颜料、漆料等，经过机械加工、混合、分散、研磨制造成为均匀的原色、间色、复色、补色、极色等成品涂料，如油性调和漆、硝基磁漆等，其生产工艺复杂，质量检控要求较高。通常根据涂饰工艺要求直接选择制漆工厂生产的各色色漆即可满足使用，但是在实际生产中，成品涂料的色调往往不可能配齐，不能满足生产企业创新产品的需要。操作人员，尤其是有经验的老师傅，也不满足于成品涂料有限的几种色彩，往往会对成品涂料进行必要的色彩变动，比如在施工场所自己动手调配色漆，希望自己调配出所需要的色彩。另外，对于制漆工厂，也要经常对自己的成品涂料色彩进行不断改变，以满足市场的消费需要。

7.4.2 色漆的配色要点

(1) 抓住特征

自然界的一切物体，在光的作用下，都能够反射各自不同特征的色彩。因此，色漆的各种色彩名称就是按照色彩特征来进行命名，如天蓝色色漆，就是按照天空的蓝色进行调配；而苹果绿色色漆，则按照苹果表面的浅绿色进行调配。调配色彩时，应该在大脑中确定一个物体或样板，且呈现某种色彩特征的空间形象，这样才能有个大致的方向，准确配色，否则将会无从下手。

(2) 找出规律

从色彩学的角度出发，必须掌握色彩的叠加原理。调配色彩时，必须掌握色漆漆膜中所含主色、次色、辅色的品种以及各种色彩在漆液总和中的数量配比关系的规律。

颜料是配色的主要原料，可以用颜料调配出各种色彩的色漆（颜料拼色法、颜料相加法）。由于颜料的生产企业不同，其色度、色光等均有差异，应该先做样板，符合涂饰要求后，再调配色彩。分析样板的色彩构成时，首先应该分析是由何种色彩构成，再判断构成色彩的颜料中，哪些为主色、次色、辅色颜料，然后估算各色颜料的用量多少，最后进行试配。

一般情况下，主色颜料是构成色彩中的主要色相（漆液成分的多数），它是用量最多的一种色调；次色颜料是构成色彩中的占次要地位的色相，其用量较少；辅色（俗称副色）颜料是构成色彩中的色相用量最少的色调，也是不可缺少的一种色调。调配色彩时，用基本色彩（如红、黄、蓝、黑、白）可以调配出各种色彩。如调配肉红色，应该用白色、红色、黄色，其中白色为主色，红色为次色，黄色为辅色；调配墨绿色，应该用黄色、蓝色、黑色，其中黄色为主色，蓝色为次色，黑色为副色；调配乳白色，应该用白色、黄色，其中白色为主色，黄色为副色。

　　一般情况下，主色色漆是指遮盖力和着色力最强的某种色漆；次色色漆是指遮盖力和着色力较弱的某种色漆；辅色色漆是指遮盖力和着色力最弱的某种色漆。在五原色色漆中（如红、黄、蓝、黑、白），红色、黑色为主色，黄色、蓝色为次色，白色为辅色。在实际生产中，除了要准确掌握各种色彩的配比外，还必须根据色彩的深浅顺序来进行调配。调配色彩时，必须将深色漆加入浅色漆中，由浅到深，切忌顺序颠倒，否则不能保证次色、辅色色漆均匀地分散到漆液中。尤其是加入着色力强的色漆时，应注意少量加入，以避免用量最少的主色色漆搅拌不均匀，最终出现明显色彩差异，影响色彩的装饰效果，还可能会使调配出来的色漆大大超过实际用量，造成浪费。

7.4.3　选择方法

　　调配色彩是指按照合理比例关系调配出所需要色彩色漆的一种施工工艺过程，它是一项复杂、细致的工作。用单色色浆（色漆）调配复色色漆，除了要判断色彩的主色、次色、辅色外，还应该选择正确的调配方法，尤其是生产企业无机械搅拌设备且小批量手工调配时，更应该选择正确的调配方法。另外，当用量较大时，应该提供色样委托制漆工厂专门配制。

　　为了保证调配色彩的准确性，应该根据样板先试配小样。将小样涂布于玻璃片或白净马口铁板上，待干燥 20～30min 后，色彩基本稳定（落色），再对照样板，观察小样色彩与样板色彩是否一致。在符合色彩要求后，确定其内含几种色漆。将几种色漆分别装入罐中，先称其毛重，调配色彩，配色完毕后，再称一次，两次称量之差就是参加配色的各种色漆质量，可以作为调配大样的参考。按照小样色彩的这种质量比例关系放大，根据需要用量一次配成大样，这样调配的色漆涂饰在木制品上，就可以达到醒目鲜艳的效果。

　　调配色彩时，应以主色色漆为主，慢慢地、间断性地加入次色色漆，充分搅拌均匀，随时取样，边调边看，不能过头，防止影响色彩的装饰效果。当色调基本接近样板时要非常小心，渐渐加入辅色色漆，注意色漆的色彩应该略浅于样板。

　　色漆特点是湿浅干深。由于各种涂料在未干时色彩较浅（湿色），干后色彩较深，因此，湿漆的色彩应该比样板略浅淡一些。调配色彩时：对于干样板，待色漆表干后，才能确定该色漆与样板的相似程度；对于湿样板，则可以将样品滴一滴在色漆中，然后观察两种色彩是否相同，色彩相同，表示色彩已经配准，如色彩存在差异，则需要适当加料或减料后，再进行配色，直到配准为止。

制漆工厂不同，往往同一种名称的色漆，其色彩、色种、性能、用途等存在一定的差异，因此，调配色彩时，必须用同一类型的漆液进行调配，看看是否能够共同调和使用，切忌随意调配。如果仅仅只是色彩和色种相同，而性能和用途不相同，就不能相互调配，否则会降低涂料的性能，甚至造成涂料报废。

光线过暗，容易影响配色的准确性，因此，调配色彩时，应该在晴天、太阳下以及光线明亮的地方进行，这样才能随时正确观察色漆的色彩以及该色漆与样板的相似程度。

调配浅色色漆时，应该先加入催干剂，再进行配色。因为催干剂往往带有棕色，如果配好后再加入催干剂，则配成的色彩不易准确。

调配色彩时，容器必须清洗干净，尤其是调配硝基色漆，空桶内不能留下残余漆液。配好后的漆液，应该随时加盖密封，或用牛皮纸将漆面盖好，防止结皮。

7.4.4 审核色彩

配色完毕后，核对色漆色彩的深浅程度是否符合样板的要求，它是调配色漆的一个重要环节，且最终检验还需要在涂层干燥后才能进行。其主要内容为：色差的偏移程度，即主色、次色、辅色之间的配合程度，次色、辅色用量的多少将影响整体色差的偏移；遮盖力；颜料的漂浮和泛色性，尤其是用单色色浆调配复色色漆时，应注意次色、辅色在主色中的混溶性。

7.5 涂饰基材处理方法

未经涂饰表面油漆的白坯（或称白茬）是经木加工以后的初制品，存在天然及加工缺陷。为此，涂饰前先要对被涂面进行各种必要的处理，才能涂饰涂料。涂饰基材处理方法有砂磨、嵌补、填孔与填平、漂白、去油脂、去木毛等。

7.5.1 砂磨

用木砂纸在木材表面顺木纹方向来回研磨，有机械砂磨和手工砂磨两种方法。

(1) 基本要领

选用合适的砂纸，顺沿木纹方向有序进行，不能乱砂。边、角、弯头必须砂透。

(2) 砂磨白坯的砂纸（布）常用型号

国产砂纸（布）：手工研磨时选用 120♯～240♯，机械研磨时可选用 80♯～150♯。

(3) 砂光方法

对木制品平整面使用手持式砂光机，对于边角及异形部分需手工砂磨。使用手持式砂光机时，应注意其转速、研磨方法、压力、次数、砂纸号，由于机械研磨会产生大量粉尘，应有除尘装置。

① 手工打磨。将一整张砂纸一裁为四或六块，每块对折后，有砂的一面朝外，用无名指和小指夹住砂纸一端的一角，另外一端的对应角用大拇指及食指夹紧，中间三指平按在砂纸上，在物件表面来回搓动，或用砂纸包住合适大小的垫块在工件表面来回搓动，对纹理清晰的工件，搓动的方向一定要与纹理的方向一致，以免造成横砂痕。台面边缘部的打磨是用大拇指压紧砂纸在工件边缘，利用大拇指来实现线性部分的打磨，边部部分则用手掌包住砂纸在边缘地带来回搓动。手法应根据砂磨对象随时变换，利用手指中的空间和手指的伸缩，在凹凸及棱角处，机动地打磨。大面积用手打磨时，应用手掌带动砂纸，也可在砂纸下垫稍硬的物件如海绵块、软木块等，用手指捏紧砂纸两端，来回在物件上擦动，注意垫块必须平整，打磨时应压紧垫块及砂纸，以免打磨不均匀或跳砂。

② 机械打磨。使用电动振动打磨机，如图 7.29。一般视打磨机底盘的大小，一整张砂纸可以长裁两三张，装砂纸时可在新砂纸下垫一张旧砂纸，砂纸的两端一定要用压阀夹紧，中间不能松动。手动机械打磨时一般用力不能太大，否则会影响到机械的转速，时间长了很容易损坏打磨机，但用力一定要均匀，要一刷压半刷来回平整打磨，不能打磨不匀或漏砂。

砂光后要用风枪吹除留在导管内的磨屑，在风枪吹填充部位时，风枪与工件表面必须成 45°（不允许正面对着吹），并且

图 7.29　电动振动打磨机

风枪头与工件表面距离不能小于 300mm。还应注意防止吹除后飘到空气中的粉尘再度降落到材面上，吹灰后用潮布或棉丝擦净打磨面。

7.5.2　填孔与填平

(1) 填孔

用填孔剂将木材的导管沟槽填满填平，以突出显现木材纹理，形成平整的漆膜基底，节约面漆以及基础着色材料。市售填孔剂称木纹宝，由黏结剂、填料、着色材料和溶剂组成。大批量生产时可用辊涂机进行填孔，也可手工用棉纱擦涂或刮刀刮涂。

(2) 填平

进行不透明涂饰时，将填孔料（如腻子）嵌填于木材表面的裂缝、钉眼、虫眼等凹陷部位，使其充填饱满，待填孔料干透后再用砂纸仔细地磨平，使表面形成一个平整的装饰底层。对那些缝隙较大、较深的孔、眼有时还需做多次填充，使孔、眼填充结实，以防因虚填而在日后出现新的凹陷或脱落。

7.5.3　漂白

(1) 漂白目的

消除材色不匀或由于酸、碱、盐、菌等引起的变色、色斑，使木材颜色变浅，使制品或零部件材面色泽均匀，消除污染、色斑，再经过涂饰可渲染木材高雅美观之天然质感与显现着色填充的色彩效果，也称木材脱色。

(2) 方法

选用适当漂白剂涂于木材表面，待材面颜色变浅后再用清水洗掉。漂白剂常采用过氧化氢（双氧水）、亚硫酸氢钠、草酸等。若漂白后的清洗不干净，则油漆涂饰后的有些漆膜易产生黄变现象，特别是涂饰双组分聚氨酯涂料或水性乳胶漆。因此，必须尽量将漂白液清除干净，不残留。

① 双氧水法。一般使用浓度为 $25\% \sim 35\%$ 的双氧水溶液涂于木材表面，经氧化作用，木材将变白，然后用清水冲去双氧水晾干即可。如果为了加促漂白，在木材表面先涂一层氨水，然后再涂双氧水，半小时后以清水冲去漂白剂即可。若脱色不理想，此工序可重复两三次，直到满意为止。

② 草酸法。75g 草酸、75g 结晶硫代硫酸钠、25g 硼砂分别溶于 1L 水中，制成草酸溶液、硫代硫酸钠溶液、硼砂溶液。首先将草酸溶液涂于制品表面，稍干后再涂硫代硫酸钠溶液，待干后木材变白，如果达不到满意程度可重复操作几次，效果满意后再涂硼砂溶液以中和残留在木材中的酸性物质，最后用清水洗净。

7.5.4　去油脂

(1) 去油脂目的

针叶材中所含有的树脂（如松木中的松节油等）会引起油性漆的固化不良、染色不匀及降低漆膜的附着力。去油脂目的为除去松木等针叶材的节疤，导管中含有油脂、松香、松节油等物质，以免影响涂膜干燥性和附着力。

(2) 方法

采用 5％～6％的碳酸钠水溶液，或 4％～5％的氢氧化钠水溶液，或 80％的碱溶液与 20％丙酮的水溶液混合一并使用，将这些处理液加热到 60℃，涂在待处理的表面上，经过 2～3h 后再用热水或 2％的碳酸钠水溶液清洗。

7.5.5　去木毛

木毛为木材表面遇湿膨胀竖起的微细木纤维。去除方法是先润湿，后干燥，再砂磨。现代涂装常采用低固体含量、低黏度的聚氨酯封闭底漆（底得宝）涂饰木材表面，使木毛吸湿竖起，因含漆的木毛竖起比较硬脆易磨，干燥后可用细砂纸顺纤维方向轻轻打磨，木毛即可去除。

7.5.6　基材做旧

做旧工艺常使用一根钉锤在木制品表面顺木纹方向进行敲打，模仿产品在长时间存放后被虫蚀、虫蛀后留下的痕迹。再使用锉刀在棱边、棱线等凸起的部位进行斜锉，锉刀痕长度不超过 10mm，仿造产品在长期使用或存放过程中被硬物拉、划伤后留下的痕迹。然后使用螺母串对木制品进行敲打，模仿木制品在长时间使用过程中遭受硬物打击后留下的痕迹。所有虫眼、碰撞等破坏应均匀分布在产品表面和产品的边缘。破坏后要用大号砂纸将破坏处砂光，以免影响后工序手感。做旧工具及效果如图 7.30、图 7.31。

图 7.30　基材做旧工具

图 7.31 做旧效果

7.6 透明涂饰工艺

根据有关国家标准与我国木家具生产的实际情况，中高级木家具油漆的面漆涂料主要为硝基（NC）清漆、聚氨酯（PU）清漆、聚酯（PE）清漆和丙烯酸清漆等优质涂料。高级家具与木家具的外表面漆膜极为平整光滑，都要进行抛光或填孔亚光、半显孔亚光和显孔亚光，多用于高级的宾馆、饭店、办公室、客室、陈列室、卧室、餐厅等套装家具与木家具的涂装。

下面主要介绍常用的硝基（NC）清漆、聚氨酯（PU）清漆、聚酯（PE）清漆、光敏（UV）清漆等的透明涂饰工艺过程。

7.6.1 PU 清漆涂饰工艺（木纹本色）

① 表面清净：用 320♯砂纸手磨或机磨进行白坯打磨，去除油污。

② 封闭底漆：用 PU 底漆（俗称底得宝）刷涂、擦涂或喷涂，对底材进行封闭，干燥 3～4h。

③ 打磨：用 320♯砂纸手工轻磨，砂去木毛。

④ 刮腻子：用腻子嵌补孔眼、缝隙，干燥 3h。

⑤ 打磨：用 320♯砂纸打磨，除尘。

⑥ 涂第 1 道底漆：用 PU 透明底漆按"湿碰湿"方式喷涂均匀，干燥 5～8h。

⑦ 打磨：用 320♯砂纸彻底打磨，除尘。

⑧ 涂第 2 道底漆：用 PU 透明底漆按"湿碰湿"方式喷涂均匀，干燥 5～8h。

⑨ 打磨：用 300♯、600♯砂纸彻底打磨，除尘。

⑩ 涂第 1 道面漆：用 PU 亮光清漆喷涂均匀，干燥 8～10h。

⑪ 打磨：用 600～1000♯砂纸轻磨颗粒，切忌磨穿，并除尘。

⑫ 涂第 2 道面漆：用 PU 亮光清漆喷涂均匀，干燥 8～10h。

⑬ 涂层砂磨：用 320～400♯水砂纸湿磨，最后用棉纱揩清。

⑭ 漆膜抛光：用砂蜡抛光和光蜡上光。

7.6.2　PU 清漆涂饰工艺（底着色填孔全封闭）

① 表面清净：用 320♯砂纸手磨或机磨进行白坯打磨，去除油污。

② 封闭底漆：用 PU 底漆（俗称底得宝）刷涂或擦涂或喷涂，对底材进行封闭，干燥 3～4h。

③ 打磨：用 320♯砂纸手工轻磨，砂去木毛。

④ 刮腻子：根据基材选用腻子（专用水灰）刮涂或擦涂表面，填满导管。

⑤ 打磨：干后用 320♯砂纸彻底打磨，除尘。

⑥ 着色：用 PU 有色封闭底漆（俗称士那）擦涂均匀，干燥 3～4h。

⑦ 打磨：用 320♯砂纸打磨，切忌磨穿，并除尘。

⑧ 涂第 1 道底漆：用 PU 透明底漆按"湿碰湿"方式喷涂均匀，干燥 5～8h。

⑨ 打磨：用 320♯砂纸彻底打磨，除尘。

⑩ 涂第 2 道底漆：用 PU 透明底漆按"湿碰湿"方式喷涂均匀，干燥 5～8h。

⑪ 打磨：用 320♯砂纸彻底打磨，除尘。

⑫ 涂第 1 道面漆：用 PU 亚光清漆喷涂均匀，干燥 8～10h。

⑬ 打磨：用 600～800♯砂纸轻磨颗粒，切忌磨穿，并除尘。

⑭ 涂第 2 道面漆：用 PU 亚光清漆喷涂均匀，干燥 8～10h。

7.6.3　光敏清漆（UV 清漆）中高级涂饰工艺

① 基材砂光：板件在宽带砂光机上砂光并除尘。

② 基材着色：在辊涂机上用水性染料着色剂着色。涂布量为 15～40g/m²。

③ 色层干燥：板件辊涂着色后进入远红外干燥室用远红外线干燥色层，干燥温度 40～60℃，干燥时间 5～7min。

④ 填孔：用光敏腻子（由光敏漆、填料、稀释剂与光敏剂组成）在辊涂

机上为板件填孔，涂布量为 $20\sim25g/m^2$。

⑤ 填孔层干燥：板件经辊涂填孔后用紫外线固化光敏腻子填孔层，干燥约 0.5min。

⑥ 砂光：在宽带砂光机上砂光填孔后的表面。

⑦ 涂底漆：板件在辊涂机上辊涂光敏底漆，涂布量为 $20\sim25g/m^2$。

⑧ 底漆干燥：辊涂底漆后的板件采用紫外线固化干燥 0.5min。

⑨ 砂光：在宽带砂光机上砂光或手工砂光涂层并除尘。

⑩ 涂面漆：在淋漆机上对板件淋涂光敏漆，涂布量可根据产品表面涂饰要求定。

⑪ 流平干燥：淋涂的板件在流水线上移动，涂层流平后经紫外线固化 3～5min 达到实干。

⑫ 漆膜抛光：根据需要，漆膜可用 400♯水砂纸湿磨至涂层平滑乌光，并用砂蜡抛光和光蜡上光。

7.6.4 硬木家具（紫檀、花梨、鸡翅木等红木类）用生漆涂饰工艺

① 表面清净：用 1♯木砂纸砂磨表面，棱角磨圆、平面磨平，除去灰尘。

② 染色：均匀刷涂由品红、炭黑等染料配成的水性染色剂。

③ 填孔：用生漆调石膏粉并加入少量水，配成生漆填孔剂，用牛角刮刀把填孔剂满刮在表面上，在通风处晾 12h 左右。

④ 砂磨：用 1♯木砂纸磨光。重复填孔和砂磨操作 1～3 次，最后用 0♯木砂纸磨光。

⑤ 擦（揩）生漆：先蘸生漆满涂一遍，然后用旧棉花把生漆全部擦清。最后晾干 12h 以上，最好在保持一定温、湿度的阴室中进行。

⑥ 砂磨：用 400♯水砂纸湿磨。重复擦生漆和砂磨的操作 1～4 次。

⑦ 擦（揩）生漆：操作方法同砂磨。

7.6.5 仿古、做旧美式涂装工艺

出口美国的家具，其涂装表面除要求有高清晰度外，有时还需要作仿古、做旧处理。即是说要将一件新制作的家具，在涂装作业时通过"仿古、做旧"的工艺处理，使之从外观看似乎是已使用多年的老家具，如果再配以古典式的外观造型设计，该家具就可被看成古董。这是美国家具市场的需要，由此就形成了美式家具的涂装特点：涂装表面的木纹显露清晰，色彩丰满且立体感强；远看家具似已使用日久，但近看表面清新、手感滑爽。要达到如此的涂装目

的，一方面在着色工艺上要基础着色和涂膜着色并用，再配以填孔着色，以突出木眼花纹，使表面的色彩丰富、活泼、有层次感；另一方面是在涂膜着色前在涂装表面上不规则地打上钉眼或做一些人为的损伤。涂装完成后再在缝隙、凹陷处不规则地涂刷深色仿古漆，似有使用日久、在凹陷处已沾有灰尘之感，这就是仿古、做旧，家具表面通过这种特种涂装来实现"古、旧"效果的工艺过程时下被称为美式涂装工艺，由于该工艺要求"古"和"旧"，所以表面为亚光涂饰。该工艺的一般操作程序如下：

① 涂前处理。白坯砂光；油腻子嵌钉眼、缝隙；油腻子干透后，整面砂平、砂光，缝隙外不留腻子灰。

② 木面基础着色。用小口径喷枪薄喷基础着色剂，对木材表面进行基础着色，其色度应基本接近样板木面色。基础着色剂的配制是将配制成近乎木面色的着色色晶加在稀释剂中，满木面喷涂，使木面色泽均匀、统一。

③ 薄喷涂聚酯封固底漆一道。薄喷封固底漆的作用是对基础色进行封闭。该项操作的关键是涂层宜薄，不堵木孔鬃眼。

④ 轻砂，去木毛。

⑤ 擦涂填孔着色剂。擦涂与样板鬃眼色相近的油性填孔着色腻子对木眼进行填充，擦涂后应立即将木面擦净，鬃眼外不留填孔腻子。

⑥ 喷涂聚酯透明底漆 2～4 道。喷涂透明底漆的道数由表面形态要求决定。半封闭的底漆涂膜薄，宜少喷；全封闭的涂层厚，底漆应多喷，但每道底漆实干后均应打磨平整。

⑦ 做旧。在涂装面上不规则敲击、打眼。

⑧ 精砂。采用 1000♯砂皮精砂。

⑨ 涂膜着色。将配制成样板涂膜色的色晶混合液加入稀薄的硝基清面漆或聚酯清面漆中，按色板涂膜色的要求进行涂膜着色。

⑩ 修色。对着色不均匀处修色。

⑪ 喷涂聚酯亚光面漆。

⑫ 做旧。缝隙、边角、凹陷处涂饰深棕色的仿古漆做旧。

⑬ 检验、修理、装配、入库。

7.7　不透明涂饰工艺

不透明涂饰，俗称"混水"。它是用含有颜料的不透明涂料（如调和漆、磁漆、色漆等）涂饰木材表面。不透明涂饰的涂层能完全遮盖木材的纹理和颜色以及表面的缺陷。制品的颜色即漆膜的颜色，故又称色漆涂饰。不透明涂饰常用于涂饰由针叶材、散孔材、刨花板和中密度纤维板等直接制成的木家具。

　　木家具如果只涂一层色漆，往往不能完全遮住木材表面。为了达到一定的质量要求并合理使用涂料，不透明涂饰也要经过多道工序，使用几种相应的涂料相互配套进行涂饰。其涂饰工艺也可大体划分三个阶段，即木材表面处理（即表面清净、去树脂、嵌补）、涂料涂饰（含填平、涂底漆、涂面漆、涂层干燥）和漆膜修整（磨光、抛光）。

7.7.1　聚氨酯（PU）色漆亮光不透明涂饰的工艺

　　① 表面清净：用0♯和1♯木砂纸。

　　② 嵌补：用虫胶腻子。

　　③ 底漆封闭：刷涂或喷涂一遍稀薄PU清漆（漆与稀释剂比例为1∶3）室温干燥18h。

　　④ 涂层砂磨：用0♯木砂纸轻磨表面，除净磨屑。

　　⑤ 涂底漆：刷涂或喷涂一遍PU清漆或PU白色底漆（漆与稀释剂比例为3∶2），干燥12～24h。

　　⑥ 涂层砂磨：用0♯木砂纸轻磨涂层。

　　⑦ 涂底漆：刷涂或喷涂一遍PU白色底漆（漆与稀释剂比例为1∶1），干燥18h。

　　⑧ 涂层砂磨：用0♯木砂纸轻磨涂层。

　　⑨ 涂面漆：按产品色泽要求选择适宜的PU色漆（漆与稀释剂比例为1∶1），刷涂或喷涂一遍，干燥约30～40min，再涂第二遍含同类清漆的色漆（PU色漆∶PU清漆∶稀释剂比例为2∶2∶6），干燥2～3天。

　　⑩ 涂层砂磨：用400♯水砂纸湿磨涂层。

　　⑪ 漆膜抛光：用砂蜡抛光和光蜡上光。

7.7.2　聚氨酯（PU）色漆亚光不透明涂饰的工艺

　　① 表面清净：用320♯砂纸将中密度纤维板表面、边线和圆角磨光、磨圆滑。

　　② 封闭底漆：用PU底漆（俗称底得宝）刷涂、擦涂或喷涂，对底材进行封闭，干燥3～4h。

　　③ 打磨：用320♯砂纸手工轻磨，砂去木毛。

　　④ 涂第1道底漆：用PU不透明底漆按"湿碰湿"方式喷涂均匀，干燥3～4h。

⑤ 打磨：用 320♯砂纸彻底打磨，除尘。

⑥ 涂第 2 道底漆：用 PU 不透明底漆按"湿碰湿"方式喷涂均匀，干燥5h 左右。

⑦ 打磨：用 320♯砂纸彻底打磨，除尘。

⑧ 涂第 1 道面漆：根据产品颜色需要，选用各色 PU 亚光不透明面漆喷涂均匀，干燥 8～10h。

⑨ 打磨：用 600～1000♯砂纸轻磨颗粒，切忌磨穿，并除尘。

⑩ 涂第 2 道面漆：用上述 PU 亚光不透明面漆喷涂均匀，干燥 8～10h。

7.8　特种涂饰工艺

随着木材的使用量越来越多，而像紫檀、花梨、水曲柳、柚木等珍贵木材的资源又日趋减少，如何利用普通木材，特别是使用刨花板、中密度纤维板、胶合板等经二次加工后的木材资源，用以制造款式新、仿珍贵木材的高档家具，已是家具制造业当前必须解决的问题。在普通木材或二次加工木材上做不透明涂饰以后再进行特种涂饰处理是充分利用木材资源的有效途径。

常见的特种涂饰按其表面效果可分为裂纹效果、仿木纹效果、仿大理石效果、仿贝母效果、仿闪光效果、仿皮革效果、锤纹效果、油丝效果等。在现代家具表面涂饰中，以上几种工艺都在不同场合以不同频率出现。

(1) 仿木纹效果

仿木纹涂饰即采用特效仿木纹漆喷涂或通过橡胶辊等特殊工具，在家具表面形成具有木纹装饰效果的漆膜图案。这种涂饰方法的基材通常以中纤板为主，部分为针叶材板材、贴纸家具，主要优势有两点：

① 节省成本。由于珍贵木材紧缺且昂贵，因此，采用涂饰来缓解材料来源的压力，是实现可持续发展的有效途径。

② 装饰性强。自然逼真的模拟木纹纹样，用在家具局部或整体，有着浑然天成的效果，迎合人们返璞归真、回归自然的心理。仿木纹效果在 20 世纪80 年代较为常见，当时很多人家里都有几件模拟木纹涂饰的家具。但是，现代社会人们对于回归自然的追求已不仅仅拘泥于平面化的仿木纹，而更加倾心于实木、贴木皮等所带来的真实感和立体感，无论从纹路、针孔，还是其颜色、光泽的自然度来说，仿木纹都不及实木的效果。因此，这种特效工艺在21 世纪初已经慢慢地沉寂下来。目前，仿木纹涂饰的主要市场为出口中东等地和第三市场，也有部分模拟木纹涂饰用于家具局部特定的装饰点缀，如桌子边条装饰，由于贴纸、贴木皮等方式施工难度大，且影响性能和效果，因此，常采用刷、辊木纹的手法进行装饰。另外，仿木纹在现代家装设计的室内壁

面、各式台面中也有使用。

在实际操作过程中，仿木纹涂饰对人工技能要求较高，作业时间较长，但成本相对较低。其主要工序包含砂光、底封闭、底漆、手工刷格丽斯后做效果（很多公司则直接用仿木纹专用效果漆喷涂而成）、面漆。模拟木纹要尽量做到逼真，使普通材或二次加工材的表面呈现出如花梨木、水曲柳、核桃木等的纹理，最后的面漆处理，加固了表面的漆膜性能，也使其具有光泽美感和良好的视、触觉效果。

在现代美式家具中，拉直纹工艺颇为盛行。

(2) 裂纹效果

裂纹涂饰是将与底漆色彩明显不同的裂纹面漆喷涂于被涂的物件表面上，当裂纹面漆成膜时，由于溶剂快速挥发，漆膜内部因体积收缩而产生宽大的裂缝，从而形成美丽的龟裂状花纹。该类效果被称为是欧美风格家具的亮色剂，其表面龟裂后的花纹中，似乎写着一段动人的沧桑历史。裂纹涂饰可突出裂纹底的颜色，白、蓝、红、黄等居多，它可以赋予家具及室内特殊的艺术表现力。

(3) 锤纹效果

锤纹效果是使涂膜表面有一层凹凸不平的锤击斑纹，多用于高级仪器及仪表。锤纹漆在漆膜形成后看上去闪着铝粉银白光泽的彩色漩涡，呈现出美丽的形似锤击金属表面的凹凸锤纹。它的表面不像皱纹漆粗糙，通常比较平整光滑，因此没有积尘的弊病，容易擦洗保养。

锤纹效果可通过三种方法实现：①喷涂法，先点后喷或先喷后点均可，相对来说喷涂法操作简单，且成本较低，但较难喷出均匀的花纹；②溶解喷涂法，即先将锤纹漆按一般喷涂方法和要求喷涂于家具表面，待漆膜表干时，采用点状喷涂法将专用稀释剂均匀喷洒在表面，使处于表干状态的锤纹漆部分溶解挥发，从而形成锤纹效果，此种方法适用于大面积的作业喷涂，花纹大且清晰；③洒硅法，用该种涂饰方法获得的锤纹清晰而均匀，立体感较强，但对作业者的操作熟练度有较高的要求。

(4) 仿贝母效果

贝母漆是一种带有贝母虹彩及闪耀外观的美术装修漆，双组分漆，室温固化自干型，采用不同的施工方法，能产生形象多样、貌似珍珠般闪亮美感的图案，深受美术装饰爱好者的欢迎，常用在高级酒店等的大型台面上。在制作仿贝母效果时，颜色可以调配，通常为白色或浅黄色，通过控制喷枪气压调节喷点大小实现仿贝母的效果，花形大小可自由控制。相比裂纹涂饰、仿木纹涂饰，仿贝母涂饰操作工艺较简单。

(5) 仿皮革效果

仿皮革效果可通过两种途径实现：仿皮漆的喷涂，裂纹特殊。其中，仿皮漆是一种具有特殊观感和触感的水乳性面漆，双组分室温固化，漆膜表面呈现均匀砂粒状的特殊效果，实干后用手触摸涂膜表面，似有"羊羔皮"般的感觉，光泽性和柔韧性相对较好。根据皮革本身颜色模板，仿皮革效果通常为白色、棕色、黑色、红色等，特别适用于办公系列家具表面的局部涂装。

另外，在古典式的家具中，如椅子扶手、后背局部都有使用。该涂饰效果的优势在于节省成本，提升家具产品附加值。用仿皮革漆制作的效果，其主要操作手法是在家具板上平铺一层无纺布，上面用薄薄的橡胶压粘着，温度控制在 60～70℃，橡胶压在表面使其呈黑色、灰色，若想取得红色、白色、棕色等颜色的皮革效果，可采用水乳性的乳液加色浆，喷涂或压辊达到要求（通常采用压辊做法，适合流水线作业）。压辊本身有橡胶纹路颗粒，高温压完之后再做定型，因此，此种做法的仿真程度更高。

(6) 仿闪光效果

木制家具表面涂饰色漆略显色彩单调，在现代高级卧房家具、高级办公家具及厨房家具中，虽然有些家具公司采用镶色的涂装工艺来丰富其表面色彩感，但仍然有些呆板，闪光漆涂饰手法一定程度上弥补了这种不足，它的漆膜亮度高，根据需求可调制不同的色泽（通常可做银白、墨绿、酒红或深咖啡色等），尤其在灯光照射时，被涂饰的家具表面显现出闪闪光亮，赋予家具乃至整个室内勃勃生机和活力。

另外，仿闪光效果较好擦洗，因此用在橱柜及一些可视台面上，既美观又耐用。现代家具涂饰中，许多厂家将银光和闪光的优势结合，既保持银光漆的强烈银光效果，又体现闪光漆的丰富色泽和高贵色调。而在家具及室内的特效使用中，为达到更好的光泽效果和镜面效果，闪光漆通常用亮光清（色）漆罩面，之后根据需要进一步做抛光处理。仿闪光涂饰的亮点在于表面亮光，因此在底漆涂饰时要注意为体现这种优势效果而服务，通常将底漆涂饰为黑色或深灰色。值得一提的是，仿闪光漆、锤纹漆、珠光漆等特殊艺术效果的涂料涂装，通常配合彩色电镀来装饰金属家具，可以达到华丽而恒久的艺术效果。

(7) 仿大理石效果

仿大理石效果就花纹形状而言，有云雾式、山峰式、木纹式等多种；就颜色而言，包含黑白底交错成纹的"消色"大理石及彩色为主调的彩色大理石等。不同颜色、不同形状的仿大理石效果在家具及室内的不同部位出现，通常可见：

① 红玉。一般用在家庭小茶几、卡拉 OK 桌台面上，比较平民化，现在

常在红玉中镶白色以达到逼真的艺术效果。

②黄玉。常用于大宾馆、洽谈室、休息室中，档次比较高，素有"一寸金一寸黄，寸金难买寸泥黄"之说。虽然工艺相同，只是配色有差异，但无形中就提高了产品附加值，这也是特种涂饰效果的一大优势所在。

③墨玉。适用于高档、华贵而庄严的场所，常见于银行、法庭及大型会议桌上。墨玉的颜色感觉比较深沉严肃，适合于体现空间的文化氛围。

④汉白玉。颇具身份和地位的一种效果，庄严而权威，通常象征着神圣的权利和至高无上的荣誉感，常用于高级政府机关及人民大会堂等。

⑤翠玉。颜色绿中有黄，参差感很好，常用于餐桌、办公桌、书桌台面等。好擦洗，颜色柔和不刺眼，而且其自然朴实的颜色常给人很浓的亲切感和食欲感，因此也大受欢迎。

本章提出了木制品表面涂饰及工艺方法，并从实用领域对其作出简要的概述，是通过涂料、着色物质等原、辅材料和生产工具直接改变家具表面的颜色、光泽、硬度等物理性能的一系列加工过程。通过不同的表面装饰方法，凸显家具的个性特征，并着重于细部的微妙设计，可进一步完善家具的整体和谐感与美感。总结了透明涂饰、不透明涂饰和特种涂饰的常用方法。

第8章 板式家具制作

板式家具（Panel Furniture）是以人造板为主要基材、以板件为基本结构的拆装组合式家具。所用人造板有禾香板、胶合板、细木工板、刨花板、中纤板等。这些人造板材经过表面装饰加五金件连接组成家具。板式家具有可拆卸、造型富于变化、外观时尚、不易变形、质量稳定、价格实惠等基本特征。由于现代板式家具生产已经将板件的生产作为产品进行生产，所以板式家具的结构也比较简单，主要由旁板、顶板、隔板、背板、底板、门板及抽屉等部分组成，该类家具的结构取决于连接方式。板式家具在我国家具市场中占据重要的地位，特别是定制化家具的发展，以板式家具为基础的模块化、定制化家具越来越受到消费者的青睐，板式家具标准化和模块化更容易实现快速设计、自动化生产，能确保产品的质量。

8.1 板式家具料单制作

板式家具开料是板式家具制作的头道工序，但是在开料之前，家具工厂的技术人员需要对产品设计图纸进行审核，确定开料板件数量、加工尺寸，做好材料计算、成本核算等工作。人们最常接触到的料单为开料清单、板件清单及五金件清单。

8.1.1 几种常见料单

不同企业编写料单的规范不尽相同，但是原理是大致相同的，如图8.1所示。下料清单尺寸就是根据板件尺寸扣除板件的封边条厚度，图纸中能够得到的尺寸往往是产品的最终尺寸，而不是裁板尺寸，因此，需要技术人员在开料尺寸编写过程中，掌握几种料单编写方法和扣除封边条原则。

橱柜物料核算表

板材和玻璃板材用料清单								
序号	柜体名称	板件名	长	宽	高	数量	备注	柜体数量
1	450地柜	侧板	719	579	18	2	四边封0.5mmPVC	1
2		底板	579	411	18	2	四边封0.5mmPVC	
3		门板	446	308.5	18	2	高度方向上，两边封0.5mmPVC	
4		背板	708	426	3	1	无封边	
5		后连板	411	63	18	1	四边封0.5mmPVC	
6	抽屉柜	侧板	719	579	18	12	四边封0.5mmPVC	6
7		底板	579	1161	18	12	四边封0.5mmPVC	
8		门板	1196	307	18	12	高度方向上，两边封0.5mmPVC	
9		背板	1176	708	3	6		
10		后连板	1161	63	18	6	四边封0.5mmPVC	
11		抽屉帮	449	221	12	24	四边封0.5mmPVC	
12		抽屉堵	1123	249	12	12	四边封0.5mmPVC	
13		抽屉底	1134	455	12	12	不封边	
14	转篮柜	侧板	719	579	18	6	四边封0.5mmPVC	3
15		底板	579	1061	18	6	四边封0.5mmPVC	
16		门板	446	308.5	18	6	高度方向上，两边封0.5mmPVC	
17		背板	1176	708	3	3		
18		后连板	1061	63	18	3	四边封0.5mmPVC	
19		固定门板	719	649	18	3	四边封0.5mmPVC	

材料清单

系列	然之域	型号	DZ60	生产单号		客户名称	
编码	DZ60.15	颜色	尼加拉/月光白	交货期		合同号	
名称	职员桌	数量	1	规格	1520×740×920	业务员	

编号	部件名称	材质	开料			精裁	数量	颜色	加工说明	成型规格
D-0001	台面板	MFC	1195	645	25		1	尼加拉	2.5×29封边/二短二长	1200×650×25
D-0002	旁板	MFC	715	639	25		1	月光白	2.5×29封边/一短二长	717×644×25
D-0003	拉板	MFC	1172	299	16		1	月光白	1×22封边/一长边	1172×300×16
D-0004	通用柜旁板	MFC	992	716	16	加工中心	2	月光白	1×22封二长一短/CNC后封一短	894×718×16
D-0005	底板	MFC	286	478	16		1	月光白	1×22封边/二长边	286×480×16
D-0006	拉板	MFC	296	148	16		1	月光白	1×22封边/二长边	286×150×16
D-0007	线盒板	MFC	286	206	16	加工中心	1	月光白	1×22封边/二长边	286×208×16
D-0008	背板	MFC	992	284	16		1	月光白	1×22封边/二长二短边	894×286×16
D-0009	面板	MFC	320	451	16		1	月光白	1×22封边/二短二长边	322×453×16
D-0010	翻面板	MFC	320	280	16		1	月光白	1×22封边/二长二短边	322×282×16
D-0011	门板	MFC	314	583	16		1	尼加拉	1×22封边/二长二短边	316×585×16
D-0012	活动层板	MFC	283	448	16		1	月光白	1×22封边/二长二短边	285×450×16

图8.1 几种常用料单

8.1.2 料单编写方法

(1) 拆图部件顺序填写

在填写料单时候，往往有明确的顺序，需要技术人员填写到表中，大体拆图顺序如下：

① 台面类部件（指盖在柜体顶底板上面，或单个台面的部件；衣柜、书柜类产品为安装移门的外包板除外）；

② 柜体侧板，中侧板（连接一体的同一个方向的开放格，可区分工艺流

程，相同材质、规格的统一下料单开料）；

③ 顶底板（由多个开放格组成的柜体，同方向相同规格的顶底板，区分材质及工艺流程可统一开料，并且与其柜体内空规格相同的层板、背板、踢脚板连续开料）；

④ 中立板，中隔板（指顶底板、层板夹竖板类型的部件）；

⑤ 层板，活动层板或横隔板；

⑥ 踢脚板类；

⑦ 柜体背板（如吊柜背板需接着开吊柜挂板）；

⑧ 柜体的外包侧板及顶盖板；

⑨ 内置抽屉、分格架、衬衣托板类（抽屉需遵循先屉面，再屉帮、屉堵、屉底的顺序）；

⑩ 柜中柜类产品（先柜体，再抽屉、领带格及托板）；

⑪ 门板类（包括折门、上下翻门及铝框门芯板等，多方向组合的柜体，根据柜体主体区分产品和方向统一下料）；

⑫ 移门类（多方向组合的柜体，滑道会圈装在同一面的移门，需拆完整个柜体后再统一开移门部件）；

⑬ 装饰类板（视图纸而定，如图纸中的每件产品均要装饰板要求时，开在本产品部件的后面；如有整单汇总装饰板明细的图纸时，以图纸的排序拆图下单）。

（2）材料材质填写

在表中往往填写材料的名称，如三聚氰胺贴面刨花板、中密度纤维板或其英文简写等。

（3）数量填写

在表中填写相同尺寸、相同加工工艺的板件数量，方便计算裁板数量。对于相同尺寸、不同加工工艺的板件可以单列一行或者在备注中备注加工要求。

（4）颜色填写

在表中应明确材料的颜色或纹理，方便计算并选取相同纹理的板件。

（5）开料尺寸填写

先在表中或文件中填写图纸上明确的板件尺寸，再根据封边方式和加工工艺填写开料尺寸。

（6）板件封边方法

板式家具边部封边一般有四种方法：板件之间的结合边不封边、板件四边封相同边、板件可见边封厚边、不可见边封薄边。如表 8.1 中板件尺寸，所有板件厚度 18mm，四边封 0.6mmPVC 封边条，计算开料尺寸如表 8.2。计算方法为板件尺寸扣除两侧封边条厚度，由于板件封边过程中，会因为压力作用出现封边胶带变形，因此小数可以忽略不计。

表 8.1　家具板件尺寸

图号规格	柜号	高/mm	宽/mm	数量
	顶板	900	330	1
A4	背板	481	863	1
	侧板	481	330	2

表 8.2　家具开料尺寸

图号规格	柜号	高/mm	宽/mm	数量
	顶板	899	329	1
A4	背板	480	862	1
	侧板	480	329	2

8.2　板式家具开料图制作

8.2.1　裁板图相关知识

(1) 裁板图概念

是指根据零部件的技术要求，在标准幅面的人造板上设计的最佳锯口位置和锯解顺序图。

(2) 裁板图的设计原则

① 有纹理图案的人造板在有些情况下不能横裁；

② 按要求配备零部件的数量及规格；

③ 人造板的出材率最高，应使所剩人造板的余量最小或尽可能再利用。

8.2.2　裁板方法

如图 8.2 为两种裁板方法。

① 单一裁板法。单一裁板法是在标准幅面的人造板上仅锯出一种规格尺寸净料的裁板方法。

② 综合裁板法。综合裁板法是在标准幅面的人造板上锯出两种以上规格尺寸净料的裁板方法。业内多采用综合裁板法下料。

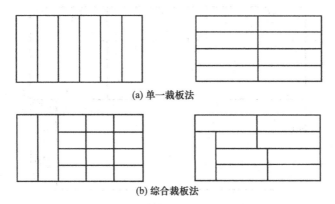

(a) 单一裁板法

(b) 综合裁板法

图 8.2　板式家具裁板法

8.2.3　人工绘制裁板图方法

(1) 裁板精度

在板式家具的生产中,为了提高生产效率,目前裁板多采用一锯定"终身"的方法,即在人造板上直接裁出净料。因此,裁板锯的精度和工艺条件直接影响到家具零部件的精度,目前的裁板精度要小于±0.2mm,一些高精度的裁板设备可以保证加工精度控制在±0.1mm 以内。

(2) 裁板基准

由于裁板的精度要求,在设计裁板图时第一锯路需先锯掉人造板长边或短边的边部 5~10mm,以该边作为精基准,再裁相邻的某一边 5~10mm,以获得辅助基准。有了精基准和辅助基准后,确定裁板方法进行裁板。目前家具生产企业多数使用综合裁板法,可以提高出材率。另外,为了防止崩茬的现象出现,还应该注意刻痕锯的锯片要求。刻痕锯锯切的深度应为 2~3mm,刻痕锯锯切的宽度大于主锯片的锯路宽度 0.1~0.2mm。设计锯路时,常用锯路尺寸为:电子开料锯锯路宽度 5mm,推台锯锯路宽度 3.5mm。

裁板图如图 8.3。

8.2.4　软件绘制裁板图方法

裁板软件重在算法,是否优(利用率高)且有按照现场开料一刀切的原则。通常家具公司选择电脑裁板锯软件。大型专业化企业多使用电子开料锯,通过电脑输入加工尺寸,由电脑控制选料尺寸精度,而且可以一次加工若干张板,设备的性能稳定,开出的板尺寸精度非常高,而且板边不存在崩茬。通过

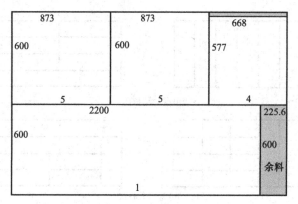

图 8.3　裁板图

软件计算，不同规格、数量的部件合理套裁可有效减少废料，提高板材的利用率。裁板软件排料如图 8.4。

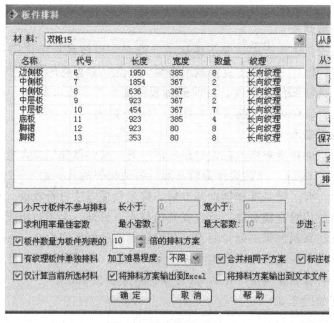

图 8.4　裁板软件排料

8.3　开料操作

开料、封边、打孔为板式家具制作的三大工序，不同的原料加工顺序可能有些不同，但是这三道工序是必不可少的，图 8.5 为三聚氰胺双饰面板家具生产工艺流程。

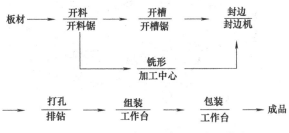

图 8.5 三聚氰胺双饰面板家具生产工艺流程

8.3.1 传统的裁板方式

传统的裁板方式是在人造板上先裁出毛料而后裁出净料的方法。

8.3.2 现代的裁板方式

现代裁板生产中的这道生产工序是采用一锯定"终身"的裁板方式，是直接在人造板上裁出净料，因此，裁板锯的精度和工艺条件等会直接影响到家具零部件的精度。根据裁板的精度要求，须裁掉人造板长边或短边的边部 5～10mm，以该边作为精基准，再裁相邻的某一边 5～10mm，以获得辅助边基准。

8.3.3 开料工艺

(1) 使用设备

使用设备有精密推台锯、电子开料锯、立式精密裁板锯等，如图 8.6～图 8.8。

图 8.6 精密推台锯

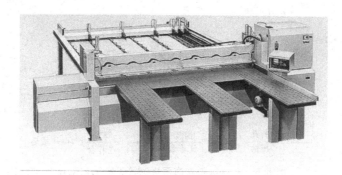

图 8.7　电子开料锯

图 8.8　立式精密裁板锯

(2) 开料操作方法

开料具体操作为定精基准、定辅助基准、裁板、检验等过程。现以 HPS-2700E 精密双刀推台锯为例。

① 裁切操作之前，首先应连接上吸尘器，如图 8.9。

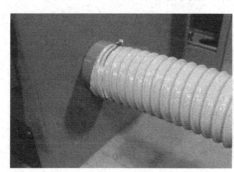

图 8.9　推台锯吸尘器

② 如图 8.10，开启主开关 A。C 为急停按钮，一旦按下，必须旋转使开关按钮弹出才可以使用。面板 B 上的 1 为主电机开关，2 为画线电机开关，3 为停止开关。

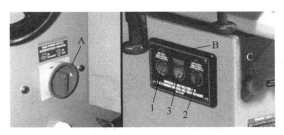

图 8.10　推台锯开关

③ 使用纵切靠山（图 8.11）。正常裁切使用靠山较宽的面。

图 8.11　推台锯纵切靠山

④ 横切操作使用横切靠山。滑动靠尺，根据标尺确定好裁切尺寸，然后放下停止靠板定位。

⑤ 裁板锯还可以实现开槽操作和裁切不同角度。

(3) 开料加工精度

裁板精度误差要小于 ±0.2mm，一些高精度的裁板设备可以保证加工精度控制在 ±0.1mm 以内。

(4) 主锯片与刻痕锯片的要求

① 刻痕锯预先在板件的背面锯成一定深度的锯槽，刻痕锯锯切深度为 2～3mm。

② 主锯片的锯路宽度要等于刻痕锯片的锯路宽度，一般为 0.1～0.2mm。

8.4　板式家具开槽操作

板式家具开槽是板式家具生产的重要部分。在板式家具结构中经常出现薄背板槽、铝型材封边槽、型材扣手槽等，以满足板式家具零部件连接需要。板式家具最常用的开槽设备有镂铣机、数控加工中心和裁板锯，如图 8.12。

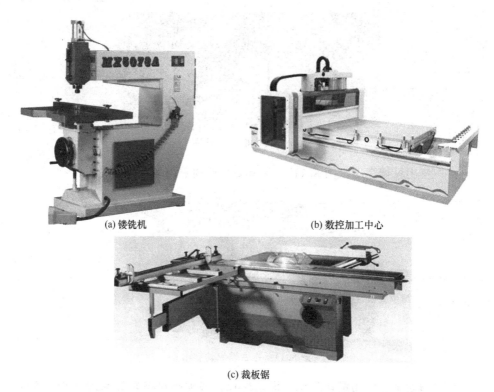

(a) 镂铣机　　　　　　　　　　(b) 数控加工中心

(c) 裁板锯

图 8.12　开槽设备

8.4.1　镂铣机开槽

在现代家具生产中，开槽多使用镂铣机、裁板锯、CNC 加工中心等设备完成，常配以各种端铣刀。在一些中小型企业，还经常采用手持式镂铣机进行开槽加工。

在板式部件表面开槽及雕刻线形是家具的常用装饰方法之一，设备配以各种柄铣刀，就可以进行开槽、表面浮雕或线雕加工。上轴镂铣机开槽的工作时主要靠下面的仿形定位销，其中心与镜刀轴中心一致，在加工时与板面固定在一起，只要铣削过程中模板始终紧贴定位销移动，就可以加工成所需的线形。

8.4.2　CNC 开槽

近几年来 CNC 加工中心的应用更加广泛和全面了。单主轴 CNC 通常配有一个可自动换刀的镂铣刀轴和刀具库、独立的开槽锯或专用程控垂直排钻轴和水平钻轴等板式部件加工装置，可以在同一工位实现板件的镂、钻、锯等多种加工作业。

8.4.3　裁板锯开槽

使用划线锯片进行加工，加工前应先调整机床，同时调整锯片升降高度，在确定好加工槽的深度后，再对板件进行加工。

8.5　板式家具封边操作

在板式家具的生产中，封边是最重要也是使用最频繁的一道工序，同时也是产品质量问题出现最多的工序。判断一件板式家具的质量如何，最先也最容易看到的就是封边的质量情况。

8.5.1　封边的常用方法和材料

现代板式家具的封边，大量采用的方法是直线封边、异形封边（软成型封边）以及后成型封边，其中，最常用的还是直线封边。用作基板的封边材料只要是片条或卷带状、具有可被粘贴的表面、能够用木工刀具进行修整或铣形加工的都可采用。卷带状封边条如图 8.13，如木质的、纸质的、塑料的、纤维质地的材料以及某些复合材料等。常用的有实木条、单板条、带有背衬纸的单板连续卷带、封边用浸渍纸卷带以及 PVC 卷带等。其中板式家具最常使用的封边条为 PVC 封边条和 ABS 封边条。

图 8.13　卷带状封边条

8.5.2　封边设备

包括全自动直线封边机、半自动直线封边

机、直曲线封边机、曲线封边机，如图 8.14。

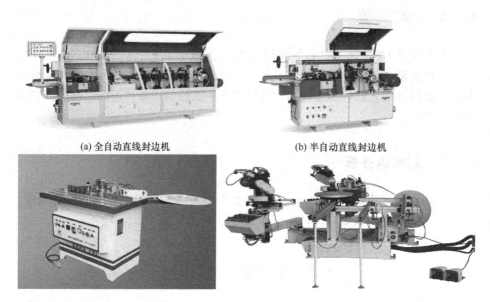

(a) 全自动直线封边机   (b) 半自动直线封边机

(c) 直曲线封边机   (d) 曲线封边机

图 8.14　封边设备

8.5.3　典型封边工艺流程

喷防粘剂→齐边铣削→工件预热→涂胶→施压封边→封边条剪断→前后截断→上下粗修→上下精修→跟踪修→刮修→铲胶层→布轮抛光→质量检验。

(1) 喷防粘剂

在工件封边部位的上下表面喷防粘剂，一是软化工件表面，提高齐边铣削质量；二是防止挤出表面的热溶胶黏结在工件表面上；三是有利于铲刀将胶层及污垢清除。喷防粘剂装置与齐边铣削、铲胶层装置配套使用，能根据工件厚度和进给速度，调节上下位置和用量。

(2) 齐边切削

板式部件的裁切，多使用推台锯或电子开料锯等，因为划痕锯片和主锯片锯切后存在 0.2～0.3mm 左右的划痕。若封边机没有齐边铣削装置，裁板锯裁切的板式部件，在封边后会出现如图 8.15 所示的情形，尤其当封边条厚度＞2mm 时，下表面的胶缝间隙就更为明显。若封边机设置有齐边铣削装置，上下表面的胶缝间隙就相对小而匀。此外，圆锯片锯切贴面板式部件的边部还难免会出现崩边的现象，封边后，崩边处裸露在表面，会降低板式部件的外观质量。因此，齐边铣削装置是提高封边质量的重要装置之一。封边机上配置前后两把齐边铣刀：前者为气动控制的跳刀，顺铣切削，防止封边条撕裂；后者为逆铣。两把铣刀切削方向相反，但铣削深度一致。

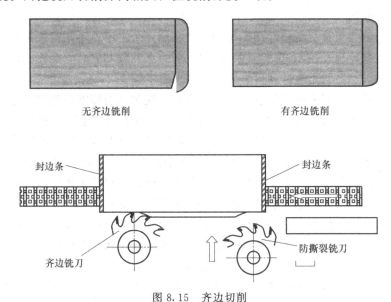

图 8.15　齐边切削

(3) 工件预热

工件温度将影响封边条的胶合强度。若工件温度太低，涂胶后热溶胶的温度就会快速降低，影响封边条的胶合强度。因此，工件涂胶之前必须先预热，尤其在冬季。新型的封边机在涂胶工序之前，有两对红外石英加热管，单根加热管的功率为 115kW，加热区的长度为 250mm，在加热区工件温度可达200℃。涂胶时的工件温度与涂胶辊的温度接近。涂胶辊与第一压辊的距离通常不大于 250mm，涂胶到加压所需时间为 1s。涂胶辊敞开后仍然维持最佳固化温度，从而能获得良好的胶合质量。

(4) 涂胶

涂胶装置一般由胶箱、加热器和涂胶辊组成。加热器将胶箱中颗粒状热溶胶加热至熔融状，涂胶辊再把热溶胶涂布在工件边部或封边条上。通过调整涂胶辊的靠山与板件的间隙，可控制胶层厚度。实际生产中，胶箱温度以比涂胶辊温度低 15～20℃为宜。否则，持续长时间高温，易导致热溶胶严重氧化，影响使用性能，甚至造成胶液炭化、结皮和阻碍热传递，不仅浪费胶，而且需要经常清洗胶箱。涂胶辊设有自动阀门，当涂布至接近工件末端时，阀门自动关闭，可防止工件末端挂胶。

(5) 前后截断

通常，板式部件经施压封边之后，封边条在工件前后的余量各为 20mm 左右，需要前后两锯片截断封边条。新型封边工艺可精确定位，封边条的余量仅 2mm，省略了前后截断，不仅缩短了机身长度，而且可节省大量的封边条。

(6) 修边

修边分为粗修、精修、跟踪圆角修和刮修 4 个工序，不同封边机各个修边装置的工作原理及控制方法不同。通常，封边条在胶贴之后，会比工件表面高出 1.5~2mm，需要通过刀具修成与工件表面一致。

上下粗修铣刀依靠滚轮靠贴在工件表面。控制铣削深度，先对封边条进行预切削，经粗修之后的封边条高出量仍有 0~5mm，再经上下精修之后至封边条高出量约 0~1mm，最后经刮刀刮平。对于家具的柜体、隔板等部件，因采用薄封边条（一般为 0.5~0.6mm），上下粗修铣刀可直接将封边条加工到刮刀的适用高出量，省去上下精修。家具门板、面板等部件多采用厚封边条（一般为 1.5~2mm），边部存在圆角，上下粗修之后必须精修。

目前，上下精修有两种系统：一是单独的上下精修；二是上下精修与跟踪圆角修一体。前者在家具部件的顺纹理边（矩形板式部件先封的两对边为逆纹理边；后封的两对边为顺纹理边）封边时，需要与跟踪圆角修配合完成修边，调整烦琐；后者的上下精修与跟踪圆角修为同一切削装置，通过程序设定，可完成家具部件的逆纹理边的精修和顺纹理边的精修与跟踪圆角修。

刀具铣削过的封边条表面存在刀痕，还需要用刮刀清除刀痕。刮刀固定在刀架上，以刨削方式切除封边条 0.1mm 左右，以提高封边条表面的光洁度。

8.5.4 影响封边质量的因素

就封边的加工过程而言，影响封边质量的主要因素有：

(1) 设备

由于封边机的发动机与履带不能很好配合，使得履带在运行中不平稳，呈波浪状，造成封边条与板端面之间产生应力，使封的边不平直，不利设备修边（设备本身内带的修边刀）；涂胶辊与送带辊配合不好，缺胶或涂胶不匀现象很普遍；修边刀具和倒角的刀具常常调不好，不仅需要人工额外再修边，而且修边质量也很难保证。总之，由于设备调试、维修和维护水平较差，造成的质量问题最为普遍、最为持久。

(2) 材料

作为基材的人造板，厚度偏差普遍不能达标，多呈正公差，而且常常超出公差允许范围（允许公差范围 0.1~0.2mm）；平整度达不到标准。这使得压紧轮到履带表面的距离（基材的厚度）很难控制：距离过小容易造成压得过紧，应力增大，产生开胶；间距过大压不紧板，封边条不能保证与板端牢固结合。

(3) 加工精度

在加工过程中，加工误差主要来源于开料和精裁。由于设备系统误差和工人的加工误差，使得工件端面不能达到水平，与相邻面不能保持垂直，因此，封边时封边条不能与板的端面完全接触，封完边后出现缝隙或露出基材，影响美观。更甚者，基材在加工过程中出现崩口，依靠封边是难以遮掩的。

(4) 封边材料

封边材料大多为 PVC，其性能受环境的影响很大。冬季变硬，对胶的亲和力下降，再加上贮存时间较长，表面老化，对胶的黏合强度就更低。对于纸质的厚度很小的封边条，由于韧性较大，厚度太小（如厚 0.3mm），造成封边条切口不齐、胶合强度不够以及修边效果不好等缺陷，返工率很高，封边条浪费也很严重。

(5) 胶黏剂

封边使用的是专用封边热熔性胶。冬天由于气温较低，为保证胶和强度，胶的温度应稍高一点。若过高，超过 190℃，胶过稀，胶层变薄，等涂到板的端面时已降温，加上封边条温度也低，封边黏合强度明显下降。若温度降至 170℃，胶是稠了一点，但封边条的温度更低了，黏合强度也不够。温度再低，胶就不能很好熔化。在生产中，这个矛盾十分突出，也很难解决。此外，胶本身的胶合质量以及与基材和封边条三者之间互相的适应性和亲和力的状况，都影响封边质量。

8.6　板式家具 32mm 系统与孔位

8.6.1　32mm 系统的概念

32mm 系统是依据单元组合理论，以 32mm 为模数，通过模数化、标准化的"接口"来构筑家具的一种结构与制造体系。32mm 系统来自齿轮英制的最小啮合距离 1¼in，经过换算后，公制确定每个孔之间最小距离为 32mm。32mm 系统规范主要有三点：系统孔直径 5mm，系统孔中心距侧板边缘 37mm，系统孔在竖直方向上中心距为 32mm 的倍数。

柜类家具的柜体框架一般是由顶底板、侧板、背板等结构部件构成，而活动部件，如门、抽屉和搁板等则属功能部件。门、抽屉和搁板都要与侧板连接，32mm 系统就是通过上述规范将五金件的安装纳入同一个系统。所以，通过排钻（板式家具生产的必备设备）在侧板上预钻孔，也就是系统孔，用于所有 32mm 系统五金件的安装，如铰链底座、抽屉滑道和搁板支承等。

侧板上另一种预钻孔是结构孔，侧板上的结构孔即偏心件和圆榫的安装孔，是用于实现侧板与水平结构板（如顶底板）之间结构的连接。

32mm 系统的精髓便是建立在模数化基础上的零部件的标准化，在设计时不是针对一个产品而是考虑一个系列，其中的系列部件因模数关系而相互关联；核心是侧板、门和抽屉的标准化、系列化。

8.6.2　32mm 系统的应用

系统孔的作用首先是提供安装五金件的预钻孔。依靠工人手工画线后再用手电钻打眼的方式，不但效率低，而且往往造成人为误差，影响安装精确性和组装后的产品质量。同时，在预钻孔内预埋膨胀塞，再拧入紧固螺钉，可提高人造板连接强度，且能够反复拆装。

系统孔的作用其次是提高了侧板的通用性和使用的灵活性。侧板上两排（或三排）打满的系统孔，可实现侧板的通用，不论怎样配置门、抽屉，总可以找到相应的系统孔用以安装紧固螺钉，门和抽屉也能互换，形成系列化产品。对用户而言系统孔增加了使用的灵活性，活动搁板可按需要进行高度调节，暂时未用的系统孔也为将来增加内部功能或改变立面提供了可能，如增加搁板或把单门柜的门换成三个抽屉等。侧板的通用提高了安装的质量，扩展了家具的使用功能，在提高生产效率的同时增加了家具的技术含量。

8.7　板式家具钻孔操作

钻孔主要是为板式家具制造接口，当下板式部件打孔的类型主要有圆榫孔（用于圆榫的安装或定位）、螺栓孔（用于各类螺栓、螺钉的定位或拧入）、铰链孔（用于各类铰链的安装）、连接件孔（用于各类连接件、插销的安装和连接等）。

8.7.1　钻孔类型和要求

钻孔类型主要有圆榫孔、连接件孔、螺栓孔、铰链孔。钻孔时要求孔径大小一致，这就要求钻头的刃磨要准确，不应使用钻头形成椭圆或使钻头的直径小于钻孔直径，造成扩孔或孔径不足现象。

单排多轴钻由 10～21 个钻头组成钻排，用一个电动机带动，通过齿轮啮合使钻头一正一反地转动，转速约 2500～4500r/min，钻头中心距为 32mm。多排多轴钻由几个钻排组成。机床两侧两组水平钻，用于端面钻孔；工作台下方四组垂直钻，钻头由下向上进入。钻排间距离可调整，钻排上方装有压板，侧面装有挡板和挡块。如图 8.16。

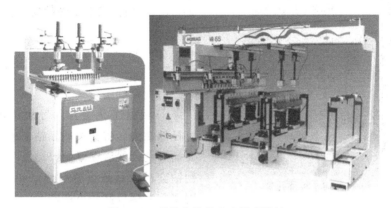

图 8.16　单排多轴钻和多排多轴钻

8.7.2　钻孔与 32mm 系统

32mm 系统是由高精度排钻床设备决定的，排钻床设备主要依靠齿轮传动进行加工，每个钻座轴承之间间距为 32mm，因此加工后的孔洞间距满足 32mm 倍数的关系。旁板（也就是侧板）的打孔可以分成两类：一是结构孔，二是系统孔。结构孔主要是连接顶底板等结构性部件的孔位；系统孔是两排或者三竖排孔距在 32mm 或者 64mm 的 ϕ5mm 的小孔，用来安装铰链、活动层板等。32mm 系统主要体现在它的灵活性和可调节性上，是现代板式家具的一种常规设计方法。板件 32mm 系统如图 8.17。

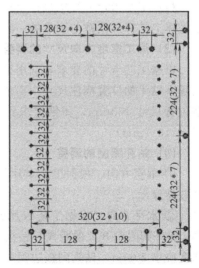

图 8.17　板件 32mm 系统

8.7.3　孔位设计原理与基本规范

板件孔位如图 8.18：

① 所有孔打在具有 32mm 方格网点的

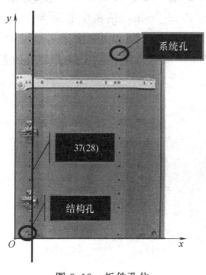

图 8.18　板件孔位

同一坐标系内。

② 系统孔的主轴线：盖门，37（28）mm；嵌门，37（28）mm＋门厚。

③ 系统孔孔径 5mm，孔深 13mm。

④ 结构孔按五金件的要求。

8.7.4　多排钻操作

(1) 钻头安装

① 根据工艺卡片的要求选用相应直径的钻头。将钻头插入钻套中，一定要插到底，然后锁紧螺钉。每个钻头装到钻套后，其高度要一致，如不一致，则调节钻柄后部的小螺钉。

② 根据钻轴的旋向选用相应旋向的钻头。将装好钻头的钻套插入与钻头旋向一致的钻座中。

③ 根据孔间距安装相应的钻头，相邻钻头旋向相反，间距 32mm。两钻孔间距是 32 的奇数倍就选择相反旋向的钻头，两钻孔间距是 32 的偶数倍就选择相同旋向的钻头。例如，两个钻孔间距是 96mm，就选择旋向相反的钻头。

(2) 加工长度方向尺寸的调整

根据工艺卡片的要求进行定位。打开气动锁紧装置，移动钻轴箱的位置，使底座上的标尺读数与要求的一致，调整后锁紧工作台气动装置。

(3) 加工宽度方向尺寸的调整

根据工艺卡片的要求和选用钻头的位置确定定位杆的位置，即：定位杆的位置＝钻头的位置标注尺寸＋工艺卡片要求孔到板边的距离。例如，钻头的安装位置尺寸 160mm，图纸要求孔到板边距离 50mm，定位杆的位置＝160＋50＝210（mm）。

(4) 钻孔深度的调整

① 垂直方向。根据工艺卡片的要求，旋转调节手柄，调节钻孔的深度由计数器显示。

② 水平方向。根据工艺卡片的要求，调节定位螺杆到限位开关的距离，即：螺杆到限位开关的距离＝钻头到板端的距离＋所需钻孔深度。例如，钻孔深度要求 20mm，钻头到板边距离 15mm，螺杆到限位开关的距离＝15＋20＝35（mm）。

8.8 板式家具安装操作

现代家具的主要结构为拆装结构，在家具产品的售后安装服务或消费者自行安装的过程中，由于安装不当经常造成家具部件的破损，轻者影响家具产品的使用性能，重者造成家具部件的破废。据统计表明，处理安装方法不当造成的家具产品售后质量问题的费用约占整个售后服务费用的 4%～5%。在消费者购买家具产品后，如何保证产品能够被正确、迅速地安装，设计合理有效的产品安装图是有效的保证。

8.8.1 板式家具的安装方式

现今的家具产品销售后分为厂家提供安装（包括产品安装与维护）和用户自行安装（DIY）两种情况。前者由专业的安装人员完成，这些人员具有一定的专业技能；后者则由消费者根据产品说明书及安装图自行完成。因此，在设计家具产品安装图时，应针对安装图的使用者来决定安装图的表达方式。比如提供给专业售后服务人员的安装图可以相对简单些，并可使用比较专业的术语（如暗铰链），而对于普通的消费者则需同时附上相应的详细示意图。

家具的安装可分为立式安装和卧式安装两种方式：立式安装方式是将家具在预定的摆放位置附近进行直立式安装，安装完成后只做小距离的移动即可放置于使用位置，立式安装主要用于衣柜、书柜等规格较大的家具；卧式安装方式是将家具在其他位置安装，安装完成后可将家具翻转并移动至使用位置，卧式安装主要用于床边柜、写字台等规格较小的家具。

8.8.2 安装图设计要素

本着让使用者方便的原则，一份合理、有效的产品安装图应着重表达以下几个方面内容：

(1) 产品简要说明

产品简要说明一般描述家具主要材料（如采用水曲柳木材、刨花板、中密度纤维板等），功能用途，使用注意事项，维护保养方法。

(2) 安装所需的工具及人员数量

安装工具：橡胶锤、铁锤、一字形螺钉旋具（俗称一字头螺丝刀）、十字形螺钉旋具（俗称十字头螺丝刀）等。填写安装人员数量。

(3) 产品五金配件简图、代号、数量

本要素是将产品所需的五金配件种类及数量作详细的说明，与安装顺序、安装方式相结合，从而指导五金配件的正确安装。

(4) 产品整体示意图、产品所有部件代号

采用分解图将产品的所有部件都表现出来，并将每种部件进行编号（对称的部件应分别编号），以便于生产、销售过程的管理。

(5) 五金配件与相应部件的安装详图

采用部件整体与局部放大相结合的方式，将每一个五金配件节点所使用的安装工具，五金件名称、型号、数量及旋转方向等表达清楚。

(6) 安装方式、部件安装顺序及结构详图

这是整个安装图最核心的部分。采用部件整体与分局部放大相结合的方式，将部件安装顺序及部件结合节点结构方式表达清楚。

各板件主要依靠连接件连接在一起，具有安装和拆卸的便捷性。因此，只要了解了各连接件的安装方法，即可轻易安装和拆卸各板式家具。

(7) 调整要求及调整方法

调整门、抽屉等部件的分缝及平整度；调整与之对应的螺栓至适当位置。可采用图文并茂的表达方式将配件、部件、结构的调整方式在产品安装图中进行表达，充分而系统地介绍安装、调整过程才是合格的家具产品安装图的设计。

8.8.3 安装方法

板式家具五金件安装方法在"第5章 木制品接合方法与五金件安装"已有详细的阐述。

8.9 板式家具包装操作

家具包装设计是利用适当的包装材料及包装技术，运用设计规律、美学原理，为家具产品提供容器结构、造型和包装美化而进行的创造性构思，并用图纸或模型将其表达出来的全过程。家具包装设计与家具产品的造型、规格、材料、编号、结构、工艺等设计密切相关。

8.9.1 家具产品包装设计与包装技术

(1) 拆装家具的包装设计

现在家具产品种类丰富，不同类型与结构的家具所采用的包装方法和工艺不尽相同。设计师应根据产品的具体特点，并结合企业自身优势，采取与产品相符合的包装工艺，最大限度地发挥产品包装作用，达到保护家具并传递家具制造企业自身文化的目的。现代家具大多是拆装结构，拆装家具在设计、生产、贮存、运输、安装与使用等方面都有着极大的优越性。一件家具经拆分，可形成一个或几个包装件，最后由消费者装配成一个整体。各种类型的板式家具、可拆装的实木家具都应进行产品包装的设计。

拆装家具在进行包装设计时须把握如下原则：

① 应考虑家具的重量，单件包装重量一般不能超过 50kg。各个企业的产品类型不同，要求也不同，有些企业要求在 45kg 以内，还有的企业不允许超过 35kg。

② 选择合适的包装容器。瓦楞纸箱是拆装家具使用最多的包装容器。最常见的纸箱形式是扣盖式与对口式。

③ 对于玻璃等易碎家具部件的包装，除了纸箱包装外，在纸箱外还需用木质的包装箱保护，木质包装箱采用刨花板、杂木等材料制成。

④ 对于饰面板的家具，不易划损，相同尺寸的板件尽量打包在一个包装内，一般用 0.5mm 厚软片垫层做整体包装。

⑤ 涂饰部件的装包编号在前，板式部件的装包编号在后，五金件包装要考虑放在产品包装内并做好防护。

(2) 外包装设计

① 包装纸箱。用于家具产品的包装纸箱一般有三种类型，即天地盖式纸箱、对口式纸箱和侧封式纸箱。天地盖式纸箱又名套入式纸箱或扣盖式纸箱，它由箱底和箱盖组成，所用的纸板分二层纸板和五层纸板。扣盖式纸箱的箱底尺寸为所包装板材的长、宽、高加上垫片厚度，一般留出 3～5mm 宽裕量。对于天地盖式纸箱（图 8.19）的箱盖尺寸的设计，一般要把握如下原则：三层纸板的纸箱，箱盖宽度比箱底增加 15mm，而长度增加 10mm；五层纸板的

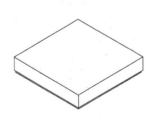
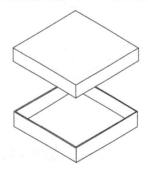

图 8.19　天地盖式纸箱

纸箱，箱盖宽度比箱底增加 20mm，而长度增加 15mm。这类纸箱主要用于大衣柜、电视柜和 KD 产品的包装，也可用于顶部易碎或顶部有饰花柜子的包装。

对口式纸箱（图 8.20）又称上下摇盖式纸箱，纸箱顶面和底面各有四个页盖，即两个宽页盖，两个窄页盖。包装前，纸箱侧边封口处用骑马钉封合，顶面用胶带封合。包装时，用纸箱底面敞口垂直套上产品，再将该纸箱上下翻倒，最后封合纸箱底面。这类纸箱主要用于包装中、矮柜类家具、餐椅以及茶几五金件等。此类型的纸箱内部必须加纸板护角，以防箱钉划损产品，护角用三层纸板。纸箱的尺寸依据产品的尺寸而定，计算的方法是包装产品的长、宽、高加垫料厚度，一般留出 25～30mm 宽余量。

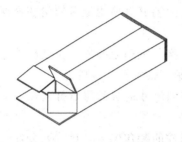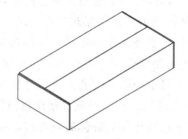

图 8.20 对口式纸箱

侧封式纸箱（图 8.21）包装时，产品放在纸箱上，再在侧边封口处和左右面用胶带封合。这类纸箱主要用于包装扁平类家具，如床、镜子、KD 桌面、隔板、玻璃等，也用于包装细长类的家具零部件，如床梃、铺板档、腿类等零部件。

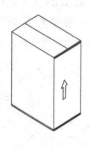

图 8.21 侧封式纸箱

目前，国际上通用的是由欧洲纸板制造工业联合会（FEFCO）欧洲硬纸板箱制造协会（ASSCO）提出的瓦楞纸箱与瓦楞纸盒分类方法，称为《国际纸箱箱型标准》。对口瓦楞纸箱，《国际纸箱箱型标准》中称它为 0201 型箱。

这种分类方法现已为世界各国接受，我国也采用这种方法。

② 包装装潢设计。家具产品，消费者在购买时很少能看到其包装，但是在运送产品过程中，良好的家具包装设计能够传达企业的文化信息，提升家具制造企业的形象。

家具产品包装的设计应包含家具制造企业的视觉识别系统，如企业名称、标志等，并具有独特的识别性。为了提高包装的强度，不宜在瓦楞纸上印刷大面积的复杂图案，而应简洁大方。通常将型号、包装件数、体积等信息印制在包装的侧面，正面印制商标、产品名称等，通过字体、色彩以及排列方式的设计，强化企业的品牌形象。因此，要特别重视商标的设计，使其具有视觉冲击力。

③ 条形码信息编制。条形码包含着产品的信息。通过产品条码可知产品名称、规格、型号、造型、零部件数量及代号、颜色、材料、销售目的地、价格、出产日期等一系列参数。条码粘贴部位要求不易擦坏，应该较为醒目且耐磨。

(3) 内包装设计

家具内包装设计是指纸箱内产品的包装与技术。内包装应充分考虑防震设计，为减少产品机械损伤，家具包装箱与家具表面距离应不少于 30mm。还需要根据家具材质特点考虑温度、湿度以及不利因素的影响，采用防潮包装等技术。包装内装配图纸在技术要点表达清楚的前提下，尽可能简化、易懂，并与产品说明书、售后服务卡、使用须知等形成整体文件。五金件单独包装，并分类放置，分类小包装分别用明显的标记绳引出，最后将包装与产品说明书等一并固定于箱体右上角部位。

家具的内包装一般有三层包装保护，即软片、泡沫垫料、磁性薄膜。有的产品包装在软片与泡沫垫料之间会加带孔的塑料袋，例如铁制家具必须包裹气泡膜。此外，用于家具内包装的材料可为双瓦楞纸、蜂窝纸板等，这些材料都有各自的规格、特点和用途，设计师应根据它们的特点合理运用，使它们发挥最大的作用。

(4) 绿色包装设计

家具绿色包装在满足保护家具产品、方便运输、促进销售的三大功能需求的前提下，还应重视家具包装的环保要求。家具的绿色包装可通过以下途径实现：

① 家具的包装要实现减量化设计，这样既节约原材料，又降低了包装成本，同时还减轻了对环境的污染。

② 设计师们在选择所用的包装材料时，应选择可重复使用或回收再生的材料。如瓦楞纸箱、蜂窝纸板、PE泡沫等，这些材料都可以回收再利用。

③ 在包装设计时，设计师们应选用可降解包装材料，因其在废弃后可埋入土壤中，不产生环境污染。

8.9.2 家具产品包装设计工艺的规范

家具产品包装设计工艺的规范与企业的重视是分不开的。设计师在进行产品包装设计时，一定要制作详细清晰的包装说明规范和包装示意图，在示意图上要说明产品的名称、规格、数量及包装顺序等内容，而且每个包装纸箱都应有相应说明。

板式家具生产工艺流程由原材料的准备、木工制作到最后产品包装入库等诸多环节和步骤组成。板式家具生产工艺工序虽然没有实木家具生产工艺工序多，但是其工序精度要求、加工方式比较类似。板式家具生产与 32mm 系统息息相关，通过本章板式家具工序的学习，有利于掌握板式家具生产具体技术要求和设备操作规程。通过本章学习，学生对板式家具的生产方法有一个基本认知，对板式家具 32mm 系统的结构和工艺有个全面的了解。

第9章 软体家具操作

软体家具系指用弹簧或泡沫塑料等材料制成具有一定弹性的家具，如沙发椅、沙发凳、沙发、沙发床垫、沙发榻等，此外，还有充气与充水软体家具等。软体家具一般是以不同材料制成框架，辅以弹簧、泡沫和填料，表面包覆各式面料制成的，具有一定弹性的坐、卧类家具的总称。本章主要以木沙发、软包椅系列软体家具为例进行软体家具材料及加工工艺的介绍。

9.1 软体木框架制作

9.1.1 坐类软体家具用木框架材料

沙发及沙发凳、沙发椅等软体家具主要用各种木材作框架，如图 9.1。这样可以很方便地钉固底带、弹簧、绷绳、底布及面料，使之具有足够的强度，能承受正常使用的动载荷与冲击载荷而不会被破坏。对于框架材料全部被包住而不外露的所谓全包沙发的框架，所用木材的硬度应适当，而对木材花纹及材色无任何要求。

对于被全部包住的零部件用料，可用一般的松、杂木做框架材料；对于框架部分零部件外露的软体家具，如木扶手沙发、沙发椅及一般的沙发凳等，其外露的零部件，一般应选用木纹美观、材质好看、硬度较大的优质材，如水曲柳、樟木、桦木、榉木、柚木、柳桉、香椿、梨木、枣木等木材。

沙发框架用材的含水率，应低于当地木材年平衡含水率，一般应控制在15%～20%以内。木材中不得有活虫或白蚁存在，否则应进行杀虫处理，以提高框架的质量。

木质材料接合常采用榫接合、钉＋塞角接合和螺栓接合等形式，具体分为：

① 齐头接合：采用钉＋塞角、圆榫接合。

② 斜角接合：采用圆榫、钉＋塞角接合。

③ 槽接合：采用开槽＋钉＋塞角接合。

④ 裁口接合：采用开槽＋钉＋塞角接合。

⑤ 榫接合：采用直角榫、椭圆榫接合。

⑥ 拉档或扶手：如要求强度高时，采用螺栓接合或榫＋塞角接合。

框架板厚一般为 20～30mm，太厚浪费材料、重量加大，太薄则强度不够。板面只需要粗刨光即可。

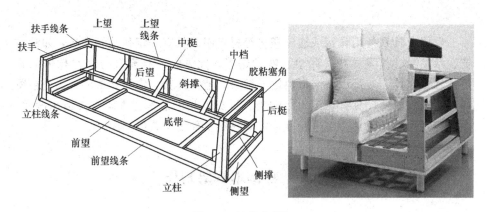

图 9.1 沙发木框架

9.1.2 软体家具用木框架材料的制作

沙发框架制作要经过选料、配料、下料、刨料加工、组框、打磨等一系列过程。

9.2 软体家具填充材料与加工

9.2.1 软体结构种类

(1) 按软体厚薄不同分：

① 薄型软体结构。又称半软体结构，采用竹、绳、布、皮革、塑料、棕绷面等制成，也有采用薄型海绵与面料制成。可直接编织、缝挂在椅框上或单独编织在木框上后再嵌入椅框内。

② 厚型软体结构。有两种：一种是传统弹簧结构，在弹簧上包覆棕丝、棉花、泡沫塑料、海绵和装饰面料；另一种是现代软垫结构，利用泡沫塑料（或发泡橡胶）与面料构成。有整体式、嵌入式和直接式等软垫。整体式与弹簧结构相同，用厚型泡沫塑料代替弹簧。嵌入式在支架（或底板）上有厚型泡沫塑料扣面（或绷带）而成的底胎软垫，可固定在坐具框架上或用螺钉或连接件与框架做成可拆卸结构。直接式有厚型泡沫塑料等与面料直接构成活动软垫，一般与坐具框架做成分体式，使用坐具时可用或不用活动软垫。

(2) 按构成弹性主体材料的不同，软体部位结构分：

① 螺旋弹簧。弹性最佳、坐用舒适、材料工时消耗较多、造价较高，主要用于软体家具。

② 蛇簧。弹性欠佳、坐用舒适、材料工时消耗较少，主要用于中档软体家具。

③ 泡沫塑料。弹性与舒适性不如前两者，省工、省料、造价低，用于简易软体家具、软垫及单纯装饰性包覆。

9.2.2　软垫物

软垫物主要包括泡沫塑料、棉花、棕丝等具有一定弹性与柔软性的材料。

(1) 泡沫塑料（海绵）

现使用较多的为聚氨酯泡沫塑料与聚醚泡沫塑料，如图 9.2。作座垫用的泡沫塑料其密度不能低于 $25kg/m^3$，其他部位的也应大于 $22kg/m^3$。因泡沫塑料具有一定的弹性且使用方便，其厚度、宽度、长度可以随意裁取，完全能满足使用要求。

图 9.2　泡沫塑料

由于使用泡沫塑料制作软体家具工艺简单，所以泡沫塑料已成为软体家具的主要材料来源之一。

海绵通用技术标准见表9.1。

表9.1 海绵通用技术标准

编号	品种	密度	回弹力
T102	特A	$13.5kg/m^3$	40%
T103	红软超	$22kg/m^3$	47%
T104	硬超	$31kg/m^3$	45%
T106	兰中超	$27kg/m^3$	45%
T107S	灰高弹软	$32kg/m^3$	50%
T107H	灰高弹硬	$32kg/m^3$	48%
T108	超软超	$24kg/m^3$	51%
T110	橙高弹	$36kg/m^3$	56%
T111	绿高弹	$34kg/m^3$	58%
T112	黄高弹	$37kg/m^3$	60%
T113	紫罗兰	$26kg/m^3$	51%
T122		$42kg/m^3$	42%
T123		$38kg/m^3$	60%
极限公差	误差范围	$\pm1kg/m^3$	±3%

海绵的品种还有高回弹海绵、慢回弹海绵（懒性海绵、记忆绵）、再生绵、杜邦绵和乳胶绵（图9.3）等。再生绵是全球通用的一种海绵处理方法。再生海绵属于聚氨酯类产品工业下脚料的回收利用，它的弹性好、耐性好、不变形、无异味，可以根据客户需要做成各种密度的产品，可广泛用于制作沙发、床垫、老板椅、体育器材，如海绵体操垫、海绵健身垫、海绵摔跤垫、海绵汽车坐垫等产品。乳胶海绵密度与弹性大于再生海绵，因此常有圆柱形凹孔，以减轻重量，一般用于高级家具。

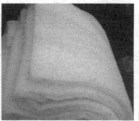

图9.3 慢回弹海绵、再生绵、杜邦绵、乳胶绵

(2) 棕丝及类似的软垫物

由于棕丝具有较强的柔韧性与抗拉强度、不吸潮、耐腐蚀、透气性好、使

用寿命长等优点，所以一直是我国弹簧软体家具中主要的软垫物。

为了简化弹簧软体家具的制造工艺和运输的方便，现不少工厂将棕丝、椰壳丝先胶压成一定厚度（6～10mm）的软垫，像布一样卷成捆，使用时根据需要再进行裁剪，非常方便。

(3) 棉花

棉花主要作为弹簧软体家具的填充物，铺垫于面料下面，以使用料包扎得饱满平稳。现在，随着泡沫塑料的应用，正逐渐取代棉花，故棉花在软体家具中的应用已在逐渐减少。

(4) 底带与底布

① 底带。由粗麻绳织成约 50mm 宽带，圈成圆捆。常纵横交错地绷紧钉在沙发椅、凳的底座及靠背上，然后将弹簧缝固于上面。由于其本身具有一定弹性与承载能力，所以也可以将其他软垫物直接固定在其上，制成软体家具。

② 底布。麻布，棉布，白布等。

现在市场上有沙发专用麻布，其幅面一般为 1140mm，很结实。弹簧软体家具一般需要分别在弹簧及棕丝上各钉扣一层麻布，沙发扶手常钉扣两层麻布。

白布一般用作靠背后面、底座下面的遮盖布，起防尘作用，同时也作为面料的拉手布、塞头布及其里衬布，以满足制作工艺与质量的要求。

(5) 钉

软体家具主要使用的钉有圆钉、木螺钉、骑马钉、鞋钉、气钉、泡钉等。

① U 形钉（骑马钉）。主要用于钉固软体家具中的各种弹簧、钢丝及塑料网，也可用于固定绷绳。

② 冖形气枪钉。主要用于钉固软体家具中的底带、底布、面料。由于采用气钉枪钉制，故生产效率高，应用非常广泛。

③ 鞋钉。鞋钉主要用于钉固软体家具中的底带、绷绳、麻布、面料等。

④ 泡钉。由于钉的帽头涂有各种颜色的色漆，故俗称漆泡钉。主要用于钉固软体家具的面料，不过现代家具很少使用此钉，其原因是钉的帽头露在外面，易脱漆生锈，影响外观美，所以应尽量少用或用在软体家具的背面等不显眼之处。

⑤ 圆钉。圆钉主要用于钉制支架。

(6) 绳、线

① 蜡绷绳。蜡绷绳由优质棉纱制成，并涂有蜡，能防潮、防腐，使用寿命长。其直径为 3～4mm。主要用于绷扎圆锥形、双圆锥形、圆柱形螺旋弹簧，以使每只弹簧对底座或靠背保持垂直位置，并互相连接成为牢固的整体，以获得适合的柔软度，受力比较均匀。

② 细纱绳。细纱绳俗称纱线，主要用来使弹簧与紧扣在弹簧上的麻布缝连在一起。

也用于缝接夹在头层麻布与二层麻布中间的棕丝层，使三者紧密连接，而不使棕丝产生滑移。

还可用于第二层麻布四周的锁边，以使周边轮廓平直而明显。

③ 嵌绳。嵌绳又称嵌线。嵌绳跟绷绳的粗细基本相同，只是不需要上蜡。嵌绳较为柔软，需用 20～25mm 的布条包住，缝制在面料与面料交接周边处，以使软体家具的棱角线平直、明显、美观。

(7) 钢丝

主要用于将软边沙发与弹簧座垫的周边弹簧串扎连接在一起，以使周边挺直、牢固且富有整体弹性。钢丝为 65♯锰钢或 70♯碳钢，直径不小于 3.5mm。

9.3 软体家具软包材料裁剪与缝纫

9.3.1 面料的种类

一般软体家具面料可以是各类皮、棉、毛、化纤织品或锦缎织品，也可用各类人造革。现在的高级沙发多采用羊皮、牛皮、猪皮等皮革作面料。

(1) 真皮

真皮分为头层皮和二层皮。头层皮是最外层皮、韧性好、弹性大，反复坐压不破裂，毛孔清晰。例如：全青皮选材精良，幅面韧性、弹性、质感相对好，伤痕少，用于高档沙发；半青皮品质略低于全青皮，允许部分伤痕存在，有一层较薄涂饰，沙发行业首选用皮；压纹皮皮质级别较低，伤痕多，需打磨多遍，喷多层漆，再压上粗细均匀的花纹。二层皮是采用真皮纤维组织疏松的下层部分，经喷涂或覆膜而成。

(2) 人造革

人造革分为 PVC 革、PU 革。PVC 革特点：卫生性、透气性差，易老化，花色品种丰富，强度高，附着力强，可有好的弹性及柔软性，也可坚挺，软硬度随布基品种而异，价格比真皮低。PU 革特点：综合性能高于 PVC 革，柔软耐折，耐老化性能好，利用率高，是真皮的最佳替代品。

9.3.2 面料的排料、裁剪和缝纫

(1) 尺寸与剪样

裁剪试样时，宽度、厚度上要加上 13～19mm 的余量做缝头。

安装拉链：拉链头的平头对应缺口方向。

粘钩、粘毛：粘钩和粘毛位置应准确，盖住里布洞眼粘钩和粘毛颜色必须与里布一致。

（2）在进行裁剪加工时，要注意以下几点：

① 面料的伸缩性。

② 面料的放势：靠背上端 80～100mm，座底上角边及扶手里塞头 50～60mm。

③ 留出缝头：一般面料 10mm，皮革类 8mm。

④ 有 40mm 的余量伸出扶手前端，弯曲处每 25mm 剪一个口子。

9.4　软体家具安装

9.4.1　包本沙发制作安装

（1）包本沙发的框架结构

其结构如图 9.4 所示。

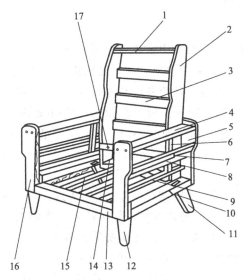

图 9.4　包本沙发结构

1—靠背上档；2—靠背侧立板；3—靠背弹簧固定板；4—扶手板；

5—扶手后柱头；6—扶手塞头立档；7—外扶手上贴档；8—外扶手下贴档；

9—扶手塞头横档；10—底座旁档；11—后脚；12—前脚；13—底座前档；

14—底座后档；15—底座弹簧固定板；16—扶手前柱头；17—靠背塞头横档

(2) 制作及安装

① 靠背上档。靠背上档主要是起枕靠和放软体材料之用，能使沙发上端部位平直、柔软。一般低于靠背侧立板 20～30mm，厚度一般取 20～30mm 即可。宽度要根据靠背侧立板上端的宽度而定。有弧度的沙发靠背，靠背上档也应有弧度。总之，背的开头很多，靠背上档应根据背的开头来定。

② 靠背侧立板。靠背侧立板的形状要根据靠背侧面的形状而定，如枕背、薄刀背弯背等，它的作用是使靠背侧面成型。侧立板厚度一般为 20～25mm 左右，宽度根据背后侧面形状而定。顶端到扶手处应做倒角，以便包制时钉鞋钉，图 9.5 为沙发靠背结构举例。

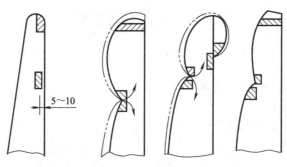

图 9.5　沙发靠背结构

③ 靠背弹簧固定板。靠背弹簧固定板是用来支承固定弹簧的，其木板厚度一般取 20～25mm，并要求自侧立板后面缩进 5～10mm 。

④ 扶手板。扶手板主要是用来放置泡沫塑料或弹簧的，以使包制好的扶手饱满、柔软。一般沙发的扶手板厚度为 20～25mm 左右，宽度按扶手柱头宽度配制。如果扶手板上面放泡沫塑料，须比扶手前柱头低 20mm 左右；如上面放盘，则比扶手柱头低 50～60mm。

⑤ 扶手后柱头（图 9.6）。式样是根据扶手形状而定的，它起扶手成型作用，但扶手后柱头里侧（与靠背侧立板相接处）都要求开 10mm×40mm 的缺口，以便给扶手包布。

⑥ 扶手塞头立档（图 9.7）。置于扶手板与扶手塞头横档之中，并与扶手板和扶手塞头横档的里边平齐，而且比靠背侧立板往前 20～30mm。它在沙发扶手包制时起绷紧麻布、面料、着钉等作用，所以又叫钉布档。其规格一般为 20mm×30mm 左右即可。

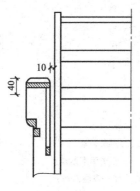

图 9.6　扶手后柱头结构

⑦ 外扶手上贴档。外扶手上贴档起拱面成型的作用，以保证扶手的结构，一般取30mm左右的木材，长短与扶手板相同。

⑧ 外扶手下贴档。外扶手下贴档（图9.8）供里、外扶手面料钉钉之用，一般取截面为20mm×30mm左右的木方，长短与外扶手上贴档同。

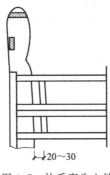

图9.7　扶手塞头立档

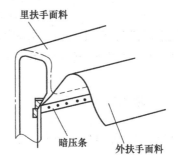

图9.8　外扶手上下贴档

⑨ 扶手塞头横档。作用是使麻布与面料绷紧，并承受钉接合。它必须与扶手前柱头里档平齐，与扶手后柱头边档距10mm。扶手塞头横档的装配高度，应比包好的座身高度低50～70mm。用料一般取25～30mm的木方，其长短与扶手板相等。

⑩ 沙发底座。由坐旁板和前后望组成，有时与脚连成一个整体。底框如采用弹簧固定板结构，则应与底框一起组装；如为绷带结构，则底框仅为一空心框架。

⑪ 沙发脚。形式很多，有的直接用榫结构形式接合在沙发底座框上；有的以支架形式用木螺钉紧固在沙发底座框上；有的用脚轮固定在沙发底座框上。一般木脚用料直径或边长以50mm左右为宜。

⑫ 底座弹簧固定板。底座弹簧固定板用于安装弹簧，一般选用截面为25mm×50mm的木料。底座弹簧固定板因受力较大，故应选无节疤的木材。底座弹簧固定板可用榫结构形式与底座框接合，也可在底座框上贴条，将底座弹簧固定板钉固在贴条上。

⑬ 扶手前柱头。与扶手后柱头一样，是用来确定沙发扶手结构的。厚度一般为20～30mm，式样特殊（如弯形）的前柱头用料可厚些如50～60mm。一般扶手前柱头的宽度应比包好的扶手宽度窄，并在棱角线上倒棱。图9.9为扶

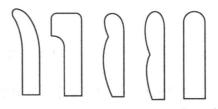

图9.9　扶手前柱头形式

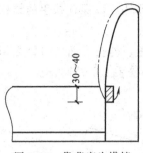

图 9.10　靠背塞头横档

手前柱头的几种形状。

⑭ 靠背塞头横档。靠背塞头横档的作用是使麻布和面料绷紧时承受钉接合。一般沙发用料为25～30mm 左右，三人沙发用料应加大。靠背塞头横档的安装高度比包好的座高低 30～40mm，如图9.10 所示。靠背塞头横档应与靠背上档一致，如为圆弧形的沙发，靠背上档有弧度，则靠背塞头横档也应有与之相应的弧度。

9.4.2　螺旋弹簧沙发

结构与制作材料见图 9.11。

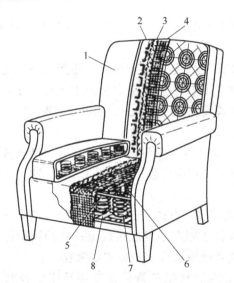

图 9.11　螺旋弹簧沙发结构

1—面料；2—棉花层；3—泡沫填料；4—麻布；5—弹簧钢丝边；6—弹簧绑结；7—螺旋弹簧；8—绷带

9.5　软体家具质检

软体家具、沙发质量检验标准依据 GB/T 1952.1—2012《软体家具、沙发》执行。

9.5.1 成品外观检验标准

(1) 产品外观要求

① 沙发摆好后整体外形左右对称，各部位之间连接协调，边角组合规整，抚摸扶手和棱角的部位，不能有空角，夹缝中无异物，泡棉回弹性要好；

② 产品与产前样确认后的尺寸及颜色保持一致；

③ 软面嵌线应圆滑挺直，圆角处对称，无明显浮线、跳针或外露线头；

④ 包覆的面料拼接对称图案应完整，同一部位面料的方向应一致，不应有明显色差；

⑤ 软面包覆表面应平服饱满、松紧均匀，不应有明显皱褶，有对称的工艺性皱褶应匀称、层次分明；

⑥ 包覆的面料应无破损、划痕、色污、油污；

⑦ 外露铆钉排列应整齐，间距基本相等，不应有铆钉明显敲扁或脱漆现象；

⑧ 缝纫线迹间距应均匀，无明显浮线、弯曲或外露线头、脱线、开缝、脱胶；

⑨ 用手按沙发扶手和靠背，皮质或布料软硬适中，不能明显感到木架的存在；

⑩ 三位、双位和一位的不同座位要求座感一致，不同背垫的靠感也要一致（每个沙发都要去体验）；

⑪ 用手按压座面时弹簧不得发出撞击和摩擦等响声。

⑫ 包装必须完好，五金包齐全，包装无损坏，唛头内容正确、清晰；

⑬ 抬起沙发看底部处理是否细致，沙发腿要求平直，表面处理必须光滑，腿底部要有防滑垫；

⑭ 所有标签按要求设置好（要求位置和数量正确）。

(2) 漆膜外观要求

① 同色部件的色泽应相似；

② 无褪色、掉色现象；

③ 涂层不应有皱皮、发黏或漏漆现象；

④ 涂层应平整光滑、清晰、无明显粒子，无明显加工痕迹、划痕、白点、鼓泡、刷毛。

⑤ 产品表面喷漆均匀，不允许出现厚薄不均等现象。

⑥ 外部油漆件应无沾漆及剥落，表面保持光亮，无灰尘之类的小斑点。

(3) 五金配件外观要求

① 各部分结构及尺寸应符合图纸或样品要求；

② 无明显毛刺（小于 0.2mm）、压痕、磕碰伤和明显翘曲变形现象，接口平整，点焊美观；

③ 颜色与样板无明显色差，同一可视板面颜色均匀、无暗纹、色斑、杂色；

④ 若表面有图案、字体或 LOGO，则图案、字体应清晰正确，内容完整，位置偏差小于±0.5mm；

⑤ 五金表面或焊接部位不允许有生锈现象，来料时应做盐雾测试；

⑥ 儿童产品不能采用有任何尖利头的螺钉。

9.5.2 产品结构加工工艺要求

(1) 加工框架

① 沙发的框架决定沙发基本造型，是主要载荷承担部分，也是制作沙发的基础，因此，所有沙发框架不得使用有腐朽、断裂、严重缺料或树皮结疤、虫眼的木方；

② 框架开料尺寸偏差如长、宽应控制在±1mm，厚度尺寸偏差应控制在±0.5mm；

③ 开料的边缘不能有毛边、崩边、锯齿、波浪等外观性问题。

④ 控制零部件含水率不超过 8%。

(2) 钉框架

① 框架内料长短条高度尺寸要统一，避免表面凹凸不平；

② 打钉不能有浮钉、虚钉或钉头外漏等现象；

③ 钉子要打平，防止漏钉、打爆；

④ 木条的放置位置要严格按照图纸放置；

⑤ 结构牢固，接口紧密，木方无破裂、变形、扭曲现象；

⑥ 背的倾斜角度一致，总体尺寸偏差不得超过 3mm；

⑦ 框架定位要成直角，不得倾斜。

(3) 车缝

① 所有车缝皮料、布料车线要直，弧度左右对称，嵌线圆滑，整体无歪斜、破损现象；

② 所有皮料针距 2.5cm 为 5～6 针，布料面料针距为 2.5cm 为 6～7 针；

③ 所有布料、皮料车缝部位无断线、跳针、表面打结现象；

④ 皮料缝位正确，布料面料缝位处纹路误差不能超过 1～2mm；

⑤ 所有车缝表面压线均匀，宽度一致，缝线要与主体面料颜色相符合；

⑥ 加工完的车缝表面无浮线、跳线，针孔无外漏，线与皮、布面颜色相配，布料纹路均匀、无歪斜。

(4) **切割泡棉**

① 裁剪之前根据产品款式要求进行泡棉型号、密度的校对；

② 切面垂直，切口平齐，斜边、割边不得有严重波浪；

③ 尺寸准确，长、宽极限偏差≤±2mm；

④ 合边的产品合缝不能裂开，泡棉不得过多，超出扣皮打钉位置；

⑤ 弧度与图纸要求弧度一致。

(5) **喷胶**

① 选用标准环保、不含甲醛的胶水；

② 胶水要求喷涂均匀、到位，无漏喷；

③ 海绵粘贴平整、无褶皱；

④ 海绵粘贴无扭曲和移位。

(6) **扣皮**

① 同一款产品扶手、屏、座的大、小、高、低程度一致，座角、屏角饱满程度一样，屏线与座线对齐，合缝紧凑；

② 在背后观察正背面、在座前视线与座面同一水平面观察座面，凹凸要均匀；

③ 无浮钉、虚钉和断钉现象；

④ 后背面料合缝与屏面料合缝对齐，边线要直，屏颈后部饱满，不起皱；

⑤ 被底布盖住的地方，多余的海绵和喷胶要割掉；

⑥ 钉要成直线，钉与钉之间的距离为2cm左右；

⑦ 保持底面平整，不能露钉或断钉，用手摸不伤手。

(7) **贴标**

① 贴标内容不能错误或模糊不清；

② 产品上要有产品合格标签；

③ 部件数字标或字母标不能漏贴或贴错位置；

④ 产品要有警示标（如小心轻放标、易碎标、防潮标等）。

(8) **配件包**

① 配件规格正确，与实际需要一致；

② 不同规格五金不能混合包装（如公、英制）；

③ 五金类配件不能生锈、有污迹；

④ 木制的配件不能有虫蛀或发霉现象；

⑤ 配件不能漏放、多放；

(9) 说明书

① 说明书要清晰、易懂，使客户能够按照说明书把产品组装起来，组装的一些关键部位说明书上要有爆炸图；

② 说明书上的五金、语言、部件尺寸等与资料一致；

③ 说明书印制不能漏页、重页、破损。

9.5.3 产品安全性测试要求

(1) 面料测试要求

① 皮革类：所有表面涂层的总铅含量低于 0.04‰，底层材料重金属含量之总铅含量低于 0.1‰，底层材料的可溶解铅含量低于 0.09‰；

② 皮革/布料拉力测试：随机取不少于 5 块（分经向纬向）裁剪成 3in×4in（1in＝2.54cm）的样品，每一块样品的拉力测试要大于 50lbs；

③ 皮革/布料色牢度测试：干摩擦≥4.0 级，湿摩擦≥3.0 级；

④ 皮革/布料耐磨损测试：H-18 砂轮 300 转条件下，面料不能磨穿，面料损失＜10%；

⑤ 车缝强度测试：车缝强度要≥30pounds（1pound＝0.45359kg）。

(2) 泡棉测试

① 泡棉防火测试：取样尺寸规格为 12×4×0.5in，10 块样品，其中 5 块做 24h 老化处理，然后点火燃烧 12s，火焰高度 0.75in，记录泡棉燃烧后烧掉的长度，单个样品燃烧长度＜8in，10 块样品平均燃烧长度＜6in。

② 泡棉闷烟测试：适用于以点燃的香烟作为火源对软体家具材料进行的阻燃性能试验，闷烟测试后损失重量不能≥原重量的 80%。

(3) 五金测试

① 螺钉强度测试：M6 螺钉拉力强度≥1100pounds，M8 螺钉拉力强度≥1700pounds；

② 盐雾测试：使用盐雾测试机，浓度为 1% 的盐水，恒温 27℃，湿度 70%~80%，喷雾 24h，喷雾结束后用清水把样品表面轻轻冲洗一下，晾干后表面不能有明显锈斑、腐蚀等现象。

(4) 油漆

① 所有可接触到的表面油漆铅含量≤0.09‰；

② 样品油漆表面要通过百格测试，不能有掉漆。

③ 漆膜耐湿热，依据 GB/T 4893.2—2005《家具表面耐湿热测定法》用软湿布擦净实验区域，将加热至 70℃ 的铝合金热源放上，20min 后移开热源并用软湿布擦拭，16h 后观察试样的损伤程度等级，等级应不低于 3 级（轻微

印痕，在数个方向上可视，例如近乎完整的圆环或圆痕）。

（5）稳定性测试

① 前稳定性测试。把单人位沙发样品放在水平地面，对于有可调节功能的应把座椅调到最不稳定状态，在测试方向支撑脚处放置一个木条防止施加水平拉力时侧滑，木条高度尽量低于 1in，避免阻止样品倾翻。定点：先找到坐垫最宽处中心点做个标记，然后再找到坐垫最前端 2.4in 位置做个标记，在这两点交汇的地方向下垂直施加一个 173pounds 的力，然后再向前水平施加一个 4.5pounds 的拉力。判定条件：在整个测试过程，产品不出现倾翻，即算通过测试。

② 后稳定性测试。用测试后稳定性的 13 块标准圆盘依次堆积起来紧贴靠背，13 块圆盘全部堆放完后座椅不出现倾翻现象即为合格。

（6）扶手强度测试

① 扶手垂直强度测试：此测试针对有扶手型沙发座椅。将沙发座椅固定放置于测试平台之上，限制其自由活动，将各项功能调至正常使用条件，在扶手上明显最薄弱处（用一个长 5in 的装置安装在扶手上）施加一个垂直向下 200pounds 的力，维持 1min，然后卸力检查，沙发不能有任何损坏，再做一次验证性测试，在最薄弱处垂直向下施加一个 300pounds 的力，维持 1min，卸力，可以允许产品有部分功能丧失，但不能出现大的结构改变。

② 扶手水平强度测试：将沙发座椅固定放置于测试平台之上，防止椅子水平移动和翻倒，但不能限制扶手活动，将各项功能调至正常使用条件，在扶手最薄弱位置（用一个宽 1in 的装置安装在扶手上）水平施加一个 100pounds 的力，维持 1min，然后卸力检查，产品不能有任何功能丧失或者任何损坏，再做验证性测试，同样在最薄弱位置水平施加一个 150pounds 的力，维持 1min，然后卸力检查，产品允许有部分功能丧失但不能出现大的结构改变。

（7）动态冲击测试

将沙发置于测试平台之上，用一个 225pounds 的沙袋从离坐垫高度 6in 的位置自由落下，沙袋在下落过程中不能碰到沙发靠背，然后移除沙袋，检查产品不能有任何功能丧失或者结构损坏，然后再做验证性测试，用一个 300pounds 的沙袋从离坐垫高度 6in 的位置自由落下，然后移除沙袋，检查产品允许有部分功能损坏，但不能出现大的结构改变。

（8）沙发脚强度测试

选取其中一个沙发脚做测试，对沙发脚前、后、左、右四个方向分别施加一个 75pounds 的力，维持 1min，沙发脚不能出现松动脱落等现象。

（9）摔箱测试

① 摔箱要求：一点三边六面。

② 样品重量与摔箱高度的关系见表 9.2。

表 9.2　样品重量与摔箱高度

样品重量/pounds	摔箱高度/in
21~41	24
41~61	18
61~100	12
>100	8

9.5.4　产品包装检验标准及要求

(1) 外包装
① 尺寸、瓦型、瓦楞方向、彩标、LOGO、纸号要与订单资料要求一致；
② 外箱唛头内容与唛头资料相符；
③ 同批次纸箱间不能有明显的色差；
④ 纸箱外部不能有破损、污迹；
⑤ 接合处粘胶及木架打钉处要牢固。

(2) 内包装
① 包装内各个部件要用珍珠棉或气泡膜缠绕包裹，缝隙间用填充物填充，不能晃动；
② 确认所有的标签、吊牌、五金配件等是否正确；
③ 无纺布套一定要将沙发全部套好；
④ 用塑料袋将沙发包紧用透明胶带将沙发包好，注意胶带一定要整洁。

9.6　软体家具软包操作

本节以弹簧软体床的操作为例讲解软包操作。

(1) 中凹螺旋弹簧结构
中间为中凹弹簧体，横向用穿条弹簧或铁卡串联并绷紧，上下两面再用钢丝把四周围起来，组成一个方正的组合弹簧结构，然后两面麻布绷紧缝好，填棕丝、铺海绵，最后罩面料（化纤面、薄泡沫塑料、无纺布预先缝在一起）展平，沿周边缝好，如图 9.12。

(2) 袋装螺旋弹簧结构
将圆柱螺旋弹簧分别装入布袋中并封口，然后将其紧挨排列，用麻线将袋

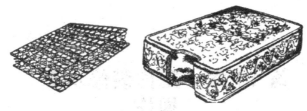

图 9.12　中凹螺旋弹簧软体床

装弹簧分别从前后、左右方向与四周的弹簧一个个缝接起来，上下两面再用钢丝框把四周围起来，然后两面麻布绷紧缝好，填棕丝，铺海绵、泡沫塑料等，最后罩面料。每个弹簧单独受力，不相互影响，消费者使用时不受干扰，可有效预防和避免弹簧间摩擦，如图 9.13。

图 9.13　袋装螺旋弹簧软体床

　　通过本章的学习，读者可了解软体家具的基本结构组成，主要是木框架结构的软包家具。重点在于木框架材料的特性与制作、填充材料的制作以及内部其他辅助性材料例如弹簧、绷带等的使用方法。难点是软体家具的质量检验。

第10章 室内装修木工操作

室内装修木工的主要施工项目有吊顶龙骨架设、木质门窗制作、装饰门套安装、木质柜体制作、家具制作、电视背景墙边框造型、木地板安装等。家装中木工是最重要的工种，家庭装修效果的好坏，很大程度上取决于木工水平的高低，其施工周期也比较长。

10.1 木质地板施工技术

10.1.1 木地板施工工艺

(1) 施工工艺

检验实木地板质量→技术交底→准备机具设备→安装木龙骨→铺实木地板→检查验收→成品保护。

(2) 施工基本规定

① 木地板背面应刷氟化钠防腐剂，其厚度应符合设计要求，实木地板面层的条材和块材应选用具有商品检验合格证的产品，其产品类别、型号、适用树种、检验规则以及技术条件等均应符合现行国家标准 GB/T 15036.1—2018 规定。

② 铺设实木地板面层时，木龙骨的规格尺寸、间距和稳固方法等均应符合设计要求。木龙骨应垫实钉牢，与墙之间应留出 30mm 的缝隙，表面应平直。

③ 实木地板面层铺设时，面板与墙之间应留 8~12mm 空隙。

(3) 施工准备

① 技术准备：a. 实木地板面层下的各层做法应已按设计要求施工并验收

合格；b. 样板间或样板块已经得到认可。

② 材料要求：实木地板面层所采用的材质和铺设时的木材含水率必须符合设计要求，木龙骨和木地板基层等必须做防腐、防蛀、防火处理。

③ 作业条件。

a. 材料检验已经完毕并符合要求。

b. 已对所覆盖的隐蔽工程进行验收且合格，并进行隐检会签。

c. 施工前，应做好水平标志，以控制铺设的高度和厚度，可采用竖尺、拉线、弹线等方法。

d. 对所有作业人员已进行了技术交底，特殊工种必须持证上岗。

e. 作业时的环境如天气、温度、湿度等状况应满足施工质量并可达到标准的要求。

④ 施工要点。

a. 安装木龙骨：先在地板上弹出木龙骨的安装位置线（间距 300mm）及标高，将木龙骨放平、放稳，并找好标高，刷防腐剂。

b. 铺非纸胎油毡基层：根据格栅的模数和房间的情况，将非纸胎油毡基层牢固钉在格栅上，钉法采用直钉和斜钉混用，直钉钉帽不得突出板面。

c. 铺实木地板：从墙的一边开始铺钉企口实木地板，靠墙的一块板应离开墙面 10mm 左右，以后逐块排紧。钉法采用斜钉，实木地板面层的接头应按设计要求留置。

d. 铺实木地板时应从房间内退着往外铺设。

e. 不符合模数的板块，其不足部分在现场根据实际尺寸将板块切割后镶补，并用胶黏剂加强固定。

⑤ 质量控制。

a. 在施工过程中应注意对已经完成的隐蔽工程的管线和机电设备的保护，各工种之间衔接应合理，同时注意施工环境，不得在扬尘、湿度大等不利条件下作业，基层应干燥。

b. 行走有声响是因为木龙骨固定不牢固；地板的平整度不够是因为木龙骨或非纸胎油毡基层有凸起的地方。地板的含水率过大，铺设后易变形。木地板胶黏剂应涂刷均匀。

c. 板面不洁净：地面铺完后未做有效的成品保护，受到外界污染。

d. 凡检验不合格的部位，均应返修或返工纠正，并制定纠正措施，防止再次发生。

⑥ 成品保护。

a. 对所覆盖的隐蔽工程要有可靠的保护措施。

b. 实木地板面层完工后应进行遮盖和拦挡，避免受侵害。

c. 后续工程在实木地板面层上施工时，必须进行遮盖、支垫，严禁直接在实木地板面上动火、焊接、和灰、调漆、支铁梯、搭脚手架。

10.1.2 实木复合地板施工工艺

(1) 材料要求

实木地板厚度为 15mm，实木层厚度为 2mm。

(2) 地板施工工艺标准

① 实木复合地板施工工艺：基层验收→清理基层→铺设塑料薄膜地垫→粘贴复合地板→安装踢脚板。

a. 根据设计标高，弹出水平控制线。

b. 根据水平控制线，对房间基层标高复测，超过标高处，及时处理，对基层表面平整度的误差要求为不大于 3mm。

c. 根据房间大小及地板规格，在地坪上弹出地板分格线，房间四周留有空隙，便于地板伸缩。

d. 地板的铺设方向按照图纸所示方向，地板接缝均应按三分之一错开。

e. 地板铺设前，应先选料、排板试拼，保证地板的色泽基本一致且要达到设计师要求。

f. 铺设地板时，应从墙面一侧开始，地板必须离墙 5~8mm，保证地板有伸缩余地，地板逐块排紧铺设，地板板缝宽度不大于 0.5mm。

g. 板的收口压条采用厚度为 1.2mm 的拉丝不锈钢，宽 10mm。实心不锈钢压条的规格为 5mm×8mm。

h. 地板铺完后，做好保护，严禁无关人员踩踏。

② 木地板施工要领。

a. 木地板安装前应进行挑选，剔除有明显质量缺陷的不合格品。将颜色、花纹一致的地板铺在同一房间，有轻微质量欠缺但不影响使用的，可摆放在床、柜等底部使用，同一房间的板厚必须一致。购买时应按砂浆铺装面积增加10%的损耗一次购买齐备。

b. 同一房间的木地板应一次铺装完，因此要备有充足的辅料，并要及时做好成品保护，严防油渍、果汁等污染表面。安装时挤出的胶液要及时擦掉。

③ 木地板施工注意事项。

a. 木地板粘贴式铺贴要确保水泥砂浆地面不起砂、不空裂，基层必须清理干净。

b. 基层不平整应用水泥砂浆找平后再铺贴木地板。基层含水率不大于 15%。

c. 粘贴木地板涂胶时，要薄且均匀。相邻两块木地板高差不超过 1mm。

10.1.3 强化木地板施工工艺

(1) 施工前的准备
① 材料准备。

选购的数量为铺设面积的总和（F）加 5%左右的余量。即：选购面积＝F＋$5\% \times F = F(1+5\%)$。

辅料：根据地板数量，配备相应的辅料，胶垫、过桥压条、T型压条、贴边压条、踢脚板，其数量根据客户提供房间平面图的尺寸进行测算。

② 基层面处理。

a. 基层地面要求平整、干燥、干净；

b. 检查地面湿度，若是矿物质材料的地面，其相对应湿度应小于 60%；

c. 检查地面平整度，因强化木地板厚度较薄，所以铺设时必须保证地面的平整度，一般要求地面高低差不大于 $3mm/m^2$。

(2) 地板试安装
① 安装条件检验。地面平整、干燥、干净，窗、门齐全，无渗水、漏水的可能，排水畅通，否则提出处理措施或警告客户，若客户要求继续施工应坚持让客户签字确认，由上述情况造成的不良后果客户负责。

② 垫层铺设。

③ 地板试铺。前三排均要求直接在地层上试铺，即不施胶铺装。

铺时地板走向通常与房间长度方向一致或按客户要求，自左向右逐排铺装，凹槽向墙，地板与墙之间放入木楔，保证伸缩缝隙 8～12mm。当墙有弧形、柱脚等时，就按其轮廓切割前排地板；每排最后一块地板的长度测量后，可将其旋转 180°进行画线切割；上一排最后一块地板的切割剩余部分用于下一排的起始块。铺设过程中应注意防止缺损、纹路、色差等现象，并及时调整。

④ 查门套及门扇离地距离。门与地面的间距应留有间隙，保证安装后留有约 5mm 的缝隙。垫层的方向与地板条的方向垂直，垫层为 2.5mm 专用地垫。

(3) 地板安装
根据试铺板块的程序进行拼装，在拼装时榫槽粘胶应注意以下内容：

打开胶瓶，并把瓶嘴削成 45°斜口，在涂胶时胶水瓶与地板水平方向保持45°角，依次涂胶。涂胶位置应涂在榫头上沿外侧，假如涂在榫内，不仅浪费胶液，而且还将本来留作缓冲用的间隙塞满，使其无法伸胀，当地板遇潮后极易起翘。涂胶的量为两块拼合后能看到一条不间断的均匀白线为宜，所以涂胶时应当保持匀速，而且要特别注意在顶角处的胶一定要涂到，操作时当胶瓶移到顶角处时稍微停顿一下。地板粘胶榫槽配合后，用橡胶锤锤紧，然后用拉力器夹紧并检查直线度。在施胶前一定要时刻观察板面的高度差，当无高度差、无缝隙时才能施胶锤紧。最后一排地板要采用适当的方法测量其宽度进行切割施胶，用拉钩使之接合严密。

在施工过程中，若遇到管道、柱脚等情况，应适当进行开孔切割后再施胶安装，还要保持适当的间隙。

涂胶应及时擦去，当余胶已稍凝固时，应用铲刀铲去。用湿布擦除胶水时，应顺着缝的方向朝有胶的一侧去擦，不要转圈擦。

(4) 踢脚板安装

踢脚板厚度不得小于 1.2cm。安装时地板留有的伸缩缝内不得有任何杂物，必须清除干净，以免阻碍地板膨胀。如果缝隙过大需要修补，可选用防水性好的丙烯酸类补缝胶。

(5) 面积计算

结算面积是实际测量面积加 5%～8% 的损耗加踢脚线面积之和。

(6) 验收

按国标验收，主要验收标准为：地板与地板间高低差小于等于 0.2mm，缝隙小于等于 0.15mm；地板与地板之间有无明显色差。

(7) 养护

铺装完毕后至少要保证 12h 内不能在地板上走动，以便有足够的时间让地板胶黏结。

10.2　木质吊顶施工技术

10.2.1　平面木质吊顶的施工准备

(1) 施工条件

在木质吊顶施工前，顶棚以上部分的电气布线、接线、空调管道、消防管道、供水管道、报警线路等必须安装到位，并基本调试完毕。从顶棚经墙体通下来的各种开关、插座线路亦已安装就绪。施工材料基本备齐，必要的脚手架已搭好（4.5m 层高以上需用钢架）。

(2) 放线

放线是技术性较强的工作，是吊顶施工中的要点。放线包括标高线、顶棚造型位置线、吊挂点布局线、大中型灯位线。

标高线弹到墙面或柱面上，其他线弹到楼板底面。放线的作用有两个：第一，使施工有了基准线，便于下一道工序确定施工位置。第二，检查吊顶以上部位的设备与管道对标高位置有否影响、能否按原标高施工；检查吊顶以上部分的设备对灯具安装的影响；检查顶棚以上部位设备对顶棚迭级造型的影响。在放线过程中如果发现有不能按原标高施工、不能按原设计布局的问题和阻碍安装灯具与设备的问题，应及时向设计部门提出，以便修改设计。

① 标高线的做法。

a. 定出地面的地坪基准线。原地坪无饰面要求，基准线为原地平线；如原地坪需贴石材、瓷砖等饰面，则需根据饰面层的厚度来定地坪基准线，即原地面加上饰面粘贴层，将定出的地坪基准线画在墙边上。

b. 以地坪基准线为起点，在墙面上量出顶棚吊顶的高度，在该点画出高度线。

c. 用一条塑料透明软管灌满水后，将软管的一端水平面对准墙面上的高度线，再将软管的另一端头水平面，在同侧墙面找出另一点，当软管内水平面静止时，画下该点的水平面位置，再将这两点连线，即得吊顶高度水平线。用同样方法在其他墙面做出高度水平线。操作时注意：一个房间的基准高度线只用一个，各个墙面的高度线测点共用。另外，操作时注意不要使注水塑料软管拧曲，要保证管内的水柱活动自如，这种方法用来测定水平标高线的方法称为水柱法。

② 造型位置线的做法。

a. 规则室内空间造型位置线。先在一个墙面量出顶棚吊顶造型位置距离，并按该距离画出平行与墙面的直线，再在另外三个墙面，用相同方法画出直线便可得到造型位置外框线，再根据此外框线，逐步画出造型的各个局部。

b. 不规则室内空间造型位置线。对不规则的室内来说，主要是墙面不垂直相交，或者是有的墙面不垂直相交。画吊顶造型线时，应从与造型线平行的那个墙面开始测量距离，并画出造型线，再根据此条造型线画出整个造型线位置。如果墙面均为不垂直相交，就要采用找点法。找点法是先在施工图上测出造型边缘距墙面的距离，然后再量出各墙面距造型边线各点的距离，将各点连线组成吊顶造型线。

③ 吊点位置的确定。

a. 平顶吊顶的吊点，一般按每平方米 1 个布置，要求吊点在顶棚上均匀分布。

b. 有迭级造型的顶棚吊顶应在迭级交界处布置吊点，两吊点间距 0.8～1.2m。

c. 较大的灯具也应该安排吊点来吊挂。

d. 通常木顶棚是不上人的，如果有上人的要求，吊点应适当加密，吊点也需加固。

（3）机具准备

① 常用机具。木吊顶施工常用机具有手提电锯、手提电刨、冲击电钻、手电钻、电动或气动打钉枪。

② 木料加工工作台。在装饰工程中，需要有个加工木质材料的工作台。该工作台一般都是木工自制，其方法为：

a. 先准备好一张 15mm 厚木夹板和一张 9mm 厚木夹板，截面为 35mm×35mm 的骨架木方若干，截面为 50mm×60mm 的腿料 8m。

b. 用腿料和骨架料钉成木架，其尺寸为：长×宽×高＝2300mm×1200mm×800mm。

在 15mm 厚木夹板上开出通槽，槽宽 8mm，长 200mm 左右。

③ 将 15mm 厚木夹板钉在木架上，再把手提电锯用木螺钉固定在厚木夹板反面的通槽位置处。电锯的圆锯片从通槽中间伸出工作台面。

④ 把 9mm 厚木夹板分为三条板，其宽分别为 400mm、500mm、320mm，将宽度为 400mm 和 320mm 的条板钉在工作台的两边，500mm 的条板居中，并可来回活动。居中条板靠电锯盘一侧，需在中部裁切下一条长 800mm、宽 20mm 的边条。

10.2.2 木龙骨吊装工艺

（1）吊装基础工序

木龙骨吊装的基础工序主要包括制作与安装吊件、固定标高线木方条、木龙骨防火处理、木龙骨架的地面拼接等。

① 安装吊点紧固件。常用的吊点紧固件有三种安装方式。

a. 用冲击电钻在建筑结构底面打孔。打孔的深度等于膨胀螺栓的长度，但在钻孔前要检查旧钻头磨损情况，如果钻头磨损到钻头直径比公称尺寸小 0.3mm 以上，该钻头就应该淘汰。

b. 用射钉将角铁等固定在建筑结构底面上。射钉直径必须大于 5mm。

c. 用预埋件进行吊点固定，预埋件必须是铁板、铁条等钢件。膨胀螺钉可固定木方和铁件来作吊点。射钉只能固定铁件作吊点。用膨胀螺钉固定的木方其截面尺寸一般为 40mm×50mm 左右。

② 固定标高线木龙骨。沿吊顶标高线固定沿墙木龙骨，其方法有两种。

a. 用冲击钻在墙面标高线以上 10mm 处打孔，并在孔内设木楔。打孔的直径应大于 12mm，两木楔的间距为 0.5~0.8mm，将长木方用钉固定在墙内的木楔上。该方法主要适用于砖墙和混凝土墙面。

b. 先在木方上打一小孔，再用水泥钉通过小孔，将木方固定在墙面上。

该方法常用于水泥混凝土墙面。

注意：沿墙木龙骨的截面尺寸应与天花吊顶木龙骨尺寸一样。沿墙木龙骨固定后，其底边与吊顶标高线一平。

③ 木龙骨的处理。

a. 对吊顶用的木龙骨进行筛选，将其中腐蚀部分、斜口开裂部分、虫蛀孔部分等剔除。

b. 工程中吊顶和墙壁的木龙骨架都需要涂刷防火漆，方法是将木龙骨条分层架起，一般可架起二至三层。每层用滚刷逐面涂刷三遍之后，取下晾干备用。

④ 木龙骨架的地面拼接。木质天花吊顶的龙骨架，通常于吊装前在地面进行分片拼接，其目的是节省工时、计划用料、方便安装。方法如下：

a. 先把吊顶面上需分片或可以分片的尺寸位置定出，根据分片的尺寸进行拼接前安排。

b. 通常的做法是先拼接大片的木龙骨架，再拼接小片的木龙骨架。为了便于吊装，木龙骨架最大组合片不大于 10mm。

c. 对于截面尺寸为 25mm×30mm 的木龙骨，拼接时要在长木方上按中心线距 300mm 的尺寸开出深 15mm、宽 25mm 的凹槽，如有成品凹方采购可省去此工序。然后按凹槽对凹槽的方法拼接，在拼口处用小圆铁钉加胶水固定。

(2) 吊装施工

在上述准备工作完成后，便可开始吊顶龙骨架的吊装施工。

① 分片吊装：对于平面吊顶的吊装，通常先从一个墙角位置开始。其方法为：

a. 将拼接好的木龙骨架托起至吊顶标高位置。对于高度低于 3.2m 的吊顶骨架，可在骨架托起后用高度定位杆支撑，使高度略高于吊顶标高线。高度定位杆的长度为吊顶标高尺寸。高度大于 3m 时，可用铁丝在吊点上临时固定。

b. 用棉线或尼龙线沿吊顶标高线拉出平行和交叉的几条标高基准线，该线就是吊顶的平面基准。

c. 将木龙骨慢慢向下移位，使之与平面基准线平齐。待整片木龙骨架调平后，将木龙骨架靠墙部分与沿墙木龙骨钉接，再用吊杆与吊点固定。

② 与吊点固定：木龙骨架与吊点固定的方法有多种，常用的方法有三种。

a. 用木方固定：先将吊杆木方与固定在建筑顶面的木方钉牢。作为吊杆的木方，应长于吊点与木龙骨架之间的距离 100mm 左右，便于调整高度。吊杆与木龙骨架固定后再截去多余部分。如木龙骨架截面较小，或钉接处有缺陷，则应在木龙骨的吊挂处钉上 200mm 长的加固短木方。

b. 用扁铁固定：扁铁的长度应事先测量好，并且在与吊点固定的端头，应事先打出两个调整孔，以便调整木龙骨架的高度。扁铁与吊点间用 M6 螺栓连接，扁铁与木龙骨用两只木螺钉固定。扁铁端头不得长出木龙骨架下平面。

c. 用角铁固定：在一些重要的位置或需上人的位置，常用角铁固定连接木龙骨架。对作吊杆的角铁也应在端头钻 2～3 个孔以便调整。角铁与木龙骨连接时，可设置在木龙骨架的角位上，用两只木螺钉固定

③ 对于迭级式平面木顶棚的吊装，一般是先从最高平面开始（相对地面）。校平与吊装方法同上。其不同之处是不与沿墙龙骨连接。

④ 分片木龙骨架间的连接：两分片木龙骨架有平面连接和高低面衔接两种。

a. 两分片骨架在同一平面对接时，骨架的各端头应对正，并用短木方进行加固。加固方法有顶面加固和侧面加固两种。对一些重要部位或有上人要求的吊顶，可用铁件进行连接加固。

b. 迭级平面吊顶高低面的衔接方法，通常是先用一条木方斜拉地将上、下两平面木龙骨架定位，再将上、下平面的龙骨用垂直的木方条固定连接。

⑤ 预留位置：吊顶平面上往往需要设置内装灯光盘、空调风口、检修口等，在窗口上需要设置暗装或明装的窗帘盒等，所以，在吊装木龙骨架时，应该按图纸要求预留出位置，并在预留位置的木龙骨架上用木方加固或收边。

⑥ 整体调整：各个分片连接加固完毕后，在整个吊顶面下拉出十字交叉的标高线，用来检查吊顶平面的整体平整度。对吊顶面向下凸的部分，需重新拉紧吊杆；对吊顶向上凹的部分，需用吊杆向下顶，下顶的杆件必须在上下两端固定。对一些面积较大的木龙骨架吊顶，常采用起拱的方法，一方面可平衡饰面板的重力，另一方面又可保证吊顶不下凸，减少视觉上的下坠感。起拱一般可按 7～10m 跨度有 3/1000 的起拱量，10～15m 跨度有 5/1000 起拱量。

10.2.3 吊顶面木夹板的安装工艺

(1) 安装木夹板的准备工序

① 选板：室内装饰的吊顶木夹板一般都选用 4mm 加厚三夹板。主要是考虑减少顶棚吊顶的局部变形量问题，因为 3mm 以下的木夹板容易受室温和湿度的影响而产生凸凹变形。

另外，木夹板由不同厂家生产，其表面材质色泽也不尽相同，在运输、保管、多次搬运的过程中，也会遭到损伤，所以在安装前要进行挑选。挑选主要有三方面工作：检查表面的缺陷；复核几何尺寸；纹理和颜色的归类。具体为：

a. 表面的缺陷有几种形式：表面严重碰伤、木质断裂；表面严重划伤；边角严重碰伤已失去尖角；木质脱胶起泡等，以及其他难以修补并对装饰效果有影响的缺陷。

b. 复核几何尺寸：一般主要是抽查板材的长度、宽度和厚度，检查木夹板是否有翘曲变形。查看其批量生产的质量和区别生产的批次。

c. 色泽的挑选归类：首先应区分木夹板正反面。一般来说木夹板正面光洁无节疤疵点，反面则有，并有修改处；正面的木板色泽较均匀，反面次之。挑选时应将正面相近纹理和相同色泽的夹板分门别类堆放，不得搞乱。

② 板面弹线：将挑选好的木夹板正面向上，按照木龙骨分格的中心线尺寸，用带色棉线或铅笔在木夹板正面上画线。板面线画出方格后，保证在板面安装时，可方便地将钉子固定在木龙骨上，给安装带来很大的方便，有利于提高工效。

③ 板面倒角：在木夹板的正面四周，用细刨按 45°刨出倒角，宽度为 2～3mm，以便在嵌缝补腻子工序时，可将各板缝严密补实，减少此后的缝隙变形量。

④ 防火处理：如果装饰有防火要求，应在以上工序完毕后进行防火处理。方法是用 2～4 条木方把木夹板垫起，反面向上用防火漆涂刷三遍，晾干后备用。

⑤ 工具准备：安装木夹板可用手工或机具进行。手工工具为普通钉锤，机具有电动打钉枪和气动打钉枪。电动打钉枪可直接用 220V 电源，气动打钉枪需与电动打气泵配套使用。电动打气泵是用电动机驱动，使用时应由电工检查电源和电线的负荷可否接电动机，否则需更换电源和电线。钉木夹板的圆钉一般采用 16～20mm 长的小钉，俗称 6 分钉、8 分钉。圆钉在使用前应将钉头打扁。打钉枪一般采用长 15～20mm 的枪钉。

(2) 木夹板安装工序

① 布置木夹板：为了节省材料，避免安装错误，在装饰工程中安装木夹板，需要进行事先安排。另外，为了尽量减少吊顶显眼部分的拼接缝数量，使吊顶面规整，需要对木夹板进行布置，特别是饰面为原木色油漆的吊顶尤为重要。

木夹板布置有两种方法：整板居中，分割板布置在两侧；整板铺大面，分割板归边。

② 留出设备的安装位置：根据施工图在木夹板上留出空调的冷暖风口、排气口、暗装灯具口。也可先将各种设施的留空位置在木夹板上画出，待钉好吊顶面后再开出。

③ 钉木夹板：木夹板正面朝下，托起到预定位置，使木夹板上的划线与

木龙骨中心线对齐。从木夹板的中间开始钉，逐步向四周展开。钉位可沿木夹板上划线位置设置，钉距在150mm左右，钉位应分布均匀，钉头应沉入木夹板内。

10.2.4　平面吊顶饰面整理工序及要求

(1) 平面吊顶饰面种类

在上述结构工序完成后，便可进行饰面处理工序。木吊顶饰面种类主要有油漆工艺、贴壁纸工艺、喷涂（喷塑）工艺、镶贴不锈钢板工艺、镶贴玻璃镜面工艺等。这些工艺中除镶贴饰面外，其他饰面工艺均需处理底面层。贴壁纸饰面与喷涂饰面，可以做到与墙体饰面施工一并进行。

(2) 平面木吊顶收口及整理工艺

平面木吊顶的收口部分，主要是吊顶面与墙面之间、吊顶面与柱面之间、吊顶面与窗帘盒之间、吊顶面与吊顶上设备之间、吊顶面各交接面之间的衔接处理。收口、收边材料通常用木装饰线条，高级装饰也有用不锈钢线条的情况。

整理工艺主要是指在饰面工作完成后，经过一段时间的干燥，饰面上又出现的缺陷，需要再进行一些修补清理。清理工作包括：

① 油漆面与非油漆面间的清理。

② 贴壁纸面与非贴壁纸面间的清理。

③ 镶贴面与非镶贴面间的清理。

④ 喷涂面与非喷涂面间的清理。

修补工作则是饰面本身缺陷的修补，包括：

① 油漆面的起泡、裂口、色泽不均匀处。

② 壁纸面的起泡、开裂处。

③ 镶贴面不平整、翘边处。

④ 喷涂面的起泡与不均匀处。

油漆面常常在两个面的交接部位出现脱壳与张口缺陷，修补时需要对这些部分进行铲壳、补腻子、重新油漆处理，如有松动处还应加固。喷涂面的修补常常是面油不均匀，修补时可将面油调稀后涂刷不均匀处。对于贴壁纸面修补，主要是针对起泡和张口处，起泡处可用墙纸刀在起泡处割一小口，将空气等物挤出，再用注射器向起泡处打入墙纸胶，轻压后将挤出的胶水擦净。镶贴面常见的问题是翘边和不平整，主要是饰面边角处出现松动与脱胶。对于开口松动处，需根据不同情况进行固定，但要注意保护饰面不被损伤。对于脱胶处，应在清理脱口处基层后，再补上干燥速度较快的黏结剂。

10.3　木质门窗施工技术

建筑中的门窗既有着交通疏散的功能；又有着采光通风、分割与围护的作用，同时又直接影响到建筑外观的装饰效果。门窗装饰工程按其框架材质可分为木门窗工程、铝合金门窗工程、金属卷帘门工程、塑钢窗工程、无框玻璃门工程等。木质门窗的施工涉及木窗套、窗帘盒、窗台、暖气罩和窗扇的制作与安装。

对于门窗的制作与安装，应执行 GB 50210—2018《建筑装饰装修工程质量验收规范》等现行国家标准的有关规定。根据国家标准，门窗的安装工程应符合以下各项基本规定：

① 门窗安装前，应对门窗、洞口尺寸进行检验。除检查单个洞口外，还应对能够通视的成排或成列的门窗、洞口进行拉通线检查。如果发现明显偏差，应确定处理措施后方可施工。

② 木门窗与砖石砌筑体、混凝土或抹灰层接触处，应进行防腐处理并应设防潮层；埋入砌筑体或混凝土中的木砖，应进行防腐处理。

③ 装饰性木门窗安装应采用预留洞口的方法施工。切切不能采用边安装边砌口或先安装后砌口的方法施工，以防止门窗框受挤变形和表面保护层受损。

④ 特种门（吸音门）安装除应符合设计要求外，还应符合国家标准及有关专业标准。

10.3.1　木质套装门结构

木质套装门是指以木材、人造板等材料为主，辅以其他材料制成的门扇、门套，与铰链、门锁和拉手组成的木质门综合体，因为是这些产品和零部件是配套组合，所以被称之为"木质套装门"。木质套装门的产品的特征是：在工厂已经完成包括表面涂饰在内的产品制造全过程，运到现场安装即可。安装好的木质套装门正面外形见图 10.1，侧面外形见图 10.2。

当前我国木门行业流行的典型门套产品结构主要有 7 种，见表 10.1。

木质门扇以造型分类，可分为板式门扇和欧式门扇。

所谓板式门扇，就是以木材或人造板为骨架，以人造板为门板，表面不采用造型压线（装饰木线）的平板式门扇。板式门扇是流行较早的一种产品，其产品的特点是简洁大方。当前，板式门扇已经成为十分流行的简约风格代表性产品。

而欧式门扇是对门扇表面利用造型压线构造出形状各异的门面优美图案，其压线本身的断面也可利用直线与曲线的结合与变化而产生出无数种造型，这

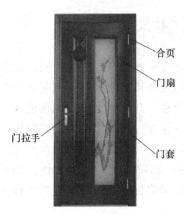

图 10.1　木质套装门正面外形

图 10.2　木质套装门侧面外形

种图案与造型的结合，构成了门扇设计的实质内容。

表 10.1　门套产品结构

编号与名称	结构形式	结构特点
A 型	门挡线　门套板　门套线	①制作相对简单； ②生产成本较低； ③无法在门套板上设计造型，其造型只能体现在门套线上
B 型	门套板　门套线	①制作相对简单； ②需要较厚的人造板材； ③较 A 型多了一个造型元素，既可在非门口一侧门套板端铣出较大圆弧造型，也可在门套线上造型
C 型	主门套板　副门套板　门套线	①制作相对复杂； ②耗料较多但坚固； ③造型元素相对较少，只能在门套线上造型
D 型	主门套线　门挡线　副门套线　门套线	①制作相对复杂； ②门套宽度调整余地大； ③造型元素相对较少，只能在门套线上造型

续表

编号与名称	结构形式	结构特点
E 型	主门套板　副门套板　门套线	①制作相对复杂； ②需要较厚的人造板材； ③可造型元素较多，既可在非门口一侧门套板端铣出圆弧造型，也可在门套线上造型。 ④单侧门套线与门套板预先固定在一起
F 型	门套线　门套板	①结构简单； ②门套板上无可造型元素，只能在门套线上造型。 ③单侧门套线与门套板预先连接成一个整体
G 型	主门套板+门套线（组合体）　副门套板　门套线	①制作相对简单； ②可造型元素少，只能在门套线上进行造型。 ③单侧门套线与门套板预先连接成一个整体

10.3.2 常用木窗的基本构造

(1) 木窗由窗框、窗扇组成

木窗的连接构造与门的连接构造基本相同，都是采用榫接合。按照规矩，是在梃上凿眼，冒头上开榫。如果采用先立窗框再砌墙的安装方法，应在上下冒头两端各留出 12mm 的走头。

玻璃窗按其开启的方式主要有平开窗和悬窗。窗框上截口须根据窗扇开启方式决定。

(2) 装饰窗常见式样

① 固定式装饰窗：没有可活动开闭的窗扇，窗棂直接与窗框相连接。

② 开启式装饰窗：可分为全开启式和部分开启式两种。部分开启式也就是装饰窗的一部分是固定的，另一部分可以开闭。

10.3.3 平开门安装施工方法

(1) 安装准备

① 工具准备：手电钻、水平尺、铅垂、大号螺丝刀、橡胶锤、发泡胶枪、

可调长度横向支撑杆等；

② 材料准备：门套及门扇、发泡胶、建筑胶、连接螺钉、木楔等；

③ 对安装现场进行清理，确保环境整洁，无杂乱、无交叉作业；

④ 注意对墙面、地面、物品等加保护措施；

⑤ 与客户核对门扇开启方向；

⑥ 依据测量单上的房名、尺寸数据，把门和套放在相对应的房间内；

(2) 门套组装

① 洞口检查：检查洞口，对影响胶黏剂附着力的腻子、水泥浮灰等剔除掉，以确保发泡胶与墙体的牢固粘接。

② 拆开包装并进行产品表面质量检查：在打开包装时，禁止采用刀具由外向里划开包装物，以防止划伤产品。注意门套与门扇产品的油漆表面不要相互直接接触，避免造成油漆表面擦痕。同时，还要检查门套与门扇产品表面是否有制造缺陷和搬运过程中造成的损坏，如有，须现场整修或返厂进行修理。

③ 密封胶条安装：首先采用螺丝刀和干净抹布清理掉密封胶条槽内在加工过程中遗留的杂物，在密封胶条的端头部分插入槽内一侧涂乳白胶或玻璃密封胶，将密封胶条捋直塞入密封胶条槽中。

(3) 门套板组装、置入与定位

① 横、竖门套板的连接：将三块门套板连接成"门"字形。其连接方法见图 10.3。

② 门套置入洞口：注意保持两块竖门套板的平行然后置入洞口内，见图 10.4，在门套的顶部端头部位用两个木楔塞紧防止走位，见图 10.5。

图 10.3　横、竖门套板连接　　　图 10.4　门套板置入　　　图 10.5　用木楔固定门套板

③ 加支撑架：采用可调长度的支撑架或与门的宽度相当的木方对门套采取横向支撑，见图 10.6。为保护门套板表面，应在支撑杆的端部加软垫或在支撑点上加垫面积较大的木板，以避免在门套板表面造成凹坑或划痕等损伤。

④ 门套水平与垂直度调整：采用水平尺和线坠对门套进行水平度、垂直度、与墙体的平行度及里外位置调整，调整好后，在竖门套板的每一侧缝隙中用皮锤各打入 5 个木楔对门套进行夹紧固定，这 5 个木楔的位置分别是门套

上、下两端，合页处和安锁处。注意木楔不要过重地敲入，以免造成门套板变形和防止对横向支撑杆处的门套板产生压痕。

（4）施发泡胶固定门套

① 因为发泡胶的膨胀力很强，因此发泡胶不能在门套板与墙体之间的胶缝中打满，应在横门套板上方打 3～5 个点，在侧板中打 5～7 个点，每个点的打胶高度不小于 150mm。

② 施胶前，用手紧握住罐身中部，沿着罐身横向方向用力震摇数下，以使胶罐内物质充分混合。

③ 去掉发泡剂螺纹圈上阀门的保护皮盖，取下发泡枪上的清洗剂，顺着螺纹把发泡剂罐身装到发泡枪的接口上。

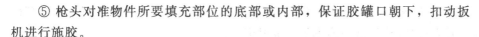

图 10.6 门套板的
横向支撑

④ 握紧发泡枪手把，确保料罐置于上方，发泡枪在料罐的下方，打开发泡枪后部的流量调节阀。

⑤ 枪头对准物件所要填充部位的底部或内部，保证胶罐口朝下，扣动扳机进行施胶。

施胶操作方法见图 10.7 与图 10.8。

图 10.7 对竖门套板施发泡胶

图 10.8 对横门套板施发泡胶

⑥ 发泡胶必须打在墙体和门套板之间，发泡胶一般填充空隙的 1/2 即可。

⑦ 施工完毕后，应等胶黏剂不粘手时把黏附在门套表面墙体上的胶黏剂清理掉。

⑧ 为了确保发泡胶胶粘的牢固性，应在施胶后 1h 后待发泡胶基本固化后再拆下横向支撑并锯掉多余的凸出木楔，用壁纸刀割下突出墙外的发泡胶。

⑨ 在门套板的槽内打入少量透明玻璃密封胶，将门套线插入。插入门套

线的方式为两种：一种是横竖门套线不是连接在一起，而是单根分别插入门套板槽中，这种插入法为横门套板与竖门套板呈直角对缝；另一种是把一横两竖门套线连接在一起，然后将三块门套线一起插入门套板的插板槽中，这种情况是横竖门套线采用45°连接，其连接方式为拉米诺隐形连接件。门套线插入时应尽量使门套线上的脸线与墙体靠严。

　　⑩ 在门套线与墙体接触形成的缝隙处用透明玻璃密封住，注意密封胶线要均匀一致、连续无脱节。

　　⑪ 厨房和卫生间等经常处于潮湿状态的场所，应在门套线下端与地面间留出 3～5mm 间隙，然后注入玻璃密封胶防水，防止门套线下端的腐朽和变形。

10.3.4　吊轨式推拉门的安装方法

(1) 轨道的定位与固定

　　① 吊顶结构的处理：若推拉门安装处的上端为吊顶结构，在吊顶时应在安装推拉门处预埋一条 15cm 宽的集成材或实木板条，以便固定上轨。

　　② 吊梁的安装：如果房间举架太高，为了美观可做一道吊梁，安装顶轨的位置要预埋 15cm 宽实木或集成材板条。

　　③ 墙体厚度要求：内置双轨的墙体厚度＞95mm。

　　④ 内置、外挂推拉门，滑轨固定位置的高度：门扇高度＋75～80mm。

　　⑤ 内置轨道的固定方式：准确地将滑轨放入洞口顶部，当顶棚为混凝土时，用冲击钻在水平的顶墙上钻孔，用膨胀螺钉将滑轨固定在顶墙上；当顶棚为预埋的木质材料时，应采用木螺钉拧入，应保证滑轨的水平和牢固。

　　⑥ 外挂轨道的固定方式：在洞口上方离地面（门扇高度＋45mm）的高度划水平线，将外挂角码固定在水平线上，承重墙上角码间距为 500mm，在空心或装饰墙上角码间距为 400mm，空心墙上必须有预埋固定件。

　　⑦ 连接：用连接螺钉将滑轨固定在墙体上。

(2) 吊轨式推拉门的安装与调试

　　① 限位块与滑轮的安装：将限位块和滑轮按照正确方向和次序分别从滑轨两侧置入轨道内，同时使用螺钉将限位块固定好。

　　② 上滑轨的安装：用螺钉将上滑轨固定。

　　③ 门扇的安装：将门扇略倾斜一定角度，将其顶部的吊杆与滑轨内的滑轮连接。

　　④ 门扇底边水平调整：调节螺母使门扇垂直，保证门扇底边与地面水平。

　　⑤ 导向柱的固定：在门扇垂直的情况下，门底部滑槽对应的地板上打上胀塞孔，使用螺钉将导向柱固定在地板上，每个门扇底部固定一个，同时保证

每扇推拉门相互之间平行。

⑥ 门扇综合调整：调整悬挂螺母，同时观察门扇的上下、左右的间距，使门扇上下水平，与地板间隙适当，门扇的左右两侧垂直。

(3) 吊轨式推拉门其他附件的安装

① 应安装附件：侧套和侧套扣板。

② 门套安装要求：门套两侧套应保持垂直，横套应保持水平，安装须牢固。

③ 门扇调整：调整悬挂螺母使门扇垂直，同时观察门扇的左右的间距，调整侧套板使门扇与侧套间隙紧密。

④ 门套安装：在哑口门套内安装推拉门时，哑口门套安装的高度必须依据推拉门的安装高度进行安装。

10.3.5　地轨式推拉门的安装方法

(1) 轨道的定位与固定

① 墙体厚度要求：内置双轨的墙体厚度＞66mm。

② 地轨式推拉门上滑轨的高度：门扇高度＋40～45mm。

③ 内置轨道的固定方式：将地轨式推拉门的上滑轨放入洞口顶部，在水平的顶面上钻孔，用膨胀螺钉将滑轨固定在顶墙面上，保证滑轨的水平和牢固。

④ 滑轨的固定：将地轨式推拉门的下滑轨放入洞口地面，在水平的地面上钻孔，用膨胀螺钉将滑轨固定在地面上，保证滑轨的水平和牢固。

(2) 地轨式门扇的安装与调试

① 上滑轨的固定：将地轨式推拉门的上滑轨放入洞口顶部，在水平的顶面上钻孔，用膨胀螺钉将滑轨固定在顶墙面上，保证滑轨的水平和牢固。

② 导向轮调整：根据上滑轨的活动间隙，调整门扇上的导向轮，使其能够自由活动。

③ 门扇安装：将推拉门略倾斜一定角度，先将门扇顶部导向轮装入上滑轨内，将门轻轻抬起，再将门扇上的下滑轮放入下滑轨的槽内，使门扇能够左右活动。

④ 门扇垂直度与水平度调整：在门扇完全装好后，调节门扇底部两侧的滑轮调节螺钉，使用内六角扳手细调，使门扇上下水平，左右垂直。

⑤ 门扇间隙调整：调整下滑轮的同时，查看门扇上下、左右的缝隙，使上下均匀、左右缝隙紧密。

(3) 地轨式推拉门其他附件的安装

① 地轨式推拉门附件：侧门套、下滑轨盖板。

② 侧套板与门扇关系调整：调整下滑轨螺母使门扇垂直，同时观察门扇

的左右的间距，调整侧套板使门扇与侧套间隙紧密。

③ 下滑轨盖板安装：安装下滑轨盖板一定平整、牢固。

④ 哑口门套安装要求：门套安装时，门套的两侧套应垂直，横套应水平，安装应牢固。

⑤ 哑口门套的安装高度：在哑口门套内安装推拉门时，哑口门套安装的高度必须依据推拉门的安装高度进行安装。

10.3.6　地面轨道安装处理

① 瓷砖地面：当地面材料为瓷砖时，可采用建筑胶将底轨直接粘贴在地砖上；若采用膨胀螺钉固定时，应先把宽胶带粘贴在打孔处再行开孔，以避免造成瓷砖炸裂。

② 地毯地面：当地面材料为地毯时，5mm 厚度以上的地毯将所在位置的地毯裁掉直接固定下轨；5mm 厚度以下的地毯可直接用螺钉把滑轨固定在地毯上。

③ 木地板与瓷砖相结合的地面：当推拉门的位置正好处于木地板与瓷砖相结合的地面上时，应尽量将下轨安装在一种材料上；若必须安装在两种材料上时，应在两种材料中间另加一条与下轨同宽的实木或集成材板条。

10.3.7　木质套装门安装常见问题及处理方法

(1) 平开门扇的下垂

① 门扇下垂表现：门扇与门套缝隙上宽下窄、门扇下端与地面间隙过小。

② 处理方法：需重新调式或安装。如下垂严重在重新进行安装后仍无法调试到位，则可视为制造质量问题而需重新制作。

(2) 门扇变形

① 门扇变形表现：门扇的上端或下端有一端关不严。

② 处理方法：门扇变形 3mm 以内可现场调试解决；若超出 3mm 可重新拆装解决；如拆装仍不能解决需要拉回工厂重新制作。

(3) 门扇开裂、起皮

① 门扇开裂、起皮表现：开裂即某一局部表面产生缝隙；起皮则是指表面装饰层因为开胶而离开基材。

② 处理方法：门扇发生开裂、起皮时，若较轻，可进行现场修复；若较重，须返厂修理。

(4) 门扇开关不灵活

① 开关不灵活表现：具体表现为开、关门扇费劲，明显有较大阻力。

② 处理方法：若为推拉门扇，则需对门扇下部或轨道内黏附的异物进行清理，对滑轮进行重新调整；若为平开门扇，则需清理、调整好门铰链，加适量润滑油。

10.3.8　新型木窗的安装说明

(1) 安装前木窗产品的质量控制

① 检查进场木窗的外观，看产品表面是否颜色均匀，是否有污损情况存在。如果产品表面稍有色差，可考虑将颜色相近的窗户调配安装在一起，保证相邻窗户的色差不太大；如色差太大，且无法调配的，要及时上报，尽快寻求合理的处理办法。产品表面如有污损情况存在，如果不严重，安装人员可现场处理，现场人员无法处理的，要及时上报，交与生产商处理。总之，合格的木窗产品质量是保证木窗安装质量的前提。

② 检查产品的五金配件是否配齐。如有缺损情况存在，应及时上报，因为有些配件有可能是定制的，有一定的生产周期。及时配齐五金件，才能保证安装的有序进行。

③ 按图纸要求认真核对窗户的型号、规格、配件及开启方向等，一旦发现问题，及时上报，以采取相关的补救措施。

④ 先将门窗和配件按门窗上所标的幢号摆放到该楼指定的房间内，便于集中管理。注意要堆放平整，以防扭曲变形。在安装前，将窗户按楼层、房间摆放到位。

(2) 成品的保护

在成品的保护方面，应做好以下几项工作：

① 木窗产品在制作、运输、安装过程中，应加强产品保护，产品表面的硬纸板包装在安装前不得随意撕开，面层粘贴的保护膜在安装结束前不得随意撕开。

② 对撕掉保护纸后的木窗一定要做好保护工作，严禁土建施工时随意敲打或在窗框上搭脚手架；不得由窗口运送砂浆等建筑材料或由窗口抛掷建筑垃圾，以避免污染木窗表面；门窗扇上如粘有水泥污浆，应在其硬化前用湿布擦干净，不得使用硬质材料铲刮窗框、扇的表面。

10.3.9　铝木复合窗的安装

(1) 安装说明

由于铝木窗为高档产品，特别是油漆后的铝木窗同家具一样，容易出现磕碰划伤现象。因此，铝木窗运输和安装过程中以及安装后的成品保护显得异常重要。为了做好铝木窗安装后的成品保护，在建筑施工过程中，铝木窗安装工期越靠后越好。

通常采用钢副框安装工艺。所谓"钢副框"，就是一把"方尺"。提前把"方尺"安装到毛坯洞口上，用来定位洞口尺寸及洞口位置。有了这把"方尺"，瓦工可以方便抹灰，门窗厂也可以提前按照这把"方尺"做窗。

洞口抹灰后，土建队伍可以先做外墙装修和室内地面以及内墙抹灰，上面全部工作结束后再进行铝木窗安装。因为铝木窗安装后室内瓦工作业已经很少了，成品保护就会好很多。

铝木窗安装通常采用固定铁片和胀管螺钉两种方法固定窗框。由于铝木窗安装时外墙装修和洞口抹灰已经结束，所以用固定铁片固定只能用单面固定铁片，而且在室内侧墙面还需要刨出小坑，将固定铁片固定在坑内，最后需要将小坑抹平。用胀管螺钉固定简单一些，但提前安装好玻璃的固定窗需要现场卸掉玻璃，同时安装胀管螺钉处的扣盖会稍微影响美观。图 10.9 和图 10.10 为两种不同的安装节点图。

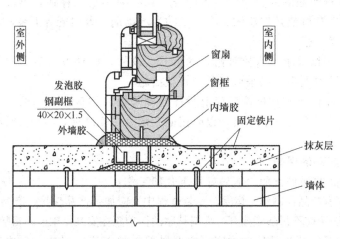

图 10.9   用固定铁片安装（钢副框安装工艺）

(2) 安装操作规程

① 安装前安装人员要对照木窗表认真校验木窗，进行安装交底。

② 安装前，实测洞口尺寸并划分定位中线。洞口不合格者，不能安装。

③ 安装过程中门窗搬运要做到捆绑结实、垫物柔软、码放有序、轻拿轻放，坚决杜绝磕碰、划伤等现象发生。

④ 均匀放置调整木楔，调整铝木窗水平、垂直度，公差控制在 1.5mm/m之内。

⑤ 框四角距内角150mm 处必须安装胀管螺钉或固定铁片。

⑥ 框内胀管螺钉或固定铁片间隔不超过 350mm，均匀安置。

⑦ 窗框与洞口间隙需饱满填充 PU 发泡胶。

⑧ 待发泡胶固化后，撤掉调整木楔，木楔空洞处需补打发泡胶填实。

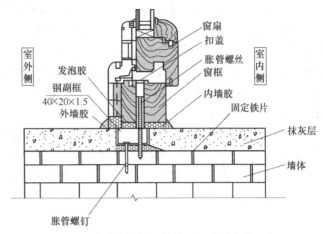

图 10.10　用胀管螺钉安装（钢副框安装工艺）

⑨ 发泡胶固化后，再均匀打室外和室内建筑密封胶。

10.4　木质楼梯施工技术

楼梯是建筑空间垂直交通的承载构件，同时也是室内设计及施工的重点部位。按其方向性可分为单向、双向楼梯等形式；按其构成形式可分为直线型、曲线型、旋转型等形式；按其材质可分为木楼梯、玻璃栏河、不锈钢栏河等形式，也包括不同材质的综合设计。

10.4.1　木楼梯施工工艺

(1) 木楼梯的组成

当前用木质材料加工和制作的楼梯，一般是装饰性小型楼梯。楼梯扶手、立柱和栏杆，市场上均有成品出售，其造型形式和艺术风格可与木质护墙板、木质材料吊顶、硬质木板装饰大门及木质家具等相协调。

木质楼梯一般是由踏脚板、踢脚板、平台、斜梁、楼梯柱、栏杆和扶手等几部分构件组成。其中，楼梯斜梁是支撑楼梯踏步的大梁；楼梯柱是设置扶手的立柱；栏杆和扶手设置在梯级和平台临空的一边，高度一般为 900～1100mm。

(2) 木楼梯的构造

① 明步楼梯。明步楼梯主要是指其侧面外观有脚踏板和踢脚板所形成的齿状阶梯，属于外露型楼梯。它的宽度以 800mm 为限，超过 1000mm 时，中间

需加一根斜梁，在斜梁上安装三角木。三角木可根据楼梯坡度及踏步尺寸预制，在其上面铺钉踏脚板和踢脚板，踏脚板的厚度为 25～35mm，踢脚板的厚度为 20～30mm，踏脚板和踢脚板用开槽的方法接合。如果设计无挑口线，踏脚板应挑出踢脚板 20～25mm；如果有挑口线，则应挑出 30～40mm。为了防滑和耐磨，可在踏脚板上口加钉金属板。踏步靠墙处的墙面也需做踢脚板，以保护墙面并遮盖竖缝。

在斜梁上镶钉外护板，用以遮斜梁和三角木的缝且使楼梯的外侧立面美观。斜梁的上、下两端做吞肩榫，与楼格栅（或平台梁）及地格栅相结合，并用铁件进一步紧固。在底层斜梁的下端也可做凹槽压在垫木上。明步楼梯的构造如图 10.11 所示。

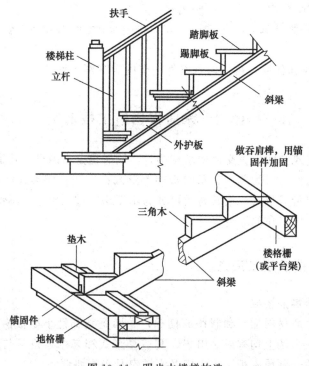

图 10.11　明步木楼梯构造

② 暗步楼梯。暗步楼梯是指其斜梁遮盖踏步，其侧立面外观不见梯级的楼梯。暗步楼梯的宽度一般可达 1200mm。其结构特点是在安装踏脚板一面的斜梁上凿开凹槽，将踏脚板和踢脚板逐块镶入，然后与另一根斜梁靠拢敲实。踏脚板的挑口线做法与明步楼梯相同，但是踏脚板应比斜梁稍有缩进。楼梯背面可做成板条抹灰或铺钉纤维板等，完成后再进行其他饰面处理。暗步楼梯的构造如图 10.12 所示。

③ 栏杆与扶手。

a. 楼梯栏杆。楼梯栏杆既是安全构件，又是装饰性很强的装饰构件，所以一般加工成方圆多变造型的断面。在明步楼梯的构造中，木栏杆的上端做凸榫插入扶手，下部也是做成凸榫插入踏脚板；在暗步楼梯中，木栏杆的上端凸榫也是插入扶手，其下端凸榫则是插入斜梁上压条中，如果斜梁不设压条则直接插入斜梁。木栏杆之间的距离，一般不超过 150mm，有的还在立杆之间加设横档连接。在传统的木楼梯中，还有一种不露立杆的构造，称为实心栏杆，其实就是栏板，其构造做法是将板墙木筋钉在楼梯斜梁上，再加横撑加固，然后在骨架两边铺钉胶合板或纤维板，以装饰

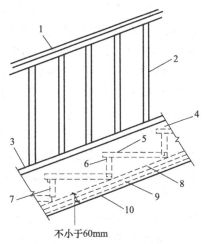

图 10.12　暗步木楼梯构造
1—扶手；2—立杆；3—压条；4—斜梁；
5—踏脚板；6—挑口线；7—踢脚板；
8—板条筋；9—板条；10—饰面

线脚盖缝。还有一种比较流行的做法是用铁艺花饰做栏杆，下端用螺钉固定在斜梁或踏脚板上，上端用螺钉与扶手相连接固定，最后做油漆涂饰。

b. 扶手。楼梯木扶手的类型主要有两种：一种是与木楼梯组合安装的栏杆扶手；另一种是不设楼梯栏杆的靠墙扶手。

(3) 木楼梯施工

传统的全木质楼梯由于其斜梁是木质的会有弹性，缺乏刚度，目前已很少制作使用，现在流行的做法是在水泥预制楼梯上铺设木板，然后安装木扶手。

① 施工前的准备。

a. 勘察现场建筑构造情况，确定楼梯各部位装修部件尺寸、形状、用量及安装要点。

b. 材料准备：木材要求纹理顺直、无大的色差，不得有腐朽、裂缝、扭曲等缺陷；含水率≤12%。

踏板一般使用 25mm 厚硬杂木板，宽度、长度及用量决定于现场实际情况（一般楼梯踏步宽度为 300mm，阶梯差为 150～170mm）。预埋件多用金属膨胀螺栓及型材等。

c. 施工机具：冲击钻、手锯、凿、锤子、刨等木工机具。

② 工艺流程。

安装预埋件→楼梯木构件制作→安装木踏板→安装木护栏→安装木扶手→收口封边。

  a. 安装预埋件：用冲击钻在每级台阶的踏板两侧各钻两个 ϕ10mm、深 40～50mm 的孔；在每级台阶踏步立板两侧相应位置各钻两个 ϕ10mm、深 40～50mm 的孔，分别打入木楔，修整平；考虑栏河固定后的强度，建议在原建筑地面之间预埋金属膨胀螺栓，以便与栏河立柱进行紧固。

  b. 楼梯木构件制作：按实际要求将木板加工成适合楼梯台阶宽度的木踏板、踏步立板。在木踏板一侧，按照护栏的结合部位榫头大小情况，开制出燕尾榫孔。在榫孔外侧、木板边缘做出 45°角封边口和封边条。将木护栏的两端分别开出榫头，与踏板结合端开燕尾榫头，与木扶手结合端开出直角斜肩榫头，斜肩的斜度与楼梯的坡度一致。护栏的高度正常值为 900mm。木扶手加工，要先加工成方形或长方形，按照预装木护栏的尺寸间距画出榫孔大小、斜度，然后打孔、试装，合格后再将木扶手加工成设计形态。

  c. 安装木踏板：将木踏板用 50mm 气钉顺木纹方向固定于木楔内，同时将踏步立板固定于预埋木楔内，并将踏板与踏步板固定一起。现今还有应用新型地板粘接剂——丙烯酸类专用胶粘接的情况，即直接将踏步及立板粘接于水泥地面上。

  d. 安装木护栏：将木护栏开燕尾榫头一端打入踏板孔内，同时施胶，用气钉横向与踏步板连接固定。安装后注意保证护栏的垂直度。

  e. 安装木扶手：将木扶手上所有榫眼与木护栏上所有榫头逐一对正并施胶后，由一侧轻轻敲入榫眼。敲打时注意避免敲伤木扶手表面。

  f. 收口封边：将木踏板向外侧木扶手一端的预制 45°角封边条，施胶后用气钉钉入踏板边缘，顺木纹钉入木内。如图 10.13 所示。

10.4.2 楼梯木扶手施工工艺

  楼梯木扶手作为上、下楼梯时的依扶构件，主要有两种类型：一种是与楼梯组合安装的栏杆扶手；另一种是不设楼梯栏杆的靠墙扶手。木扶手的形式多样，做工精细，讲究用料，手感舒适。其截面如图 10.14 所示。

(1) 施工准备

  ① 材料准备。楼梯木扶手及扶手弯头应选用经干燥处理的硬木，如水曲柳、柳桉、柚木、樟木和榉木等，市场上有加工成规格的成品出售，其树种、规格、尺寸、形状要符合设计要求。木材质量要好，纹理要顺直，颜色要一致，不能有腐蚀、节疤、裂缝和扭曲等缺陷，含水率不得大于 12%。弯头木料一般采用扶手料，以 45°角断面相接，断面特殊的木扶手按设计要求准备弯头料。粘接材料一般用聚乙酸乙烯（乳白胶）等化学胶黏剂。还要准备好木螺钉、木砂纸和加工配件等。

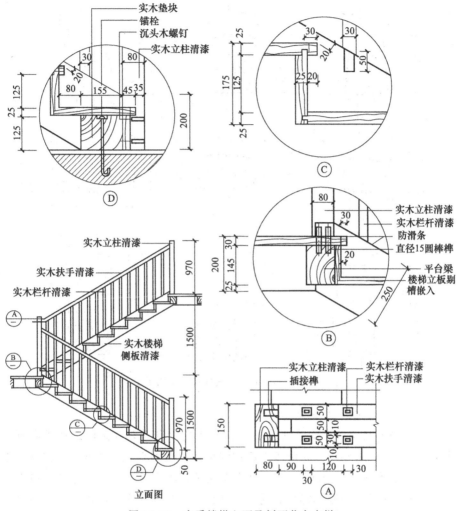

图 10.13 木质楼梯立面及剖面节点大样

② 注意事项。安装前楼梯间的墙面、楼梯踏板等抹灰应全部完成，栏杆和靠墙扶手的固定预埋件应安装完毕，各支撑部位的锚固点必须稳定、牢固，木扶手的锚固点可预先在主体结构上埋铁件，然后将扶手的支撑部位与铁件连接。

③ 工具准备。同装饰木工机具。

(2) 工艺流程

画线→木扶手、弯头制作→预装与连接→固定→修整。

① 画线是为确定安装扶手固定件的准确位置、坡度、标高，定位校正后弹出扶手纵向中心线。楼梯栏板和栏杆顶面，画出扶手直线段与折弯段的起点和中点的位置。根据折弯位置、角度，画出折弯或割角线。

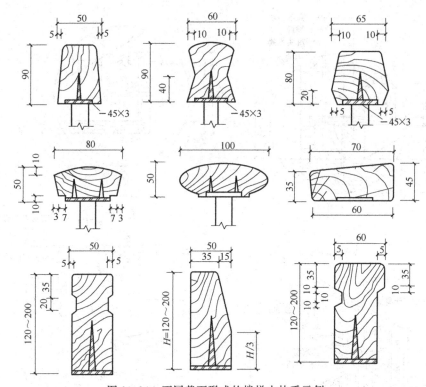

图 10.14　不同截面形式的楼梯木扶手示例

② 木扶手、扶手弯头制作：

a. 木扶手制作：木扶手具体形式和尺寸应按设计要求制作。扶手底开槽深度一般为 3～4mm，宽度依所用扁铁的尺寸，但不得超过 40mm，在扁铁上每隔 300mm 钻孔，一般用 30mm 高强自攻螺钉固定。木扶手制作前，应按设计要求做出扶手的横断面样板。将扶手底刨平、刨直后画出断面，然后将底部的木槽刨出，再用线刨依顶头的断面线刨出成型，刨时注意留出半线余地，以免净面时亏料。

b. 扶手弯头的制作：在弯头制作前应做足尺样板。做弯头的整料先斜纹出方，然后按样板画好线，用窄条锯锯出锥形毛料，毛料尺寸一般比实际尺寸大 10mm 左右。

当楼梯栏板与栏板之间距离 ≤200mm 时，可以整只做；当之间距离 >200mm 时可以断开做，一般弯头伸出的长度为半踏步。

先把弯头的底做准，然后在扶手样板顶头画线，用一字刨刨平。注意要留线，防止与扶手连接时亏料。

③ 预装与连接：预装扶手应由下往上进行。首先预装起步弯头，再接扶

手，进行分段预装粘接，粘接操作时环境温度≥5°，其高低要符合设计要求。

④ 固定：分段预装检查无误后，进行扶手与栏杆（栏板）的固定，扶手与弯头的接头在下边做暗榫，或用铁件铆固，用胶粘接。与铁栏杆连接用的高强自攻螺钉应拧紧，螺母不得外露，固定间距≤400mm。木扶手的厚度或宽度超过70mm时，其接头必须做暗榫，安装必须牢固。

⑤ 修整：全部安装完后，要对接头处进行修整。根据木扶手坡度、形状，用扁铲将弯头加工成型，再用小刨子（或轴刨）刨光。不便用刨子的部位，应用细木锉锉平、找顺磨光，使其坡度合适，弯曲自然，断面一致，最后用砂纸全面磨光。

(3) 质量要求

① 扶手安装完毕，刷一遍干性油，防止受潮变形。注意成品保护，不得碰撞、刻划。

② 当扶手较长时，要考虑扶手的侧向弯曲，在适当的部位加设临时立柱，缩短其长度，以减少变形。

③ 木扶手安装必须牢固。扶手与栏杆，栏杆与踏步，尤其是扶手末端与堵、柱的连接处，必须安装牢固，不能有松动的现象。如有松动会使人感到不安全，必须返工予以固定。

10.5 木质护墙板施工技术

木质材料装饰墙面，是高级装饰施工中的一种施工方法，它除了有很好的装饰美化作用外，还可以提高墙体的吸声和保温隔热功能，而且易清洁。由于实木、人造板材及其收边线条具有色彩绚丽、纹理多变、质感强烈、造型图案层次丰富的特点，可使装饰物尽显高雅、华贵。

根据木质护墙板的高度可分为全高整体护墙板和局部墙裙，如图10.15和图10.16所示。根据材料特点，又可分为实木装饰板、木胶合板、木质纤维板、细木工板和其他人造板等不同品种木质板材护墙板。木护墙板与木吊顶的构造相似，多以木质材料作龙骨。其饰

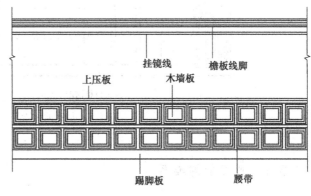

图 10.15 局部木墙面

面板有木板、胶合板及企口板。三合板有胡桃木、樱桃木、沙贝利等。

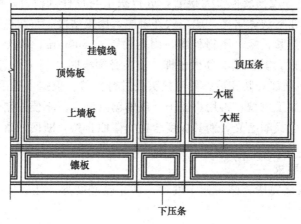

图 10.16　整体木墙面

面板上面使用装饰木线条按设计要求钉成装饰起线压条，如头、腰带、立条和造型圈案，其表面如图 10.17 所示。

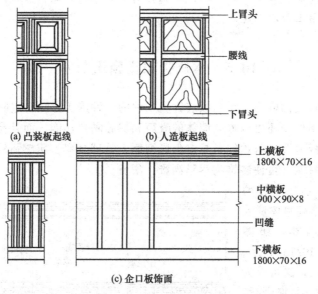

图 10.17　木质护墙示例

10.5.1　施工前的准备

① 墙体结构的检查：一般墙体的构成可分为砖混结构、空心砖结构、加

气混凝土结构、轻钢龙骨石膏板隔墙、木隔墙。不同的墙体结构,对装饰墙面板的工艺要求也不同,因此要编制施工方案,并对施工人员做好技术及安全交底,做好隐蔽工程和施工记录。

② 主体墙面的验收:用线锤检查墙面垂直度和平整度。如墙面平整误差在 10mm 以内,采取垫灰修整的办法;如误差大于 10mm,可在墙面与木龙骨之间加木垫块来解决,以保证木龙骨的平整度和垂直度。

③ 防潮处理:在一些比较潮湿的地区,基层需要做防潮层。在安装木龙骨之前,用油毡或油纸铺放平整,搭接严密,不得有褶皱、裂缝、透孔等弊病;如用沥青做密实处理,应待基层干燥后,再均匀地涂刷沥青,不得有漏刷。铺沥青防潮层时,要先在预埋的木楔上钉好钉子,做好标记。

④ 电气布线:在吊顶吊装完毕之后,墙身结构施工之前,墙体上设定的灯位、开关插座等需要预先抠槽布线,敷设到位后,用水泥砂浆填平。

⑤ 材料的准备:木龙骨、底板、饰面板材、防火及防腐材料、钉、胶均应备齐,材料的品种、规格、颜色要符合设计要求,所有材料必须有环保要求的检测报告。

对于未做饰面处理的半成品实木墙板及细木装饰制品(各种装饰收边线等),应预先涂饰一遍底漆,以防止变形或污染。

⑥ 工具的准备:同木吊顶施工工艺的工具准备。

⑦ 严格遵守 JGJ 46—2005《施工现场临时用电安全技术规范》《建筑工程施工安全技术操作规程》、GB 50325—2010《民用建筑工程室内环境污染控制规范》等相关规定。

10.5.2 施工操作步骤

基层处理→弹线→检查预埋件(或预设木楔)→制作木骨架(同时做防腐、防潮、防火处理)→固定木骨架→敷设填充材料→安装木板材→收口线条的处理→清理现场。

(1) 基层处理
不同的基层表面有不同的处理方法。

一般的砖混结构,在龙骨安装前,可在墙面上按弹线位置用 $\phi16\sim20$mm 的冲击钻头钻孔,其钻孔深度不小于 40mm。在钻孔位置打入直径大于孔径的浸油木楔,并将木楔超出墙面的多余部分削平,这样有利于提高护墙板的安装质量。还可以在木垫块局部找平的情况下,采用射钉枪或强力气钢钉把木龙骨直接钉在墙面上。

基层为加气混凝土砖、空心砖墙体时,先将浸油木楔按预先设计的位置预埋于墙体内，并用水泥砂浆砌实，使木楔表面与墙体平整。

基层为木隔墙、轻钢龙骨石膏板隔墙时，先将隔墙的主、副龙骨位置画出，与墙面待安装的木龙骨固定点标定后，方可施工。

（2）弹线

如图 10.18 所示，弹线的目的有两个：一个是使施工有了基准线，便于下一道工序的施工；另一个是检查墙面预埋件是否符合设计要求，电气布线是否影响木龙骨安装位置，空间尺寸是否合适，标高尺寸是否改动等。在弹线过程中，如果发现有不能按原来标高施工、不能按原来设计布局的问题，应及时作出设计变更，以保证工序的顺利进行。

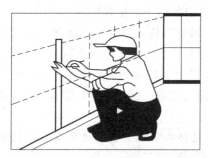

图 10.18 弹画垂直分格线

① 护墙板的标高线：确定标高线最常用的方法是用透明软管注水法，详见本章 10.2.1。

首先确定地面的地平基准线。如果原地面无饰面，基准线为原地平线；如果原地需铺石材、瓷砖、木地板等饰面，则需根据饰面层的厚度来定地平基准，即原地面基础上加上饰面层的厚度，然后将定出的地平基准线画在墙上，即以地平基准线为起点，在墙面上量出护墙板的装修标高线。

② 墙面造型线：先测出需做装饰的墙面中心点，并用线锤确定中心线。然后在中心线上，确定装饰造型的中心点高度。再分别确定出装饰造型的上线位置和下线位置，左边线的位置和右边线的位置，最后分别通过线锤法、水平仪或软管注水法，确定边线水平高度的上、下线的位置，并连线而成。

如果是曲面造型，则需在确定的上下、左右边线中间预做模板，附在上面确定；还可通过逐步找点的方法来确定墙面上的造型位置。

（3）检查预埋件

检查墙面预埋的木楔是否平齐或者有损坏、位置及数量是否符合木龙骨布置的要求。

（4）制作木龙骨架

安装的所有木龙骨要做好防腐、防潮、防火处理。木龙骨架的间距通常根据面板模数或现场施工的尺寸而定，一般为 400~600mm。在有开关插座的位置处，要在其四周加钉龙骨框。通常在安装前，为了确保施工后面板的平整度，达到省工省时、计划用料的目的，可先在地面进行预拼装。要求把墙面上需要分片或可以分片的尺寸位置标出，再根据分片尺寸进行拼接前的安排。具体工艺详见本章 10.2.2。

(5) 固定木龙骨架

先将木龙骨架立起后靠在建筑墙面上，用线锤检查木龙骨架的平整度，然后把校正好的木龙骨架按墙面弹线位置进行固定。固定前，先看木龙骨架与建筑墙面是否有缝隙，如果有缝隙，可用木片或木垫块将缝隙垫实，再用圆钉将木龙骨与墙面预埋的木楔做几个初步的固定点，如图 10.19 所示。然后拉线，并用水平仪校正木龙骨在墙面的水平度是否符合设计要求。经调整准确无误后，再将木龙骨钉实、钉牢固。

在砖混结构的墙面上固定木龙骨，可用射钉枪或强力气钢钉来固定木龙骨，钉帽不应高出木龙骨表面，以免影响装饰衬板或饰面板的平整度。

在轻钢龙骨石膏板墙面上固定木龙骨，将木龙骨连接到石膏

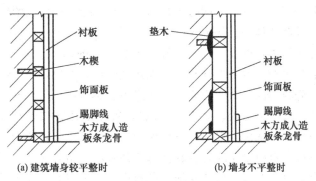

(a) 建筑墙身较平整时　　　　(b) 墙身不平整时

图 10.19　木龙骨与墙身的固定

板隔断中的主、副龙骨上，连接时可先用电钻钻孔，再拧入自攻螺钉固定，自攻螺钉帽一定要全部拧放到木龙骨中，不允许螺钉帽露出。

在木隔断墙上固定木龙骨时，木龙骨必须与木隔墙的主、副龙骨吻合，再用圆铁钉或气钉钉入；在两个墙面阴、阳角转角处，必须加钉竖向木龙骨。

作为装饰墙板的背面结构，木龙骨架的安装方式、安装质量直接影响到前面装饰饰面的效果。在实际现场施工中，常用木骨架的截面尺寸有 30mm×40mm 或者 40mm×60mm；也可以根据现场的实际情况，采用人造夹板锯割成板条替代木方作龙骨。因装饰板的种类不同，墙板背面龙骨档距也各异，墙板厚为 12mm 时，木方间距为 600mm；墙板厚度为 15～18mm 时，木方间距为 800mm。

目前市场上的板式墙板的背面结构多是在车间成批加工成型，这种装配式框架施工便捷、质量好，悬挂饰面板准确无误，可避免给现场带来过多的环境污染，其装配方式较为简易，这里不作详述。

(6) 敷设填充材料

需要满足隔声、防火、保温等要求的墙面，应将相应的玻璃丝棉、岩棉、苯板等敷设在龙骨格内，但要符合相关防火规范。

(7) 安装木板材

固定式墙板安装的板材分为底板与饰面板两类。底板多用胶合板、中密度板、细木工板做衬板；饰面板多用各种实木板材、人造实木夹板、防火板、铝

塑板等复合材料，也可以采用壁纸及软包皮革进行装饰。

不论底板还是饰面板，均应预先进行挑选。饰面板应分出不同材质、色泽或按深浅颜色顺序使用，近似颜色用在同一房间内（面饰混色漆时可以不作限定）。拼接时，底板的背面应做卸力槽，以免板面弯曲变形。卸力槽一般间距为100mm，槽宽10mm，深5mm左右。在木龙骨表面上刷一层白乳胶，底板与木龙骨的连接采取胶钉方式，要求布钉均匀。根据底板厚度选用固定板材的铁钉或气钉，长度一般为25～30mm，钉距宜为80～150mm。钉头要用较尖的冲子，顺木纹方向打入板内0.5～1mm，然后先给钉帽涂防锈漆，钉眼再用油性腻子抹平。10mm以上厚的底板常用30～35mm铁钉或气钉固定（一般钉长是木板厚度2～2.5倍）。留缝工艺的饰面板装饰，要求饰面板尺寸精确，缝间中距一致，整齐顺直。板边裁切后，必须用细砂纸砂磨，无毛茬，饰面板与底板的固定方式为胶钉。防火板、铝塑板等复合材料面板粘贴必须采用专用速干胶（大力胶、氯丁强力胶），粘贴后用橡皮锤或用铁锤垫木块逐排敲钉，力度均匀适度，以增强胶接性能。采用实木夹板拼花、板间无缝工艺装饰的木墙板，对板面花纹要认真挑选，并且花纹组合协调。板与板间拼贴时，板边要直，里角要虚，外角要硬，各板面做整体试装，吻合后方可施胶贴覆。为防止贴覆与试装时发生移位而出现露缝或错纹等现象，可在试装时用铅笔在各接缝处做标记，以便用铅笔标记对位、铺贴。在湿度较大的地区或环境，还必须同时采用蚊钉枪射入蚊钉，以防止长期潮湿环境下覆面板开裂，打入钉间距一般以50mm为宜。

(8) 收口线条的处理

如果在两个不同交接面之间存在高差、转折或缝隙，那么表面就需要用线条造型修饰，常采用收口线条来处理。安装封边收口条时，钉的位置应在线条的凹槽处或背视线的一侧，其方法如图10.20、图10.21、图10.22所示。

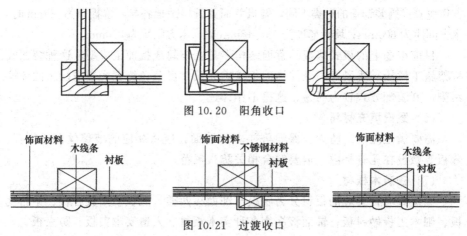

图 10.20　阳角收口

图 10.21　过渡收口

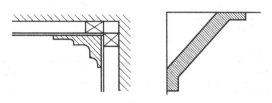

图 10.22 棚面与立面墙裙过渡收口

(9) 清理现场

施工完毕后,将现场一些施工设备及残留余料撤出,并将垃圾清扫干净。

10.5.3 踢脚板施工工艺

踢脚板具有保护墙面的功能,还具有分隔地面和墙面的作用,使整个房间上、中、下层次分明,富有空间立体感。木护墙的踢脚板宜选用平直的木板制作,其厚度为 10～12mm,高度视室内空间高度而定,一般为 100～150mm。市场上也有成型的踢脚板可供选购。踢脚板用铁钉或气钉固定在木龙骨上,钉帽砸扁,顺木纹钉入。若选购陶瓷踢脚线板,应用水泥贴成陶瓷跳脚。还可选用黑玻璃、花岗岩等石材作踢脚线。木质踢脚板与护墙的交接如图 10.23 所示。

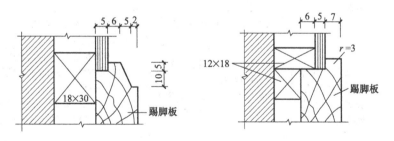

图 10.23 木质踢脚板与护墙的交接

10.5.4 木质护墙板的质量标准及通病防治方法

随着时代发展,室内装饰水准也进一步提高,室内墙面护墙板花色逐渐增多。其龙骨制作方法大体差不多,但其造型更为复杂,材料的选择更为严格,要求木板的拼接花纹应选用一致,饰面板的颜色要近似,所有接缝均应严密,缝隙背面不能过虚,安装时要将缝内余胶挤出,防止表面油漆之后出现黑纹(空缝)。木质护墙板的质量标准及通病防治方法如表 10.2、表 10.3 所示。

表 10.2　木质护墙板质量检资标准

项次	项目	允许偏差/mm	检查方法
1	上口平直	3	拉 5m(不足 5m 拉通线)
2	垂直度	2	金属吊线和尺寸检查
3	表面平直	1.5	用 1m 靠尺和塞尺检查
4	压条缝间距	2	尺量检查
5	接缝高低	0.5	用直尺和塞尺检查
6	装饰线位置差	1	尺量检查
7	装饰线阴、阳角方正	2	用方尺和楔形塞尺检查

表 10.3　木质护墙板施工常见通病及防治方法

项次	项目	主要原因	防治措施
1	饰面夹板有开缝、翘曲现象	①原饰面夹板湿度大；②平整度不好；③饰面夹板本身翘曲	①检查购进的饰面夹板的平整度,含水率不得大于 15%；②做好施工工艺交底,严格按照工艺规程施工
2	木龙骨固定不牢,阴、阳角不方,分格档距不合规定	①施工时没有充分考虑装修与结构的配合,没有为装修提供条件,没有预留木砖,或木档留得不合格；②制作木龙骨时的木料含水率大或未做防潮处理	①要认真熟悉施工图纸,在结构施工过程中,对预埋件的规格、部位、间距及装修留量一定要认真了解；②木龙骨的含水率应小于 15%,并且不能有腐朽、严重死节疤、劈裂、扭曲等缺陷；③检查预留木楔是否符合木龙骨的分档尺寸,数量是否符合要求
3	面层花纹错乱,棱角不直,表面不平,接缝处有黑纹	①原材料未进行挑选,安装时未对色、对花；②胶合板面透胶未清除掉,上清油后即出现黑斑、黑纹	①安装前要精选面板材料,涂刷两遍底漆作防护,将树种、颜色、花纹一致的材料使用在一个房间内；②使用大块胶合板作饰面时,板缝宽度间距可以用一个标准的金属条作为间隔基准

通过本章的学习,对室内装修的木工操作有了整体的理解。本章主要介绍了三种木质地板的安装方法,木质门窗的施工技术,以及木质楼梯、护墙板等的施工技术。重点在于木质材料在装修施工中的运用手段及施工技巧。

第11章 木制品产品质量检测

木制品产品质量检测是木工操作中比较重要的一部分，关系到木制产品的外观性能、质量好坏和环保性能等，直接影响木制品产品的生产和使用价值。木制品产品质量检测有其相应的标准和方法，如何良好运用这些方法去检验木制品产品的性能至关重要。本章从木制品质量检验项目和检测技术出发，逐一介绍对木制品的质量对室内空气质量指标的影响，以及从原材料到其制品再到其所释放出的有害物质的一系列检测方法。

11.1 木制品产品检验形式

家具产品质量检验的形式可分为形式检验和出厂检验。

(1) 形式检验

形式检验是指对产品质量进行全面考核，即按标准中规定的技术要求对家具进行全部指标检验。它的特点是按规定的试验方法对产品样品进行全性能试验，以证明产品样品符合指定标准和技术规范的全部要求。形式检验的结果一般只对产品样品有效，用样品的形式检验结果推断产品的总体质量情况有一定风险。凡有下列情况之一时，应进行形式检验。

① 新产品或老产品转厂生产的试制定型鉴定。

② 正式生产后，如结构、材料、工艺有较大改变，可能影响产品性能时。

③ 正常生产时，定期或积累一定产量后应周期性进行一次检验，检验周期一般为一年。

④ 产品长期停产后，恢复生产时。

⑤ 出厂检验结果与上次形式检验有较大差异时。

⑥ 客户提出要求时。

⑦ 国家质量监督机构提出进行形式检验的要求时。

形式检验采用抽样检验的方式，将母样编号后随机抽取检验的子样。

木家具和金属家具单件产品母样数不少于 20 件，从中抽取 4 件，其中 2 件送检，2 件封存；成套产品的母样数不少于 5 套，从中随机抽取 2 套，其中 1 套送检，1 套封存；如果送检样品中有相同结构的产品或单体，则可从中随机抽取 2 件。

沙发和弹簧软床垫类软体家具，从 3 个月内生产的产品库存中抽取样品，沙发母样数应大于 10 件（套），弹簧软床垫应大于 20 件。将母样编号后，从中随机抽取 2 件（套），其中 1 件（套）送检，1 件（套）封存。

漆膜理化性能检验用的试样，木制件和金属件一般在具上直接取得，也可在与送检产品相同材料、相同工艺条件下制作的试样上进行试验。

形式检验结果评定：第一，木质家具和金属家具质量的形式检验结果评定，应分别按 QB/T 1951.1—2010《木家具 质量检验及质量评定》和 QB/T 1951.2—2013《金属家具 质量检验及质量评定》标准的规定对不符合技术要求项目的不合格类别进行评定；第二，软体家具质量的形式检验结果评定，应分别根据 QB/T 1952.1—2012《软体家具 沙发》和 QB/T 1952.2—2011《软体家具 弹簧软床垫》标准的规定对产品检验结果进行评定和分类；第三，家具质量形式检验不合格品的复验结果评定，各类家具产品经形式检验为不合格的，可以进行一次复验。复验样品应从封存的备用样品中选取，复验项目应对形式检验不合格的项目或因试件损坏而未能检验的项目进行检验。复验产品检验结果一般是判断合格与否，在检验结果报告中注明"复验合格（或不合格）"。

(2) 出厂检验

出厂检验是指在产品进行形式检验合格的有效期内，由企业质量检验部门进行检验。它一般是指在产品出厂或产品交货时必须进行的各项检验。单件产品和成套产品的出厂检验应进行全数检验，但当检查批数量较多，全数检验有困难时，也可进行抽样检验（依据 GB/T 2828.1—2012）。

出厂检验结果评定：各类家具出厂检验时，每件（套）家具产品的评定应按上述相应形式检验结果评定的方法进行。批产品质量检验时，在抽取受检产品件数中，不符合品数小于或等于合格判定数时，应评定该批次产品为合格批；反之，该批次产品应该评定为不合格批。产品检验结果各项技术指标符合形式检验时评定要求的，按形式检验时评定的产品合格性（木家具或金属家具等）或等级（软体沙发或弹簧软床垫等）出厂；若低于形式检验时评定等级要求的，降级出厂，不合格品不应出厂。

11.2 木制品产品检验内容

以家具产品为例，家具产品质量检验的内容主要包括外观质量检验、各种理化性能的检验、力学性能的检验和环保性能的检验等 4 大类项目。

(1) 外观质量检验

外观质量检验包括产品外形尺寸检验、各类产品主要尺寸（功能尺寸）检验、木工加工质量和加工精度的检验、用料质量及其配件质量的检验、涂饰质量外观检验以及产品标志的检查。

(2) 理化性能检验

理化性能检验包括漆膜理化性能的检验、软质和硬质覆面理化性能的检验。主要有耐液（10％的碳酸钠＋30％的乙酸）检测、耐湿热检测、耐干热检测、附着力检测、耐磨检测、耐冷热温差检测、光泽检测、抗冲击力检测等。

(3) 力学性能检验

家具产品质量检验的内容包括外观质量、理化性能、力学性能和环保性能的检验。

(4) 环保性能检验

环保性能检验是指各类家具产品中有害物质释放量检验，主要包括甲醛释放量的检验、重金属含量的检验、挥发性有机化合物 VOC 释放量的检验、苯及同系物甲苯及二甲苯释放量的检验、放射性元素的检验等。

家具质量检验时，对送检试样的检验程序是先进行外观检验，再进行力学性能试验，最后进行理化性能试验。检验程序应符合不影响余下检验项目正确性的原则。不同检验项目应采用不同的方法进行检验，以确定产品是否合格。

家具质量检验的方法可概括分为眼看手摸和技术测试。眼看手摸法主要凭经验来判断，故缺乏准确可靠的数据，但目前我国大多数家具生产企业基本上均采用这种方式在企业内部来进行产品质量评定，这种方法对家具质量和使用性能只能作大概的评定，无法确切地判断出产品的内在质量，也无法向用户提供有关产品质量使用性能的数据，更不能作为改进设计工艺和提高产品质量的科学依据。技术测试法是采用专门的测试仪器和工具，对既定的质量指标进行测定，这是一种用具体的数据概念来评定产品质量的科学方法，目前在我国家具质量监督检验、质量认证、质量合格证、产品评级、市场监督管理等活动中，根据各类家具产品的标准要求，已经广泛采用。

木质家具、金属家具和软体家具等各类家具做外观检验时，应在自然光或光照度 300～6001x 范围内的近似自然光（如 40W 日光灯）下，视距为 700～

1000mm，至少由 3 人共同进行检验，以多数相同的结论为检验结果，检验时可根据不同的检验项目采用各种测量工具。

各类家具的理化性能、力学性能和环保性能的检验，必须采用相应的检测仪器或试验设备进行技术测定。

11.3　木制品表面粗糙度检测

木材表面粗糙度的轮廓有时虽然可以用计算方法求出，但由于木材在切削后出现弹性恢复、木纤维的撕裂、木毛竖起等原因，往往使得计算结果不够准确，所以必须借助于专门的仪器来观测木材表面的轮廓，按照求得的参数值来评定表面粗糙度。为了使测量轮廓尽可能与实际表面轮廓相一致，并具有充分的代表性，就应要求测量时仪器对被测表面没有或仅有极小的测量压力。

测量木材表面粗糙度的方法较多，根据测量原理不同，常用的方法主要有目测法、光断面法、阴影断面法、轮廓仪法等。

(1) 目测法

此法又称感触法或样板比较法，它是车间常用的简便方法。它是通过检验者的视觉（用肉眼，有时还可借助于放大镜放大）或凭检验者的触觉（用手摸），将被测表面与粗糙度样板（可预先在实验室用仪器测定其粗糙度）进行观察对比，按照两者是否相符合来判断和评价被测表面的粗糙程度。

粗糙度样板可以是成套的特制样板（样板尺寸应不小于 200mm×300mm），也可用从生产的零部件中挑选出来的其表面粗糙度合乎要求的所谓"标准零件"。为使检验结果准确，样板在树种、形状、含水率、结构、纹理、加工方法等方面应与被检验的零部件相一致，否则会产生较大的误差。在 GB/T 14495—2009 标准中，对样板的制作方法和表面特征等均有规定。

(2) 光断面法

此法是利用双筒显微镜的光切原理测量表面粗糙度，所以又称光切法。此法的主要优点是对被测表面没有测量应力，能反映出木材表面毛绒状的微观不平度，但测量和计算较费时。这类仪器主要由光源镜筒和观察镜筒两大部分组成。这两个镜筒的光（轴）线互相垂直，均与水平成 45°角，而且在同一垂直平面内，从光源镜筒中发出光，经过聚光镜、狭缝和物镜形成狭长的汇聚光带，此光带照射到被测表面后，反射到观察镜镜筒中，如图 11.1 所示。木材表面的凹凸不平会使照射在其表面上的光带相应地变曲折，所以从观察目镜中看到的光带形状，即是放大了的表面轮廓，利用显微读数目镜就可测出峰与谷之间的距离，并计算出表面粗糙度的参数值。

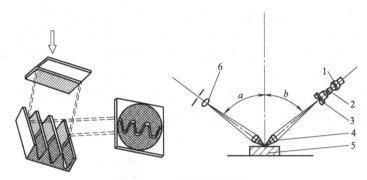

图 11.1　光断面法示意图

1—光源；2—聚光镜；3—狭缝；4—物镜；5—工件；6—测微目镜

此种测量仪器视野较小，所以它只适用于测量粗糙度较小的木材表面，同时由于木材的反光性能较差，在测量时，光带的分界线往往小，易分辨清楚。

(3) 阴影断面法

此法原理与光断面法基本相同，但在被测表面上放有刃口非常平直的刀片，从光源镜筒射出的平行光束照射到刀片上，投在木材表面上的刀片阴影轮廓就相应地反映出被测量木材表面的不平度，如图 11.2 所示。为使阴影边缘清晰，在这种仪器中宜采用单色平行光束。此法也同样可以用显微读数目镜来观测木材表面的粗糙度。

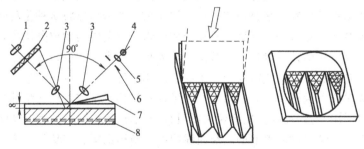

图 11.2　阴影断面法示意图

1—目镜；2—分划板；3—物镜；4—光源；
5—透镜；6—小孔光栏；7—刀片；8—被测工件

(4) 轮廓仪法

此法是利用磨锐的触针沿被测表面上机械移动或轻轻滑移的过程中，通过轮廓信息顺序转换的方法来测量表面粗糙度的，所以又称针描法或触针法。图11.3 所示为一种轮廓顺序转换的接触（触针）式仪器，这种轮廓仪由轮廓计和轮廓记录仪组合而成，属于实验室条件下使用的高灵敏度的仪器，包括立柱、用于以稳定的速度来移动传感器的传动电动机、电源部分、传感器、测量部分、计算部分和记录部分等几个主要部分。传感器 1 是用特制的装置固定在立柱 2 的传动电动机 3 上的。在立柱的平台上装有工作台 4，它能使被测零件在相互垂直的两个方向上移动。仪器工作的控制和来自传感器的电信号的加强和转换都是由电源部分 5 和测量部分 6 来实现的，它们通过电缆 7 与传动电动机 3 和用于处理电信号并将测量结果发送到数字显示装置的计算部分 8 以及轮廓记录仪 9 联结起来。用这种轮廓仪可以测量表面轮廓的 Ry、Rz、Ra 等参数。

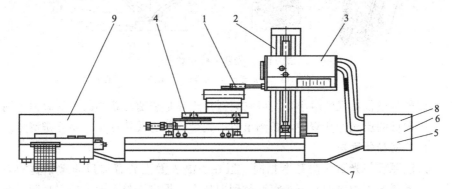

图 11.3　触针式轮廓仪法示意图

1—传感器；2—立柱；3—传动电动机；4—工作台；5—电源部分；
6—测量部分；7—电缆；8—计算部分；9—轮廓记录仪

　　轮廓仪工作时，它的触针在被测表面上滑移，随被测表面的峰谷起伏不平而上下摆动引起触针的垂直位移，通过测量头中的传感器将这种位移转换成电信号，再经滤波器将表面轮廓上不属于表面粗糙度范围内的成分滤去，然后经过放大处理，轮廓计将测量的粗糙度参数的平均结果以数值显示出来，轮廓记录仪则以轮廓曲线的形式将表面轮廓起伏的现状记录、描绘在纸带上。

　　轮廓仪法测量迅速准确、精度高，可以直接测量某些难以测量的零件表面（如孔、槽等）的粗糙度。轮廓仪法既可以直接测量出各种表面粗糙度参数的数值，也可以绘出被测表面的轮廓曲线图形，使用简便、测量效率高。

11.4　木制品涂膜检测

　　木器涂料主要用于木制品表面的涂饰，不同的涂料品种对质量要求也各有侧重，如木器涂料必须具有良好的渗透和附着性能，包括装饰性、耐久性、力学、耐污、耐热、耐磨、耐化学品等方面都需要检测。另外，在耐划伤性能、耐黄变性能、对抗粘连性方面也是质量检测的一环。根据家具产品等级和加工

工艺不同在涂饰完工后 7～10 天内，并使涂层达到完全干燥后，应对家具及其
零部件表面漆膜的物理与化学性能进行测试，以判定其表面涂饰质量。

11.4.1　漆膜附着力检测

检查涂层或涂层之间的附着力，可以通过下列三种方式：

(1) 硬币检测

硬币检测法如图 11.4 所示，取一枚硬币夹在食指和拇指之间，将硬币平
面斜角式地按在涂饰的表面，用均匀的压力划刮。如果涂层的附着力较差，则
会出现划抓痕迹，或产生白色痕线。这是最简便的附着力检查方法之一。通过
经验丰富的质检人员来判断该受检质量优劣（根据硬币的角度、压力等组合），
此方法简单直观，但它并不能提供准确的数据。

硬币划刮前　　　　　　　　　　　　经划刮后呈现划痕

图 11.4　硬币检测法

(2) Hamberger Planer 检测仪

Hamberger Planer 检测仪（图 11.5），是由 Hamberger Industriewerke 检
测机构研发的检测工具，通其原理类似硬币式的检测，但能为用户提供确切的
数据。操作方法为通过一片金属片（类似硬币）向边缘横跨涂饰的表面，用前
推式且通过预先调设的压力划动。它采用牛顿作为测量单位。该测试是通过压
力下划（或不断下调压力），以在涂层上划出第一道白色标记时所获得数值作
为测试结果。

(3) 根据 GB/T 4893.4 划格标准

指通过一定切削角度的多角式刀头，如图 11.6，在已涂饰的表面上采用
直角式对交义式划格式划割表面，划格方式基本上不顺着木纹理。在划切以
后，应用刷子清除表面碎物，初步检查判断经划割的表面，再用胶粘带粘贴在
表面，以均衡速度，向上划拉的方式将胶粘带拉离粘贴的表面后。然后取 3 个
试验区（尽量不选用纹理部位），试验区中心距试件边缘≥40mm，试验区间
中心距离≥65 mm，每个试验区的相邻部位分别测两点漆膜厚度，取其算术平
均值。在试验区的漆膜表面切割出两组相互成直角的格状割痕，每组割痕包括

图 11.5　Hamberger Planer 检测仪

11 条长 35mm，间距 2mm 的平行割痕，所有切口应穿透到基材表面，割痕与木纹方向近似为 45°，用漆刷将浮屑掸去，用手将橡皮膏压贴在试验区的切割部位，然后顺对角线方向将橡皮膏猛揭。在观察灯下用放大镜仔细检查漆膜损伤情况并判断其结果，见表 11.1。

表 11.1　划格法检测对照表

划格级别	描　述	表面经划割后所呈现示例 （图示：六刀式交叉划格）
0	划割呈现正方形方分格，边缘完全光滑无缺口	
1	划割交叉点出现小部分分开剥落的涂层，受影响的区域显示范围不超过 5%	
2	经划割涂层边缘/交叉点显示剥落，划割区域显示超过 5%，但不超过 15%	
3	经划割边缘出现较宽大/呈现部分或小方格内完全剥落的边缘部分，经划割交叉的区域显示大于 15%，但不超过 35% 的范围	
4	经划割边缘出现较宽大/呈现部分或小方格内完全剥落的边缘部分，经划割交叉的区域显示大于 35%，但并不超过 65% 的范围	
5	所显示涂层剥落已不属于第 4 级别范围	

多刀口式划格器

经划格样式

图 11.6　划格仪器

11.4.2　漆膜光泽值检测

　　光泽度是指漆膜表面反射光所达到的光亮程度。用光电光泽仪测定的光泽值是以漆膜表面正反射光量与同一条件小标准板表面的正反射光量之比的百分数表示的。

　　使用的实验设备和工具是光电光泽仪（GZ-Ⅱ型）和绒布或擦镜纸，光泽仪器如图11.7所示。试验方法按光电光泽仪的说明选择量程和校正仪器指针至标准版的标定值，试件表面擦净，并取三个试验区，一个在试件中心，另两个在任意位置，将仪器测头置于试验区上，使木纹方向顺着测头内光线的入射和反射方向，记录各试验区的光泽值（读数精确到1%），取三个试验区读数的算术平均值。

图11.7　光泽仪器

图11.8　侦测摆锤撞击仪器

11.4.3　漆膜硬度检测

　　根据 GB/T 4893.9 的规定，使用侦测摆锤撞击仪器（图11.8），通过侦测摆锤撞击膜时被吸收的振幅，即可得知漆膜硬度，其所配备的感应器记录振幅。材质越软吸收振幅作用越明显，摆锤摆动的速度会下降。相反，材质越硬，摆锤摆动的次数越多。

11.5　木制品力学性能检测

　　利用技术测试手段能够考察家具在正常或非正常使用情况下的强度、耐久性和稳定性，以便对家具某些特征和性质有一个估计。对家具进行整体力学性能试验能为产品实现标准化、系列化和通用化取得可靠的数据和规定出科学的质量指标，有利于根据使用功能的实际要求来合理设计家具的结构和确定出零部件的规格尺寸，以利于提高设计质量。家具产品的力学性能试验是最终的质量检验手段，科学的测试方法和标准可以保证产品具有优良的品质和提高企业的质量管理水平，同时还可将家具的质量和性能真实地反映给用户，便于用户根据自己的使用场合、使用要求和使用方法，从产品的质量及价格等方面综合考虑，最后选购出适用的家具。

(1) 家具力学性能试验的依据

模拟家具在人们正常使用和习惯性误用情况下可能承受到的载荷作为力学性能试验的基本依据，从而确定出各类家具应具有的强度指标。

家具在日常使用过程中，常会出现一些误用情况，如图 11.9 所示。其受力情况有的影响到家具的结构刚度、结构强度，有的影响稳定性和耐久性。因此，必须根据家具在正常使用和非正常但可允许的误用情况下所可能受到的各种载荷来对各类家具进行力学性能试验，规定出各类家具进行强度、耐久性和稳定性标准。

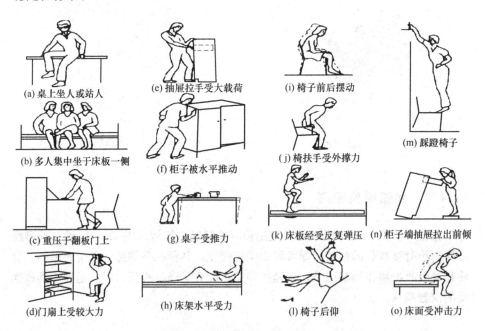

图 11.9　家具误用情况

(2) 家具力学性能测试的分类

各类家具在预定条件下正常使用和可能出现的误用时，都会受到一定的载荷作用。载荷是家具结构所支承物体的重量，也可把它叫作作用于家具上的力。家具所承受的载荷主要有恒载荷和活载荷。恒载荷是指家具制成后不再改变的载荷，即家具本身的重量；活载荷是指家具在使用过程中所承受的大小或方向有可能随时改变的外加载荷，即可能出现在家具上的人和物的重量以及其他作用力。活载荷又可分为静载荷、冲击载荷、重复载荷等。

① 静载荷是指逐渐作用于家具上达到最大值并随后一直保持最大值的载荷，常使家具处于静力平衡或产生蠕动变形。如一个人慢慢地安静坐到椅子上，他的体重就是静载荷；书柜内书和碗柜中碗盘的重量也是静载荷。

② 冲击载荷是指在很短时间内突然作用于家具上并产生冲击力的载荷，会使家具发生冲击破坏和瞬间变形。它通常是由运动的物体产生，如小孩在床上跳跳就是冲击载荷作用到床上。从对家具产生的破坏效果来说，冲击载荷要比静载荷大得多，如一个人猛然坐到椅子上，就有相当于他体重 2～3 倍以上的力作用到椅子上。

③ 重复载荷，又称循环载荷，是指周期性间断循环或重复作用于家具上的载荷，常会使家具发生疲劳破坏和周期性变形，通常经过许多循环周期。重复载荷要比静载荷更容易引起家具构件和结点的疲劳破坏。

按各类家具在预定条件下正常使用和可能出现的误用所受到的载荷状况，将试验分为：

① 静载荷试验。检验家具在可能遇到的重载荷条件下所具有的强度。
② 耐久性试验。检验家具在重复使用、重复加载条件下所具有的强度。
③ 冲击载荷试验。检验家具在偶然遇到的冲击载荷条件下所具有的强度。
④ 稳定性试验。检验家具在外加载荷作用下所具有的抵抗倾翻的能力。

(3) 家具力学性能试验水平的分级

在《家具力学性能试验》国家标准中，根据家具产品在预定使用条件下的正常使用频数，或可能出现的误用程度，按加载大小与加载次数多少将强度和耐久性试验水平分为 5 级。见表 11.2。

表 11.2　家具力学性能试验水平分级

试验水平	预定的使用条件
1	不经常使用、小心使用、不可能出现误用的家具，如供陈设古玩、小摆件等的架类家具
2	轻载使用、误用可能性很少的家具，如高级旅馆家具、高级办公家具等
3	中载使用、比较频繁使用、比较易于出现误用的家具，如一般卧房家具、一般办公家具、旅馆家具等
4	重载使用、频繁使用、经常出现误用的家具，如旅馆门厅家具、饭厅家具和某些公共场所家具等
5	使用极频繁，经常超载使用和误用的家具，如候车室、影剧院家具等

注：摘自 GB/T 10357—7。

（4）家具力学性能试验的要求

① 试件要求。家具力学性能试验的试件应为完整组装的出厂成品，并符合产品设计图样要求。拆装式家具应按图样要求完整组装；组合家具如有数种组合方式，则应按最不利于强度试验和耐久性试验的方式组装。所有五金连接件在试验前应安装牢固。采用胶接方法制成的试件，从制成后到试验前应至少在一般室内环境中连续存放 7 天，使胶合构件中的胶液充分固化。

② 试验环境。标准试验环境温度 15～25℃、相对湿度 40％～70％。试验位置地面应水平、平整，表面覆层积塑料或类似材料。

③ 试验方式。耐久性试验可分别在不同试件上进行，强度试验应在同一试件上进行；测定产品使用寿命时，应按试验水平逐级进行直至试件破坏；检查产品力学性能指标是否符合规定要求，则可直接按试验水平相应等级进行试验。

④加载要求。强度试验时加力速度应尽量缓慢，确保附加动载荷小到可忽略不计的程度；耐久性试验时加力速度应缓慢，确保试件无动态发热；均布载荷应均匀地分布在规定的试验区域内。

⑤ 试验设备及附件。试验设备应保证完成对试件的正常加力，需设有各种加力装置以及加载垫、加载袋、冲击块、冲击锤、绳索、滑轮、重物、止滑挡块等试验所必需的附件。

⑥ 测量精度。尺寸小于 1m 的精确到 ±0.5mm；大于 1m 的为 ±1mm；力的测量精度为 ±5％。

（5）家具力学性能试验结果的评定

家具力学性能试验前应实测试件的外形尺寸，仔细检查其质量，并记录零部件和接合部位的缺陷。试验后对试件尺寸和质量重新作评定，要重点检查以下几个方面：

① 零部件产生断裂或豁裂部位及情况。

② 某些牢固的部件出现永久性松动。

③ 某些部件产生严重影响功能的磨损、位移或变形。

④ 五金连接件出现松动。

⑤ 活动部件开关不灵便等。

11.6 木制品产品环保性能检测

由于家具的种类、档次、用途、形态、色彩、质感不同，家具污染的污染物种类、污染物浓度、污染形式、污染时间、危害对象、消除办法等也就各不相同。从国内家具市场近年来的情况看，人造板类家具污染重于其他类家具，箱柜类家具污染重于其他类家具，胶接合的家具污染重于连接件接合、榫接合、钉接合的家具，装修类家具污染重于商品类家具，家庭类家具污染重于公共类家具，小厂家生产的家具污染重于大厂家生产的家具或名牌家具。通过大量的科学研究证实，家具已成为室内空气污染的主要污染源之一。

11.6.1　家具材料的污染形式

家具材料的种类很多，选取不当时，将会对环境造成很大的影响和污染，主要表现在以下几个方面：

第一，家具材料及其在使用过程中会对环境产生污染。当前许多家具产品在使用过程中会不断地对室内环境产生不同程度污染，其主要是由家具材料引起的。

第二，家具材料在被制造加工过程中会对环境产生污染。家具在制造过程中，由于所选材料的加工性能不同或规格大小不当，使得设备工具、能量消耗大，生产加工过程中产生的废气、废液、切屑、粉尘、噪声、边角余料以及有害物质等，都对资源消耗和环境的影响较大。

第三，家具材料使用报废后易对环境造成污染。采用不同材料制成的家具在使用报废后，进行回收处理或处理方法手段不当或其回收处理困难，都会对环境造成污染。

第四，家具材料本身的制造过程会对环境造成污染。许多家具产品，其生产使用和加工过程对环境污染都很小，而且其回收处理也比较容易，但材料本身的生产过程对环境污染严重。

11.6.2　家具材料的污染来源

家具中的有害物质主要来自木质人造板材中固有的胶黏剂、家具制作过程中使用的胶黏剂、家具油漆过程中使用的涂料等。

① 木质人造板材中固有的胶黏剂是指在生产人造板材时所使用的胶黏剂，人造板材包括胶合板、刨花板、细木工板、中（高）密度板、胶合层积材、集成材等产品，这些产品靠大量的胶黏剂将单板、薄片、碎料、纤维、小木块黏合到一起，在表面再胶贴一层材质较好的材料。这些胶黏剂中含有大量有毒的有机溶剂，如甲醛、苯、甲苯、二甲苯、丙酮、氯仿（三氯甲烷）、二氯甲烷、环己酮等。从生产角度来讲，这些有机溶剂对保证产品质量起到了不可替代的作用；从健康角度来说，这些有机溶剂被称为有害物质，严重威胁着人们的健康，特别是人造板类家具中的有机溶剂。

② 家具制作过程中使用的胶黏剂。在家具制作过程中也要使用大量的胶

黏剂，对于商品类家具，如果厂家在制造家具过程中不采用连接件接合、榫接合或钉接合进行结构固定，而使用大量的胶黏剂，这就使得家具中带有大量的有害物质；对于装修类家具，装修工人通常图省事、抢工期，几乎不采用加工机器，大量地使用胶黏剂，使得装修类家具成为主要的污染源，其有害物质种类也为甲醛、苯、甲苯、二甲苯等有机溶剂。

③ 家具油漆过程中的涂料。家具油漆通常采用的是溶剂性涂料，如聚氨酯漆、硝基漆、醇酸漆等。这类家具漆以有机溶剂为溶剂，用于家具的涂料在市场中销售时一般分成组漆，每组漆包括底漆、固化漆、面漆、稀释剂、腻子等，其中稀释剂即为多种有机溶剂的混合物，如苯、甲苯、二甲苯、丙酮、二氯乙烷、环己酮、乙酸乙酯等，是造成室内污染的污染源。同时，涂料中颜料和助剂中的铅、铬、镉、汞、砷等重金属及其化合物，也是有毒物质，主要通过呼吸道、消化道进入人体，对健康造成危害。

11.6.3　家具材料的有害物质种类

据检测，目前室内空气环境污染物约有 300 多种，其中，家具中有害物质为甲醛、挥发性有机化合物 VOC、苯、甲苯、二甲苯、汽油、乙酸乙酯、乙酸丁酯、丙酮、乙醚、丁醇、环己酮、甲苯二异氰酸酯（TDI）、松节油、氨、氡等上百种能挥发到室内空气中的有机溶剂，这些有毒物质可以通过人们呼吸或皮肤侵入体内，是造成人们健康危害的主要隐患。另外，在家具表面漆涂层中还含有铅、镉铬、汞、砷等可溶性重金属有害元素以及装饰石材放射性核素污染物等，其也会对人们健康造成威胁，特别是对儿童造成的危害更大。家具材料中的有害物质主要有以下几类：

第一，游离甲醛。家具行业最突出的也是最难彻底解决的问题，就是人造板材料中游离甲醛释放量超标问题。

甲醛（HCHO）是一种挥发性有机物，常温下为无色、有强烈辛辣刺激性气味的气体，易溶于水、醇和醚，其 35%～40% 的水溶液常称"福尔马林"，因为甲醛溶液的沸点为 19℃，所以通常室温下其存在的形态都为气态。

甲醛主要隐藏在各种木质、贴面人造板、家具或塑料、装饰纸、合成织物、化纤布品等大量使用胶黏剂的材料中。其危害性主要体现在对人的眼睛、鼻子和呼吸道有刺激性，使人出现嗅觉异常、眼睛刺痛、流泪、鼻痛胸闷、喉咙痛痒、多痰恶心、咳嗽失眠、呼吸困难、头痛无力、皮肤过敏以及消化功能、肝功能、肺功能和免疫功能异常等。大多数报道其作用浓度均在 $0.12mg/m^3$（$0.1×10^{-6}$）以上。根据经验，通常嗅觉界限为 $0.15～0.3mg/m^3$；刺激界限为 $0.3～0.9mg/m^3$；忍受界限为 $0.9～6mg/m^3$；口服 15ml（浓度 35%）即可致死。因此，长时间处于甲醛浓度高的空气中易患各种疾病。

第二，挥发性有机化合物 VOC。挥发性有机化合物 VOC 是指熔点低于室温、沸点在 50～260℃，具有强挥发性、特殊刺激性和有毒性的有机物气体的总称，是室内重要的污染物之一。VOC 的主要成分为脂肪烃、芳香烃、卤代烃、氧烃、氮烃等 900 多种，其中，部分已被列为致癌物，如氯乙烯、苯等。

VOC 易被肺吸收，具有强烈芳香气味。主要隐藏在油漆涂料、涂料的添加剂或稀释剂以及某些胶黏剂、防水剂等材料中。其危害性主要表现为刺激眼睛和呼吸道，使皮肤过敏，使人产生头痛、咽痛、腹痛、乏力、恶心、疲劳、昏迷等。在家具的生产、销售、使用的过程中长期释放，危害人体健康，特别是危害儿童的健康。根据经验，总挥发性有机化合物（TVOC）浓度在 $0.2mg/m^3$ 以下，对人体不产生影响，无刺激、无不适；在 $0.2～3.0mg/m^3$，会使人出现不适；在 $3.0～25mg/m^3$，会使人头痛、疲倦和嗜睡；浓度在 $25mg/m^3$ 以上，可能会导致中毒、昏迷、抽筋以及其他的神经毒性作用，甚至死亡。即使室内空气中单个 VOC 含量都远低于其限制浓度（常为 $0.025～0.03mg/m^3$），但由于多种 VOC 的混合存在及其相互作用，可能会使总挥发性有机化合物（TVOC）浓度超过要求的 $0.2～0.3mg/m^3$，使危害强度增大，对人体健康的危害仍相当严重。

第三，苯及同系物甲苯、二甲苯都是芳香族烃类化合物，为无色透明、具有特殊芳香气味和挥发性的油状液体。主要以蒸汽形式由呼吸道或皮肤进入人体，吸收中毒。苯是致癌物，可引发癌症、血液病等，苯、甲苯、二甲苯也是室内主要污染物之一。

苯及同系物甲苯、二甲苯主要隐藏在人造板和家具的胶黏剂、油漆涂料以及添加剂、溶剂和稀释剂等材料中。苯属于中等毒类，甲苯和二甲苯属于低毒类，急性中毒主要作用于中枢神经系统，慢性中毒主要作用于造血组织及神经系统，短时间高浓度接触可出现头晕、头痛、恶心、呕吐，以及黏膜刺激症状如流泪、咽痛或咳嗽等，严重者丧失意识、抽搐，甚至呼吸中枢麻痹而死亡，少数人可能出现心肌缺血或心律失常。长期低浓度接触会出现头晕、头痛，之后乏力、失眠、多梦、记忆力减退、免疫力低下，严重者可致再生障碍性贫血、白血病、血瘤。因此，应严格控制室内苯污染，目前室内空气评价标准规定的苯最高浓度为 $0.03mg/m^3$，而民用建筑工程室内污染物浓度限量为 $0.09mg/m^3$。

第四，游离甲苯二异氰酸酯（TDI）。甲苯二异氰酸酯是二异氰酸酯类化合物中毒性最大的一种，它在常温常压下为乳白色液体，有特殊气味，挥发性大，它不溶于水，易溶于丙酮、乙酸乙酯、甲苯等有机溶剂中。

由于 TDI 主要用于生产聚氨酯树脂和聚氨酯泡沫塑料且具有挥发性，所以一些新购置的含此类物质的家具、沙发、床垫、椅子、地板，一些家装材料，做墙面绝缘材料的含有聚氨酯的硬质板材，用于密封地板、卫生间等处的聚氨酯密封膏，一些含有聚氨酯的防水涂料等，都会释放出 TDI。

TDI 的刺激性很强，特别是对呼吸道、眼睛、皮肤的刺激，可能引起哮喘性气管炎或支气管哮喘，表现为眼睛刺痛、眼膜充血、视力模糊、喉咙干燥。长期低剂量接触可能引起肺功能下降，长期接触可引起支气管炎、过敏性哮喘、肺炎、肺水肿，有时可能引起皮肤炎症。室内装饰材料和家具所释放的 TDI 都会通过呼吸道进入人体，尽管浓度不高，但是往往释放期是比较长的，故对人体是长期低剂量的危害。

国际上对于在涂料内聚氨酯含量的标准是小于 0.3%，而我国生产的聚氨酯涂料一般是 5% 或更高，即超出国际标准几十倍。根据中国涂料协会的统计，此类涂料的年产量高达 11 吨以上，可见应用是相当广泛的，对室内空气的污染也是相当严重的。

第五，氨（NH_3）。氨为无色而有强烈刺激性恶臭气味的气体，极易溶于水，是人们所关注的室内主要污染物之一。

室内空气中氨的隐藏点主要有 3 个，一是来自高碱混凝土膨胀剂和含尿素与氨水的混凝土防冻剂等外加剂，这类含有大量氨类物质的外加剂在墙体中随着温度、湿度等环境因素的变化而还原成氨气从墙体中缓慢释放出来，造成室内空气中氨的浓度增加，特别是夏季气温较高，氨从墙体中释放速度较快，造成室内空气中氨浓度严重超标；二是来自家具用木质板材，这些木质板材在加压成型过程中使用了大量胶黏剂，如脲醛树脂胶，主要是甲醛和尿素聚合反应而成，它们在室温下易释放出气态甲醛和氨，造成室内空气中氨的污染；三是来自家具和室内装饰材料的油漆，如在涂饰时所用的添加剂和漂白剂大部分都用氨水，它们在室温下易释放出气态氨，造成室内空气的污染。但是，这种污染释放期比较短，不会在空气中长期大量积存，对人体的危害相对小一些。

氨是一种碱性物质，会对皮肤或眼睛造成强烈刺激，氨浓度较大时可引起皮肤或眼睛烧灼感，氨可以吸收皮肤组织中的水分，使组织蛋白变性，并使组织脂肪皂化，破坏细胞膜结构，它对接触的皮肤组织都有腐蚀和刺激作用。人对氨的嗅阈为 $0.5 \sim 1.0 mg/m^3$。对口、鼻黏膜及上呼吸道有很强的刺激作用，其症状根据氨的浓度、吸入时间以及个人感受性等而不同。轻度中毒表现有鼻炎、咽炎、气管炎、支气管炎。一般要求空气中氨的浓度限制在 $0.2 \sim 0.5 mg/m^3$ 以下。

第六，氡。氡（Rn^{222}）是天然存在的无色无味、不可挥发的放射性惰性气体，不易被觉察，存在于人们的生活和工作的环境空气中。自然界的铀系、钍系元素衰变为镭（Ra^{226}），而氡是镭的衰变产物。室内氡的污染，一般是指氡及其子体对人的危害。

氡主要来自含镭量较高的土壤、黏土、水泥、砖、石料或石材等家具与室内建筑装修材料。氡及其子体极易吸附在空气中的细微粒上，被吸入人体后自发衰变，产生电离辐射，杀死或杀伤人体细胞组织，被杀死的细胞可以通过新陈代谢再生，但杀伤的细胞就有可能发生变异，成为癌细胞，使人患癌症。因此，氡对人体的危害是通过内照射进行的，会导致肺癌、血液病（白血病）等。科学研究表明，氡诱发癌症的潜伏期大多在 15 年以上，由于其危害是长期积累的且不易察觉，因此，必须引起高度重视。一般要求室内氡浓度不超过 $200Bq/m^3$（Bq 放射性活度单位，$1Bq=1s^{-1}$）。

第七，重金属。铅、镉、铬、汞、砷等重金属是常见的有毒污染物，其可溶物对人体有明显危害。皮肤长期接触铬化合物可引起接触性皮炎或湿疹，重金属主要通过呼吸道、消化道进入人体，造成危害。过量的铅、镉、汞、砷会损伤中枢神经系统、骨髓造血系统、神经系统和肾脏，特别是对儿童生长发育和智力发育影响较大，因此，应注意这些有毒污染物误入口中。

重金属离子主要来源于涂料中颜料以及含有金属有机化合物的防腐、防霉剂等助剂，这些涂料中的金属有机化合物具有较强的杀菌力，虽然重金属离子含量比较少但其中有许多是半挥发性物质，其毒性不亚于挥发性有机物，有的毒性可能更大，其挥发速度慢，对人体有较大的慢性毒害作用。

第八，酚类物质。由于一些酚具有可挥发性，所以室内空气中的酚污染主要是家具和家装建材释放的酚。由于其可以起到防腐、防毒、消毒的作用，所以常被作为涂料或板材的添加剂。另外，家具和地板的亮光剂中也含有酚。

酚类物质种类很多，均有特殊气味，易被氧化，易溶于水、乙醇、氯仿等物质。分为可挥发性酚和不可挥发性酚两大类。酚及其化合物为中等毒性物质，这种物质可以通过皮肤、呼吸道黏膜、口腔等多种途径进入人体，由于渗透性强，可以深入到人体内部组织，侵害神经中枢，刺激骨髓，严重时可导致全身中毒。它虽然不是致癌突变性物质，但是它却是一种促癌剂。居住环境中的酚多为低浓度和局部性的酚，长期接触这类酚会出现皮肤瘙痒、皮疹、贫血、记忆力减退等症状。

第九，放射性核素。放射性核素主要是指建筑材料、装修材料以及家具石材中天然放射性核素镭（Ra^{226}）、钍（Th^{232}）等，它们无色、无臭、无形，主要隐藏在各种天然石材、花岗岩、砖瓦、陶瓷、混凝土、砂石、水泥制品、石膏制品等材料中。镭、钍等的天然放射性核素的危害性主要表现为对人体的造血器官、神经系统、生殖系统、消化系统等造成损伤，导致血液病（白血病）、癌症、生育畸形或不育等。

第十，有毒玻璃和五金配件。劣质家具所采用的玻璃为含铅的玻璃，这种玻璃中的铅成分会缓慢积累在人体的肌肉、骨骼中，特别是对婴幼儿和少年儿童的脑部和骨骼发育有不良的影响，容易导致畸形。另外，有些劣质的家具五金配件表面有含有氰化物的电镀液，这种物质对人体健康也是有害的。

11.6.4 家具中有害物质含量的测定

由于家具品种繁多，家具中采用的材料多种多样，从天然木材、人造板、人造石、金属材料到布艺、皮革、塑料、玻璃等，都可以用于制造家具，或作为家具的主要用材，或作为家具的辅料，或作为家具中的装饰用材，家具材料是家具中产生有害物质的主要因素。目前家具中存在的有害物质主要是人造板及胶黏剂中释放出的游离甲醛。涂料中挥发性有机化合物、苯、甲苯、二甲苯、游离甲苯二异氰酸酯等，以及家具漆膜中的可溶性铅、镉、铬和汞等重金属都会对人体健康造成危害。

(1) 木家具中有害物质限量要求

根据 GB 18584《室内装饰装修材料木家具中有害物质限量》强制性标准的规定，木家具中有害物质限量应符合表 11.3 的要求。

表 11.3　木家具中有害物质限量要求

项目		限量值
甲醛释放量(干燥器法)/(mg/L)		≤1.5(E1)
重金属含量(限色漆)/(mg/kg)	可溶性铅	≤90
	可溶性镉	≤75
	可溶性铬	≤60
	可溶性汞	≤60

注：根据 GB 18584 标准编制。

(2) 木家具中有害物质含量测定方法

木家具中有害物质含量的具体测定方法可按 GB 18584《室内装饰装修材料 木家具中有害物质限量》强制性标准中的规定进行。

① 甲醛释放量的测定。按 GB/T 17657—2013《人造板及饰面人造板理化性能试验方法》中 4.12 规定的 24h 干燥器法进行。

a. 试件取样。应在满足试验规定要求的出厂合格产品中取样。取样时应充分考虑产品的类别，使用人造板材料的种类和实际面积抽取部件。若产品中使用同种木质材料则抽取 1 块部件；若产品中使用数种木质材料则分别在每种材料的部件上取样。试件应在距家具部件边沿 50mm 内制备。

b. 试件规格。长（150±1)mm，宽（50±1)mm。

　　c. 试件数量，共 10 块，制备试件时应考虑每种木质材料与产品中使用面积的比例，确定每种材料部件上的试件数量。

　　d. 试件封边。试件锯完后其端面应立即采用熔点为 65℃ 的石蜡或不含甲醛的胶纸条封闭。试件端面的封边数量应为部件的原实际封边数量，至少保留 50mm 处不封边。

　　e. 试件存放。应在实验室内制作试件，试件制作后应在 2h 内开始试验，否则应重新制作试件。

　　f. 甲醛收集。在直径为 240mm、容积为 9～11L 的干燥器底部放置直径为 120mm、高度为 60mm 的结晶皿，在结晶皿内加入 300mL 蒸馏水，在干燥器上部放置金属支架，金属支架上固定试件，试件之间互不接触。测定装置在 (20 ± 2)℃ 下放置 24h，蒸馏水吸收试件释放出的甲醛，此溶液作为待测液。

　　g. 甲醛定量。量取 10mL 乙酰丙酮（体积分数为 0.4%）和 10mL 乙酸铵溶液（质量分数为 20%），将其装入 50mL 带塞三角烧瓶中，再从结晶皿中移取 10mL 待测液到该烧瓶中。塞上瓶塞，摇匀，再放到 (40 ± 2)℃ 的水槽中加热 15min，然后把这种黄绿色的反应溶液暗处静置，冷却至室温（18～28℃，约 1h）。在分光分度计上 412mm 处，以蒸馏水作为对比溶液，调零。用厚度为 5mm 的比色皿测定该反应溶液的吸光度 A_s。同时用蒸馏水代替反应溶液作空白试验，确定空白值为 A_b。此乙酸丙酮法与气候箱法比较，操作简便、有效、试验周期短、试验成本低，并已被多数国家所采用。

　　② 可溶性重金属含量的测定。按 GB/T 9758—1988《色漆和清漆"可溶性"金属含量的测定》标准中规定的火焰（或无焰）原子吸收光谱测定可溶性重金属元素。其主要原理为：采用一定浓度的稀盐酸溶液处理制成的涂层粉末，然后使用火焰原子吸收光谱法或无焰原子吸收光谱法测定溶液中的可溶性重金属元素含量。

　　a. 可溶性铅含量的测定按 GB/T 9758.1—1988 中第 3 章的要求进行。

　　b. 可溶性镉含量的测定按 GB/T 9758.4—1988 中第 3 章的要求进行。

　　c. 可溶性铬含量的测定按 GB/T 9758.6—1988 进行。

　　d. 可溶性汞含量的测定按 GB/T 9758.7—1988 进行。

　　质量检验是利用各种测试手段，按规定的技术标准中的各项指标，对零部件及产品进行检测，最终确定出质量的优劣和对产品进行质量监督。通过质量的检测用科学的数据反映出产品的实际质量水平，划分出质量等级，促使优质产品得到进一步发展和提高，不合格的产品停止生产，及时退出销售市场，可使生产企业树立质量观念和加强质量管理，同时也为消费者提供了参考依据，保障了消费者的利益。

附　录

附录 1

常用木材材积表

检尺径 /cm	检尺长度/m											
	2.0	2.2	2.4	2.5	2.6	2.8	3.0	3.2	3.4	3.6	3.8	4.0
	材积/m³											
4	0.0041	0.0047	0.0063	0.0056	0.0059	0.0066	0.0073	0.0080	0.0088	0.0096	0.0104	0.0113
6	0.0079	0.0089	0.0100	0.0105	0.0111	0.0122	0.0134	0.0147	0.0160	0.0173	0.0187	0.0201
8	0.0130	0.0150	0.0160	0.0170	0.0180	0.0200	0.0210	0.0230	0.0250	0.0270	0.0290	0.0310
10	0.0190	0.0220	0.0240	0.0250	0.0260	0.0290	0.0310	0.0340	0.0370	0.0400	0.0420	0.0450
12	0.0270	0.0300	0.0330	0.0350	0.0370	0.0400	0.0430	0.0470	0.0500	0.0540	0.0580	0.0620
14	0.0360	0.0400	0.0450	0.0470	0.0490	0.0540	0.0580	0.0630	0.0680	0.0730	0.0780	0.0830
16	0.0470	0.0520	0.0580	0.0600	0.0630	0.0690	0.0750	0.0810	0.0870	0.0930	0.1000	0.1060
18	0.0590	0.0650	0.0720	0.0760	0.0790	0.0860	0.0930	0.1010	0.1080	0.1160	0.1240	0.1320
20	0.0720	0.0800	0.0880	0.0920	0.0970	0.1050	0.1140	0.1230	0.1320	0.1410	0.1510	0.1600
22	0.0860	0.0960	0.1060	0.1110	0.1160	0.1260	0.1370	0.1470	0.1580	0.1690	0.1800	0.1910
24	0.1020	0.1140	0.1250	0.1310	0.1370	0.1490	0.1610	0.1740	0.1850	0.1990	0.2120	0.2250
26	0.1200	0.1330	0.1460	0.1530	0.1600	0.1740	0.1880	0.2030	0.2170	0.2320	0.2470	0.2620
28	0.1380	0.1540	0.1690	0.1770	0.1850	0.2010	0.2170	0.2340	0.2500	0.2670	0.2840	0.3020
30	0.1580	0.1760	0.1930	0.2020	0.2110	0.2300	0.2480	0.2670	0.2860	0.3050	0.3240	0.3440
32	0.1800	0.1990	0.2190	0.2300	0.2400	0.2600	0.2810	0.3020	0.3240	0.3450	0.3670	0.3890
34	0.2020	0.2240	0.2470	0.2580	0.2700	0.2930	0.3160	0.3400	0.3640	0.3880	0.4120	0.4370
36	0.2260	0.2510	0.2760	0.2890	0.3020	0.3270	0.3530	0.3800	0.4060	0.4330	0.4600	0.4870

续表

检尺径/cm	检尺长度/m											
	2.0	2.2	2.4	2.5	2.6	2.8	3.0	3.2	3.4	3.6	3.8	4.0
	材积/m³											
38	0.2520	0.2790	0.3070	0.3210	0.3350	0.3640	0.3930	0.4220	0.4510	0.4810	0.5100	0.5410
40	0.2780	0.3090	0.3400	0.3550	0.3710	0.4020	0.4340	0.4660	0.4980	0.5310	0.5640	0.5970
42	0.3060	0.3400	0.3740	0.3910	0.4080	0.4420	0.4770	0.5120	0.5480	0.5830	0.6190	0.6560
44	0.3360	0.3720	0.4090	0.4280	0.4470	0.4840	0.5220	0.5610	0.5990	0.6380	0.6780	0.7170
46	0.3670	0.4060	0.4470	0.4670	0.4870	0.5280	0.5700	0.6120	0.6540	0.6969	0.7390	0.7820
48	0.3990	0.4420	0.4860	0.5080	0.5300	0.5740	0.6190	0.6650	0.7100	0.7560	0.8020	0.8490
50	0.4320	0.4790	0.5260	0.5500	0.5740	0.6220	0.6710	0.7200	0.7690	0.8190	0.8690	0.9190

检尺径/cm	检尺长度/m											
	4.2	4.4	4.6	4.8	5.0	5.2	5.4	5.6	5.8	6.0	6.2	6.4
	材积/m³											
4	0.0122	0.0132	0.0142	0.0152	0.0163	0.0175	0.0186	0.0199	0.0211	0.0224	0.0238	0.0252
6	0.0216	0.0231	0.0247	0.0263	0.0280	0.0298	0.0316	0.0334	0.0354	0.0373	0.0394	0.0414
8	0.0340	0.0360	0.0380	0.0400	0.0430	0.0450	0.0480	0.0510	0.0530	0.0560	0.0590	0.0620
10	0.0480	0.0510	0.0540	0.0580	0.0610	0.0640	0.0680	0.0710	0.0750	0.0780	0.0820	0.0860
12	0.0650	0.0690	0.0740	0.0780	0.0820	0.0860	0.0910	0.0950	0.1000	0.1050	0.1090	0.1140
14	0.0890	0.0940	0.1000	0.1050	0.1110	0.1170	0.1230	0.1290	0.1360	0.1420	0.1490	0.1560
16	0.1130	0.1200	0.1260	0.1340	0.1410	0.1470	0.1550	0.1630	0.1710	0.1790	0.1870	0.1950
18	0.1400	0.1480	0.1560	0.1650	0.1740	0.1820	0.1910	0.2010	0.2100	0.2190	0.2290	0.2380
20	0.1700	0.1800	0.1900	0.2000	0.2100	0.2210	0.2310	0.2420	0.2530	0.2640	0.2750	0.2860
22	0.2030	0.2140	0.2260	0.2380	0.2500	0.2620	0.2750	0.2870	0.3000	0.3130	0.3260	0.3390
24	0.2390	0.2520	0.2660	0.2790	0.2930	0.3080	0.3220	0.3360	0.3510	0.3660	0.3800	0.3960
26	0.2770	0.2930	0.3080	0.3240	0.3400	0.3560	0.3730	0.3890	0.4060	0.4230	0.4400	0.4570
28	0.3190	0.3370	0.3540	0.3720	0.3910	0.4090	0.4270	0.4460	0.6450	0.4840	0.5030	0.5220
30	0.3640	0.3830	0.4040	0.4240	0.4440	0.4650	0.4860	0.5070	0.5280	0.5490	0.5710	0.5920
32	0.4110	0.4330	0.4560	0.4790	0.5020	0.5250	0.5480	0.5710	0.5950	0.6190	0.6430	0.6670
34	0.4610	0.4860	0.5110	0.5370	0.5620	0.5880	0.6140	0.6400	0.6660	0.6920	0.7190	0.7460
36	0.5150	0.5420	0.5700	0.5980	0.6260	0.6550	0.6830	0.7120	0.7410	0.7700	0.7990	0.8290
38	0.5710	0.6010	0.6320	0.6630	0.6940	0.7250	0.7570	0.7880	0.8200	0.8520	0.8840	0.9160
40	0.6300	0.6630	0.6970	0.7310	0.7650	0.8000	0.8340	0.8690	0.9030	0.9380	0.9730	1.0080
42	0.6920	0.7290	0.7660	0.8030	0.8400	0.8770	0.9150	0.9530	0.9900	1.0280	1.0670	1.1050

续表

检尺径/cm	检尺长度/m											
	4.2	4.4	4.6	4.8	5.0	5.2	5.4	5.6	5.8	6.0	6.2	6.4
	材积/m³											
44	0.7570	0.7970	0.9370	0.8770	0.9180	0.9590	0.9990	1.0400	1.0820	1.1230	1.1640	1.2060
46	0.8250	0.8680	0.9120	0.9550	0.9990	1.0430	1.0880	1.1320	1.1770	1.2210	1.2660	1.3110
48	0.8960	0.9420	0.9900	1.0370	1.0840	1.1320	1.1800	1.2280	1.2760	1.3240	1.3720	1.4210
50	0.9690	1.0200	1.0710	1.1220	1.1730	1.2240	1.2760	1.3270	1.3790	1.4310	1.4830	1.5350

检尺径/cm	检尺长度/m											
	6.6	6.8	7.0	7.2	7.4	7.6	7.8	8.0	8.5	9.0	9.5	10.0
	材积/m³											
4	0.0266	0.0281	0.0297	0.0313	0.0330	0.0347	0.0364	0.3820	0.0430	0.0481	0.0635	0.0594
6	0.0436	0.0458	0.0481	0.0504	0.0528	0.0552	0.0578	0.0603	0.0671	0.0743	0.0819	0.0899
8	0.0650	0.0680	0.0710	0.0740	0.0770	0.0810	0.0840	0.0870	0.0970	0.1060	0.1160	0.1270
10	0.0900	0.0940	0.0980	0.1020	0.1060	0.1110	0.1150	0.1200	131.0000	0.1440	0.1560	0.1700
12	0.1190	0.1240	0.1300	0.1350	0.1400	0.1460	0.1510	0.1570	0.1710	0.1870	0.2030	0.2190
14	0.1620	0.1690	0.1760	0.1840	0.1910	0.1990	0.2060	0.2140	0.2340	0.2560	0.2780	0.3010
16	0.2030	0.2110	0.2200	0.2290	0.2380	0.2470	0.2560	0.2650	0.2890	0.3140	0.3400	0.3670
18	0.2480	0.2580	0.2680	0.2780	0.2890	0.3000	0.3100	0.3210	0.3490	0.3780	0.4080	0.4400
20	0.2980	0.3090	0.3210	0.3330	0.3450	0.3580	0.3700	0.3830	0.4150	0.4480	0.4830	0.5190
22	0.3520	0.3650	0.3790	0.3930	0.4070	0.4210	0.4350	0.4500	0.4870	0.5250	0.5640	0.6040
24	0.4110	0.4260	0.4420	0.4570	0.4730	0.4890	0.5060	0.5220	0.5640	0.6070	0.6510	0.6970
26	0.4740	0.4910	0.5090	0.5270	0.5450	0.5630	0.5810	0.6000	0.6470	0.6950	0.7440	0.7950
28	0.5420	0.5610	0.5810	0.6010	0.6210	0.6420	0.6620	0.6830	0.7350	0.7890	0.8440	0.9000
30	0.6140	0.6360	0.6580	0.6810	0.7030	0.7260	0.7480	0.7710	0.8300	0.8890	0.9500	1.0120
32	0.6910	0.7150	0.7400	0.7650	0.7900	0.8150	0.8400	0.8650	0.9300	0.9950	1.0620	1.1310
34	0.7720	0.7990	0.8270	0.8540	0.8810	0.9090	0.9370	0.9650	1.0350	1.1070	1.1810	1.2550
36	0.8580	0.8880	0.9180	0.9480	0.9780	1.0080	1.0390	1.0690	1.1470	1.2250	1.3050	1.3870
38	0.9490	0.9810	1.0140	1.0470	1.0800	1.1130	1.1460	1.1800	1.2640	1.3490	1.4360	1.5250
40	1.0440	1.0790	1.1150	1.1510	1.1860	1.2230	1.2590	1.2950	1.3870	1.4790	1.5740	1.6690
42	1.1430	1.1820	1.2210	1.2590	1.2980	1.3370	1.3770					
44	1.2470	1.2890	1.3310	1.3730	1.4150	1.4570	1.5000					
46	1.3560	1.4010	1.4460	1.4920	1.5370	1.5830	1.6280					
48	1.4690	1.5180	1.5660	1.6150	1.6640	1.7130	1.7620					
50	1.5870	1.6390	1.6910	1.7430	1.7960	1.8480	1.9010					

附录 2

短原木材积表

检尺直径/cm	检尺长度/m									
	1.0	1.1	1.2	1.3	1.4	1.5	1.6	1.7	1.8	1.9
	材积/m³									
8	0.006	0.006	0.007	0.008	0.008	0.009	0.010	0.011	0.011	0.012
10	0.009	0.010	0.011	0.012	0.013	0.014	0.015	0.016	0.017	0.018
12	0.013	0.014	0.015	0.017	0.018	0.020	0.021	0.022	0.024	0.025
14	0.017	0.019	0.020	0.022	0.024	0.026	0.028	0.030	0.032	0.034
16	0.022	0.024	0.026	0.029	0.031	0.034	0.036	0.048	0.041	0.044
18	0.027	0.030	0.033	0.036	0.039	0.042	0.045	0.039	0.051	0.055
20	0.034	0.037	0.041	0.044	0.048	0.052	0.055	0.059	0.063	0.067
22	0.041	0.045	0.049	0.053	0.058	0.062	0.067	0.071	0.076	0.080
24	0.048	0.053	0.058	0.063	0.068	0.074	0.079	0.084	0.089	0.095
26	0.056	0.062	0.068	0.074	0.080	0.086	0.092	0.098	0.104	0.110
28	0.065	0.072	0.079	0.085	0.092	0.099	0.106	0.113	0.120	0.127
30	0.074	0.082	0.090	0.098	0.106	0.113	0.121	0.129	0.137	0.146
32	0.085	0.093	0.102	0.111	0.120	0.129	0.138	0.147	0.156	0.165
34	0.095	0.105	0.115	0.125	0.135	0.145	0.155	0.165	0.175	0.186
36	0.107	0.118	0.129	0.140	0.151	0.162	0.173	0.185	0.196	0.208
38	0.119	0.131	0.143	0.155	0.168	0.180	0.193	0.205	0.218	0.231
40	0.131	0.145	0.158	0.172	0.186	0.199	0.213	0.227	0.241	0.255

注：本表适用于所有树种的原木材积计算

1. 检尺径自 4～12cm 的小径原木材积由公式 $V = 0.7854L(D + 0.45L + 0.2)2 \div 10000$ 确定。

2. 检尺径自 14cm 以上的原木材积由公式 $V = 0.7854L[D + 0.5L + 0.005L2 + 0.000125L(14-L)2 \times (D-10)]2 \div 10000$ 确定。

3. 两式中：V 为材积，m³；L 为检尺长，m；D 为检尺径，cm。

参考文献

[1] 宋魁彦，朱晓东，刘玉. 木工手册 [M]. 北京：化学工业出版社，2015.

[2] 张建华，夏兴华. 家具材料 [M]. 青岛：中国海洋大学出版社，2018.

[3] 尹满新. 木工机械调试与操作 [M]. 北京：中国轻工业出版社，2014.

[4] 冯颖，杨煜. 家具制图 [M]. 北京：科学出版社，2016.

[5] 常成勋，李伟栋. 家具制图 AutoCAD [M]. 青岛：中国海洋大学出版社，2018.

[6] 倪贵林. 现代木质门窗生产技术 [M]. 沈阳：沈阳出版社，2011.

[7] 尹满新. 木地板生产技术 [M]. 北京：中国林业出版社，2014.

[8] 周凡，娄开伦. 室内墙体木饰面装配技术的应用 [J]. 中国住宅设施，2015，11：162-165.

[9] 刘晓红，高新和，俞友明. 板式家具标准化探析 [D]. 临安：浙江林学院，2004.

[10] 关惠元. 现代家具结构讲座第四讲：板式家具结构——五金连接件及应用 [J]. 家具，2007，4：1-10.

[11] 关惠元. 现代家具结构讲座第五讲：板式家具结构——32mm 系统及其应用 [J]. 家具，2007，5：1-9.

[12] 孙德林. 板式家具的接合与装配技术 [D]. 长沙：中南林业科技大学，2004.

[13] 孙德林. 32mm 系统家具的设计与制造技术 [D]. 长沙：中南林业科技大学，2006.

[14] 赵艳，陈惠华，胡传双，等. 红木家具结构工艺与装饰工艺解析 [J]. 林产工业，2013，40 (1)：38-42.

[15] 张彬渊，许柏鸣. 人造板在家具生产中的应用：第 5 讲　涂料与涂饰工艺 [J]. 林产工业，1999，(5)：32-36.

[16] 祁忆青，吴智慧. 贴面加工工艺主要问题及解决方法 [J]. 家具，2008，2：61-63.

[17] 柳献忠，吴智慧. 美式家具仿古涂饰工艺技术 [J]. 木材工业，2007，21 (4)：37-39.

[18] 胡健锋. 影响木材机械加工表面质量因素浅析 [J]. 中国科技博览，2010 (11)：14.

[19] 安迪·雷. 木工家具制作：全面掌握精细木工技术的精髓 [M]. 北京：北京科学技术出版社，2017.

[20] 李黎. 木材加工装备：木工机械 [M]. 北京：中国林业出版社，2010.

[21] 刘一星，赵广杰. 木材学 [M]. 北京：中国林业出版社，2012.

[22] 郭明辉，侯清泉，佟达，等. 木工机械选用与维护 [M]. 北京：化学工业出版社，2013.

[23] 王珣. 图解木工技能速成 [M]. 北京：化学工业出版社，2016.